JN033764

[増補新版]

物理なぜなぜ事典

① 力学から相対論まで

江沢 洋・東京物理サークル 編著

日本評論社

はじめに

　この本は，物理を学ぶ人々の「なぜ？」に答えようとする．高校物理の大事な項目にスポットライトをあてた参考書としても役立つと思う．

　「なぜ？」は日本全国に散らばった友人たち——高校・中学・小学校の先生方——にお願いして拠出していただいた．クイズ風の「なぜ」でなく，永年にわたって心に暖めてきた「なぜ？」を提供して下さったことに心から感謝している．学校の授業にでてこない話題も多く含まれているが，先生方がおもしろいと思って大事にしてきたものだから，教育上も大きな意味をもっているはずである．

　たとえば，「ブレーキをかけると前の人工衛星が追い越せるのはなぜか」．これなどは，生徒たちの「なぜ？」に触発されて考えてこられたものかもしれない．「黒いものは，よく熱線を吸収する」と話したら，生徒が「宇宙空間は真っ暗だ，きっと太陽の熱線を吸収してひどく高温になっているにちがいない」と言ったという．これは小学校の先生からの提供．話は，宇宙空間の温度とはなにか，という方面にも広がってゆく．

　「なぜ？」への答えは，それを考え続けてこられた先生御自身に，まず書いていただいた．「こう説明すればよかったのか」と思わず頭の下がる答えが多かったが，それでも一冊の本にするには，編集作業が必要である．また，「なぜ」と「答え」に「実験」の項や「試験が終わったから勉強する」と言った朝永振一郎（1965年にノーベル物理学賞）の言葉などのコラムを添えた．

　こうした編集の仕事は東京物理サークルの面々が行なった．ぼくは，そのお手伝いをした．

　なお，東京物理サークルというのは，東京近辺の高校の先生方の集まりで，定期的に集まって研究会をしている．ぼくが彼等と知り合ったのは，夏休みの合宿に招んでいただいたときで，質問攻めにあって往生した．いや，根堀り葉堀り，それも思わぬ視点から攻めてくるので，大いに勉強になった．以来，長いおつきあいである．

　そういう連中が編集作業に当たったので，周到な答えと思われたものでも議論百出，議論のあげく書き直すことにしたものが少なくない．

　ひとつには，答えをお願いしたときの字数の見積りが甘かったということがある．これは編集委員会として深くお詫びせねばならない．物理の説明は，一筋縄ではいかないのだ．最初からゆったり書いていただけるだけのスペースを差し上げていたら，書き直しも少しですんだだろうと思う．編集委員会が書き直して答えを長くしてしまったのだから，これはフェアでない．書き直した原稿は，はじめの執筆者にお送りして御意見を伺い，修正をした．その過程で共同執筆に変わったりした項目もある．原稿はもはや自分のものでなくなってしまったという理由で降りられた方が数名あった．申し訳なく，また残念に思う．こうして執筆者となった方々のお名前は項目ごとに記してあるが，巻末にはまとめてリストしてある．

　議論を重ねている間に時間は容赦なく過ぎていった．「なぜ？」と「答え」とを最初に提供していただいてから，こうして本が形を現わすまでに何年かかったことか？

　その結果，一冊として計画した『なぜなぜ事典』が御覧のとおり二冊になってしまった．題して「力学から相対論まで」と「場の理論から宇宙まで」——場の理論の「場」というのは，電場とか磁場，あるいは運動場とか市場のように何かが分布している場所のことである．波動は空間にひろがっているので場の現象の一つである．だから「普通の物体の運動とはまったく違う波のなぜ」という章ができた．

　こうして編集には時間をかけたが，校正刷を見ると，まだあちこちに不統一が残っている．でも，この辺で踏み切らざるを得ない．あえて統一しなかったところもある．雑誌の **28** (1911) 605 は 1911 年に出た第 28 巻の 605 ページという意味で，vol. 28，p. 605 (1911) と同じ

である．力の単位の表記に kg 重，kgw，kgf が共存しているのも，不統一の一例で，どれも現実に使われているのだから，そのままがよいと考えたのである．

　索引は特別に念入りにつくった．これを利用して，あちこちの項目をつないでみることもおもしろかろう．また索引に目を走らせて「おやっ」と思った項目から拾い読みするという読み方も，また一興かと思う．

　参考書には，古い本や雑誌も遠慮なしにあげた．古いものは町や村の図書館にゆけばそろっているという時代——文化を大切にする時代がくれば，という願いをこめてしたことである．図書館に要求を出してゆこう．そうしないと図書館が古くなった本を棄ててしまうという困った風潮は改まらないだろう．

　これからは，編集に当たったわれわれが読者のみなさんから御批判をいただく番である．どうか遠慮のない御意見をお寄せください．それによって，この本を育ててください．

　最後になったが，われわれのエンドレスの討論を辛抱強く見守り，われわれの勉強を暖かく支えてくださった日本評論社・編集部の亀井哲治郎さん，原稿の整理から編集作業まで気の遠くなるような仕事を辛抱強く続けてくださった永石晶子さん，図版の作製を手伝ってくださった何森 要さん，菅谷直子さんに心から感謝する．

　この序文を書く役がぼくにまわってきたが，まもなく敬老の日がめぐってくるからだろう．これは編集一同の討議を経て，その考えを述べたものである．

　　2000 年 9 月

『なぜ？』編集委員会

江沢　洋

増補版をおくる

『物理なぜなぜ事典』を初めて世に送り出してから 10 年あまり，さいわい好評を得て刷を重ね，韓国語訳もでるという光栄に浴した．

こんど改版の機会にサークルで手分けして点検したが，大きな改修を要するところは見当たらなかった．むしろ，10 年の間に書きたいことがたまっているという声が上がり，増補に踏み切ることにした．しかし，厳しい出版事情の中で大幅な増補はできない．討論の末，この第①巻では次の項目が選ばれた．

○断面が正方形の木材は水にどのように浮くか（II 章）

○体を上下させるだけでなぜブランコを前後に漕げるのか（実験編・理論編（III 章））

○人工衛星は軌道上を東向きに回ることが多いのはなぜか（III 章）

○弾道ミサイルを迎撃するのはなぜ困難か（III 章）

この本を読んで，興味ふかい物理は身近にいくらでもあることを知ってほしい．

なお増補版の出版にあたって日本評論社の佐藤大器さんと筧裕子さんにたいへんお世話になった．おふたりは原稿もていねいにチェックして下さった．感謝したい．

　　2011 年 3 月　　　　　　　　　　　　　　　『なぜ？』編集委員会

　　　　　　　　　　　　　　　　　　　　　　　　江沢　洋

初版から 21 年，第 2 回目の増補・改訂をして

この『物理なぜなぜ事典』全 2 巻は 2000 年の初版から 20 余年，好評を得て刷を重ね，このたび第 2 回の増補・改訂をすることができた．増補した題目は，例によってケンケン・ガクガク皆で討論して選んだ．自ら実験した報告から一般相対論の問題まで多彩だ．お楽しみに！

　　2021 年 3 月　　　　　　　　　　　　　　　『なぜ？』編集委員会

　　　　　　　　　　　　　　　　　　　　　　　　江沢　洋

目次

III：運動と慣性の「なぜ？」

X：空間に広がる電磁場の「なぜ？」

XI：本当の姿をのぞかせてきた
　　物質・原子・原子核の「なぜ？」

I 物理の「なぜ?」

1—なぜ物理を学ぶのか

物理は「人間的でない」という人がいる．しかし物理は無味乾燥な法則の寄せ集めではない．この世界とは何かと問う人間の思考と実践，その波乱に富んだ物語である．名著『ゴム弾性』で久保亮五は言う．

「科学の世界には無数の理論の死屍累々たるものがある．しかしその墓から新しい生命が息吹くこともしばしばなのである．……思想の墓碑の前に立って一々その碑銘を読み上げることもおもしろい」

*

私たちはこの本を作るにあたって，執筆者たちから「私はなぜ物理を学んだか」を寄せてもらった．その中から紹介しよう．

☆物理はなぜと問うところから始まる．

「この世に生まれてから，知らず知らずのうちに今までいろいろなことを覚えてきた．でも，そんな中で『なぜなんだろう』といつもわからずじまいで，いつのまにか忘れかけていて，それでも心のどこかにひっかかっていたものがたくさんあった．それを分かるように，理解できるようにしてくれたのが物理だった」

「小さいころ，『井戸水は夏は冷たくて，冬は暖かい』と教えられ，さわってみるとそのとおりでした．ところがじつは，水温は夏のほうが高いと聞いてびっくりした思い出があります．のちに，昔の人たちも，17世紀に温度計が発明されるまでは，本当に夏には水温が下がると信じていて，それを説明する理論もあったことを知りました．理科が得意でない私にも1つの強みがあるとすれば，それは，昔の人がびっくりしたようなことに私も驚いて，『どうしてかな？』と思えることでしょうか」

「1つの疑問が解けると2つの疑問が見つかる」

☆でも，動機にもいろいろあっていい．

　「高校時代は，女の子にもてたいために物理を勉強した．試験前には女の子から『教えて』とずいぶん頼まれたが，試験が終わると声もかけてもらえず，世界はそんなに甘くないことを知った」

☆物理は多様な世界を統一的にとらえることだ．

　「物理を学ぶと，今までまったく別々の現象として見えていたことが統一的に見えてくる．木から落ちるリンゴも，ピッチャーの投げたボールも，地球をめぐる人工衛星の運動も，遠い銀河の公転もすべて，万有引力の法則に従う同じ運動である．まさに目から鱗が落ちる」

　「物理の学習の中で，私の中に1つの信念が生まれた．物事には必ず合理的な理由があるということだ．現在，未解明の事実はあっても，未来にわたって説明不能な対象はないはずだ，という信念である．合理性の確信，それが科学の信念である」

☆既成の権威にとらわれないのも物理だ．だから面白い．

　「だれか偉い人が言ったから正しいとは限らない．権威を認めず，真理に忠実に主体的に判断することが物理の精神だ」

　「断固自分の意見を主張する．だが，間違いと分かれば直ちに改める．このことを私は物理から学んだ」

☆そして，物理は私たちが世界とどうかかわるかを問題にする．

　「世界をよりよく理解する．そして主観的な夢ではなく，自然の法則性に則って，自然の一員としてよりよく世界を変えていく」

　「『自分が死んでもこの世界はずっと存在し続けるのだなあ』と考えると，なんだか自分がとてもちっぽけな存在に感じられ空しくなった覚えがある．ちょうど勉強に自信をなくしていた頃だ．悶々とした日々を過ごしていたある日，窓から電気スタンドを投げ棄てて夜空を眺めながら涙を流していたとき，脳裏にふと次のようなことが浮かん

4

だ．『たしかに僕はちっぽけな存在だ．しかしその僕の頭は宇宙全体
だって考えることができる．そうすると僕は宇宙よりももっと大きな
存在なのかもしれないぞ．』それから私は以前にも増して，私が死ん
だ後も残るであろう物質界のことに興味を持ち始めた．物理を学ぶこ
とによって私は，私を超えたもっと大きな存在と直接交わることがで
きているように感じられる」

*

　物理賛歌が続くと，いまどき何を脳天気なと反論が出るだろう．
「核兵器や公害で地球がこんなに大変になったのは科学技術が進みす
ぎたせいだ．科学技術はもはや人間の味方ではなく害を与えるものに
なったのではないか」という批判に対しては，最後に武谷三男の次の
言葉を引用しよう．

　「科学自体には，いいも悪いもない．事実は事実だからです．社会
が科学をどう扱うかが問題なのです．現在の地球の危機は，科学を非
科学的に扱ってきたことによります．どういう結果になるかという科
学的な予測を無視して，使えるものは片っ端から技術として使う．原
子核の研究は科学です．けれどもこれを原子力としてどう使うかとい
うのは技術の領域．そして技術の方向を決めるのは政治経済や文化と
いった時代環境なのです．日本では戦後，唐木順三という文学者など
が『物理学の発展が原爆を生み出した．だから物理学者はざんげせ
よ』と説きました．私は，これは間違っていると思います．科学の使
われ方が道を誤ったとき，科学者がすべきなのはざんげではなく，
『あやまっている』と事実にもとづいて指摘することです．多くの人
が見すごしている事実を明らかにし，予測をたてる，これこそが科学
の力だと思います」　科学を学ぶ者は，科学の使われ方にも関心を持
ち続けるべきであろう．

●参考文献………………………
久保亮五『ゴム弾性』，裳華房，1996.
武谷三男『罪作りな科学』，青春出版，1998.

[編集委員会]

2－日本のお金には
科学者の顔がないのはなぜか

　日本のお金には科学者の顔が出ているものはない．世界のどこでも
そうかというとそんなことはない．写真を見ていただきたい．この違
いは郵便切手も同じである．

　伏見康治は「日本の切手になぜ偉人の顔がでないのか」と題して次
のように述べた．日常生活で大きな役割を果たしているテレビのアン
テナが八木秀次と宇田新太郎の，電子レンジ中のマグネトロンまたは
磁電管が岡部金治郎の，どちらも日本人の発明(特許：1926 年)であ
るのに，日本人の多くが忘れているか，あるいは初めから教えられて
いない．これらの発明は日本では軽視され，アメリカとイギリスがレ
ーダーでその成功を収めてからあわてて後を追ったが，大きく遅れた．
日本軍が英軍の残した通信機の中に「ヤギアンテナ」の表示を見つけ，
英軍捕虜に「ヤギってなんだ」と聞いたという話まで残っている．

　伏見は，「日本人社会が，その仲間の独創性を認めない」ことの
「憤懣」を書いた．その上に筆者は，「日本が科学を文化として大切に
しない」ことをつけ加えたい．科学者をお金や切手に出したり，駅の
売店で科学雑誌を普通に販売する社会は，科学を単なる道具として見
ないで，世界観や文化に大きな力をもつものとして大切にしている背
景をもっているからだろう．その裾野の違いは大きい．「青少年の科
学離れ」を嘆くなら，今も変わらぬ日本の，文化としての科学軽視を
嘆くべきではないのか．本当の科学のおもしろさは「楽しい実験」だ
けではあるまい．かって科学者を切手にしようと運動したら，役所は
「人物を記念するために切手を発行することはしない」と答えたとい
う(最近ようやく人気俳優や漫画の主人公と一緒に実現したが)．

●参考文献‥‥‥‥‥‥‥‥‥‥

伏見康治『アラジンの灯は消えたか？』，日本評論社，1996．

[上條隆志]

上から，ファラデー（イギリス），コペルニクス（ポーランド），
ヴォルタ（イタリア），アインシュタイン（イスラエル）

3−超能力は信じられるか

●「虫のしらせ」を科学的に見る

夢の中に肉親が出てきた後，起きてみると電話がかかり，その肉親が亡くなったということを聞いた，というような例について考えてみよう．ある人にとって「虫のしらせ」の対象になりそうな肉親が5人いると仮定する．肉親の夢を1人について10年に一度見るとする．その肉親が今後50年以内に死ぬ可能性が $\frac{1}{2}$ であるとする．一晩に夢を見る人は日本中に8000万人いるとする．この仮定のもとに確率計算をすると，肉親の誰かの夢を見て，その晩にその肉親が死んでしまうという体験をする人は，日本中で一晩に3人，すなわち

$$\frac{1}{365\times10}\times\left(\frac{1}{365\times50}\times\frac{1}{2}\right)\times 5人\times8000万人＝3.0人$$

1年間では1000人あまりという計算になる．

この数字は小さいだろうか．夢を見たけれども肉親が死ななかった人は何もいわないが，実際に死んでしまった人はこの体験をまわりの人に語るのである．

●超常現象の嵐にさらされる現代人

いま，私たちは不思議な現象の話をしばしば聞かされる．念力・テレパシー・透視などの超能力，UFO，予言，占い（星占い・血液型占い・風水など），火の玉，霊魂，虫のしらせ，気功，心霊写真……などなど．実際に体験したり目撃したりしないまでも，テレビや週刊誌などのマスコミで見たり聞いたりする機会が多い．

これらはどれも科学で説明できないことのようにいわれたりする．だが，本当に科学的に見てどうなのかをきちんと考えるようにしてほしい．ここではスプーン曲げなど超能力について考えてみよう．

●超能力者は手品師か詐欺師か？

　ひとくちに超能力といっても，さまざまなものがある．しかし，そのどの現象も，まったく同じことが手品でできるのだ．実際に，Mr. マリックはアマチュア時代に奇術の国際大会で部門優勝したほどの腕の持ち主だし，ユリ・ゲラーは超能力者として有名になる前はイスラエルでインチキ奇術を超能力とかたって裁判で有罪判決を受けたという前歴をもっている．

　ユリ・ゲラーやマリックらが得意とするスプーン曲げについて考えてみよう．これは100円ショップなどで売っている安物のスプーンを使えば簡単にできる．スプーンの一番細いところを右手の親指と人差し指ではさんで持ち，左手の人差し指でスプーンの上の方を引くと曲がるというのが代表的な手順だが，そのとき右手の小指でスプーンの下の端を押さえれば簡単に曲がるというだけのことだ．スプーンは固いものだという思い込みが盲点だ．スプーンを切断するときには，スプーンの細いところをあらかじめヤスリか金ノコで切れる寸前まで切っておく．マリックはそこを銀色のパテで埋めていると指摘されている．

　しかし，いくら超能力が手品でできると主張しても，超能力すべてを否定したことにはならない．存在しない，という証明は非常にむずかしい．逆にいえば，超能力が存在しないことを証明できないからこそ，超能力を信じる人は減らない．だからこそ，あくまでも科学的に超能力を見ていく姿勢が大事だ．ひとつひとつの超能力のトリックを見抜いていくしかない．

　結局，超能力はあるのかないのか，と聞かれれば，私見としては「ない」と答えたい．しかし，断言はできない．あくまでも，だまされずに科学的に検討していくことが必要だ．

●超能力・超常現象を見る視点

① 物理や科学の原理に反していないかを考える．

　たとえば，気功術で，体を触れずに何人もの人を吹き飛ばすというものがある．この現象自体が存在することは確かだが，これが気功師

の手から出る何かの「力」によって起こるのだろうか．吹き飛ばす前後の写真を見ると，まわりの人は大きくはねかえるのに，気功師はまったく動かず，姿勢も変わっていない．もしも何かの「力」で飛ばしたのなら，その反作用で気功師自身後ろに飛ばされたり動いたりするはずだ．この「力」が作用・反作用の法則に従わない力だというのかもしれない．しかし，もしもそんなことがおこるのなら，ニュートン力学の根底が崩れることになる．本当にそうなら，物理学界を総動員して研究してもらいたい．

② もしも本当にそういう現象がおこるなら，こういうことはしないのかと考えてみる．

　上の例で考えよう．気功の訓練により，「気」で大男を飛ばせるようになるのなら，格闘技はどうなるだろうか．ボクシングもプロレスも相撲も，気功を使えば必ず勝てるようになる．相手にさわらずに倒せるのだから，相手はどうしようもない．しかしそういう訓練をしようというプロレスラーや力士はいない．

　予言にしても，実際にできれば競馬などギャンブルでいくらでももうけられそうだが，そんな人は聞いたことがない．

　スプーン曲げの能力を金属加工に応用するという話も聞かない．

③ あくまでも「なぜだろう」と考え，科学的な目をもつようにする．

　何よりも科学的・物理的な知識と考え方をもつことがもっとも大事である．この本を読んだり学校で物理や理科を勉強することが超常現象や神秘主義的なものを正しく見ていく最初の一歩になる．

●参考文献……………………
菊池聡ほか編『不思議現象　なぜ信じるのか』，北大路書房，1995.
ゆうむはじめ『Mr. マリック超魔術の嘘』，データハウス，1990.
中村清二「理学者の見たる千里眼問題」，日本物理学会編『日本の物理学史』下
　―― 資料篇，東海大学出版会，1978. 資料 5-11.

［鈴木健夫］

4─「物理」という言葉は いつどのように決められたのか

●いつ「物理」という言葉に決められたのか

「物理」,「物理学」という科目の名称は,1873(明治6)年ごろから使われるようになった.そのくわしい経過は次のとおりである.

1872(明治5)年8月3日に文部省が日本の義務教育の基礎となる学制を公布する.このときから,日本の学校教育制度が始まる.そして,同じ年の10月,前年に新設されていた文部省の編集寮が,片山淳吉訳編の日本最初の小学校科学(物理)教科書『物理階梯』を刊行する.「階梯」というのは初歩とか手引きとかという意味である.福澤諭吉の慶應義塾の出身である片山淳吉は題言にいう.

「国家小学ヲ設ケ児童ニ教フルニ中外ノ歴史ヨリ理学数学等ノ各科ニ至ル諸書ヲ以テス.故ニ西籍ノ未ダ訳ヲ経ザルモノ,編集寮中諸人ニ命ジ翻訳ノ業ニ就カシム」

この教科書は,イギリスのR. G. ParkerのFirst Lessons in Natural Philosophy (1870)を,アメリカのG. P. QuackenbosのA Natural Philosophyなどを補足しながら翻訳し編集したものであり,当初は上等小学で使われている.当時,小学校は,6歳から9歳までの下等小学と10歳から13歳までの上等小学とに分かれている.この書物は初め『理学啓蒙』と題して出版されたが,すぐに『物理階梯』と改題された.このことから,文部省が「物理」という言葉を普及させようとした意図がうかがわれる.

1873(明治6)年,文部省が学制を追加する.このとき,専門諸学校(獣医学校,農業学校,工業学校,鉱山学校,諸芸学校,理学校,医学校など)の教育案を布達し,ここで文部省が初めて公式に「物理学」という用語を使用するのである.特に農業学校のところで「物理学」の後に「窮理学トイフモノ」という補注を加えている.

●なぜ「物理」という言葉になったのか

　「物理」という言葉自体は，朱子学など儒学の中に昔からあった．今日の「物理」を表わす言葉として，ほかに「窮理」，「理学」，「格致」，「格物」などがある．これらも朱子学で使われたもので，同じような意味である．朱子学は中国から伝えられたものであるから，これらはもともと中国の言葉ということになる．

　朱子学で「物理」という言葉は，物の道理という意味をもっている．したがって，「物理学」とは物の道理を知る学問ということになる．たとえば，儒学者の貝原益軒(1630-1714)は，『大和本草』(1709(元禄9)年刊)の中で「物理之学」という用語を使い，見聞を広めることにより物の理を知ろうとすることであるとしている．

　「窮理」という言葉は，理を窮める，すなわち事物の道理を明らかにする，あるいは因果関係を求めることを意味し，それを行なう学問が「窮理学」である．「窮理学」は「人身窮理」，「植物窮理」，「動物窮理」などというように窮理する対象と一緒に使われる．

　それでは，朱子学の言葉がなぜ自然科学の科目の名称になったのだろうか．その理由は，朱子学が倫理だけではなく物理という本来自然科学の萌芽的な要素である経験合理主義的な考えを含んでおり，それと日本に流入してきた自然科学である蘭学や洋学との間に接点が生まれたからであるといわれる．しかし，根本的には朱子学は倫理的な側面から逃れられない．その倫理と物理の連続性を断ち切り，朱子学と決別させたひとりが，福澤諭吉(1835-1901)である．福澤は，たとえば『文明論之概略』(1875(明治8)年刊)の中で「物アリテ然ル後ニ倫アルナリ，倫アリテ然ル後ニ物ヲ生ズルニ非ズ」と述べ，また人民の智力を進めることを急務とし「古習ノ惑溺ヲ一掃シテ，西洋ニ行ハルル文明ノ精神ヲ取ルニ在リ．陰陽五行ノ惑溺ヲ払ハザレバ窮理ノ道ニ入ル可ラズ」として日本の今までの伝統と対決しようとした．

　また，当時，物理と哲学には厳密な区別はなかった．そこで，西周(1829-1897)は，『百学連環』(1870(明治3)年講義録)の中で，「物理上学」と「心理上学」という概念を提起し，物理学と哲学とを区別したのである．この「物理上学」の中に「格物学」すなわち今日の物理

当時の日本と世界の物理の動き

1543　**コペルニクス**『天球の回転について』◄┈┈┈┈┈┈┈┐

1687　**ニュートン**『自然哲学の数学的原理』（プリンキピア）◄┈┈┤

1752　**フランクリン**　凧の実験．◄┈┈┈┈┈┈┈┐

1765　**後藤梨春**『紅毛談』（オランダバナシ）
　　　日本初の物理学系の内容をもつ書（明和2）．

1770　**ガルヴァーニ**　カエルの足の収縮実験．◄┈┈┈┘

1776　**平賀源内**　オランダ伝来の摩擦起電機（エレキテル）を修繕，
　　　電気実験を行う（安永5）．

1793　長崎の通詞（通訳）**本木良永**
　　　翻訳本『星術本源太陽窮理了解新制天地二球用法記』◄┈┈
　　　でコペルニクスの地動説を紹介（寛政5）．

1798　長崎の通詞・**志筑忠雄**『暦象新書』
　　　ニュートンの弟子ジョン・ケイルの著書の翻訳．
　　　ニュートン力学を紹介した最初の書．写本（手書きの本）◄┈┈
　　　として伝わる（寛政10）．

1800　**ボルタ**　ボルタの電池を発表．◄┈┈┈┈┈┈┈┘

1823　**シーボルト**来日．日本医学の貢献者の一人．◄┈┈

1827　医師・**青地林宗**『気海観瀾』
　　　漢文で書かれた日本初の物理学書（文政10）．

1851　林宗の娘婿・**川本幸民**『気海観瀾広義』；『気海観瀾』の増補改訂版
　　　和文で書かれた日本初の物理学書（嘉永4）．
　　　いずれも医学を学ぶための物理入門書．

1868　**福沢諭吉**『訓蒙窮理図解』（慶応4）．
　　　窮理熱ブームがおこる．明治5，6年を最盛期として衰退．

◄┈┈┈► は関連事項を結ぶ

学が含まれ，「心理上学」の中に哲学が含まれる．

●参考文献……………………
齋藤毅『明治のことば　東から西への架け橋』，講談社，1977．
鈴木修次『文明のことば』，文化評論出版社，1981．

［吉岡有文］

5−昔の教科書ではこんな用語を使っていた

日本で最初の物理教科書『物理階梯』
(翻訳本，1872(明治 5)年刊) に見られる
物理用語とその考え方について調べてみよ
う．『物理階梯』は「『物理』という言葉は，
いつどのように決められたのか」の項で述
べたように，主として Parker と Quack-
enbos の本を翻訳し編集したもので，全 3
巻の内容は今日いう物質の性質，運動，水
圧，大気圧，熱，音，光，電気，磁気，天
体などである．

翻訳編集にあたっては日本で最初の物理
学書『気海観瀾』(翻訳本，青地林宗，
1827(文政 10)年)など先人の仕事が参照さ

(湯浅光朝『科学文化史年表』
中央公論社より転載)

れたが，なお用語の選定は難題で，おのずと諸概念に対する時代の理
解が現れている．たとえば，力学における今日の「慣性」は，物質の
いくつかの性質の中のひとつと見て，「習慣性」，「惰性」と呼んでい
る．「速さ」は「速力」，「運動量」は「運動力」(改訂版の『改正増補
物理階梯』(1876(明治 9)年刊)では「運動量」という言葉がでてく
る)で，運動を起こした力が物体に蓄えられるとした哲学者 J.
Philoponus(6 世紀)らの vis impressa をさえ思わせる．「熱」は
「温」で，興味深いことは，熱の現象が熱素説的な考えでまとめられ
ていることである．熱伝導は，「温素」と呼ばれる元素が，物質をつ
くっている分子間の「気孔」と呼ばれる空間に入り込むことが熱の伝
わり方であると説明している(改訂版では「温」を元素とする言葉は
消え流動体であると説明している)．電気用語では，「電気」は「越歴

(エレキ)」となっている．また，「温素」と同じように，「気孔」に
「越素」と呼ばれるものが入り込むことにより電気現象が起こると説
明している(改訂版では「越歴」は「電気」，「越素」は「電素」とな
っている)．

　『物理階梯』には，「エネルギー」の概念はない．『土氏物理小学』
(B. Stewart，Physics，1876 の翻訳本，1878(明治 11)年刊) には
「エネルギー」の概念があり，「エネルギー」は「勢力」，「位置エネル
ギー」は「静勢力」と訳されている．

　当時の物理学者の間でも用語は問題だった．学者たちが留学先によ
り英・独・仏の 3 系統に分かれ，それに個々人の考えの違いが重なっ
て用語がさまざまだったからである．その統一のため，1883(明治
16)年に物理学者のほとんど(約 30 名)が集まって訳語会をつくり，翌
年発足した東京数学物理学会が 1888(明治 21)年に最初の『物理学術
語和英仏独対訳字書』を出版した．この時期にはほとんど現在の物理
用語に統一されたと考えられる．しかし，このときも「六ケ敷漢訳ア
レバ又俗語ノ訳アリ是ハ会員中各意見異ナルニヨリ……」というあり
さまであった．術語の検討は今日も続いている．

●参考文献………………………
『日本教科書大系　近代編　第 22 巻　理科㈡』，講談社，1965．
辻哲夫『物理学史研究　その一断面』，東海大学出版会，1976．

[吉岡有文]

【コラム1】

いまの教科書はなぜつまらないか

　2003年には1999年改訂の新指導要領による新しい教科書が出た．教科書はどう変わったか．多くの生徒が学ぶ物理Iで見ると：
1．内容が減ってますます薄くなった．
2．色刷りが多用され，カラフル．
3．手軽で"楽しい"実験を取り入れた．「おもしろ実験」風が多い．
4．日常生活で用いる器械の説明を増やした．
5．発展的なものを多少入れたが本筋に無関係にコラムで扱うのみ．
6．内容的には力学の前に電磁気を入れた．それも電磁波まで．
　文科省も批判を意識して努力したことは窺える．しかし「普通の人間なら読み通すことができない」ものであることは変わらなかった．外国の学校で日本の教科書を見せたら，「これは教科書ではなく公式集だ」といわれたという．新教科書はせいぜいカラフルな資料・公式集か．例えば，ある教科書では静電気から始まって電磁波までわずか20ページ．これでは公式・法則羅列集にならざるを得ないだろう．実験も手軽にできるようなものは宿題とし，もっと大きな実験，問題を含む実験を載せるのが教科書というものではないだろうか．
　科学の面白さは，自然界の対象そのもの・私達の働きかけ・さまざまな思考・法則の体系化・適用といったステップを，試行錯誤しながら批判的に考察するところにある．見かけや手軽さではない．いまの教科書は子供達の考え想像する喜びを奪っている．その責任は文科省のやり方にある．認可した定価(2000年では925円)があり，結果としてページ数を制限している．指導要領と検定により内容を画一化し限定している(〜は扱わない，〜は初歩的な程度にとどめる，など)．文科省・指導要領の拘束をなくし，現場の研究者・教師の自由のもとに，読んで面白い教科書を作ろう．　　　　　　　　　　［平野弘之・上條隆志］

【コラム 2】

日本の科学雑誌はなぜ短命なのか？

　この本には，科学雑誌『自然』がしばしば引用されている．この雑誌は，御覧いただけば分かるとおり，よい記事を載せていたのだ．ところが，1984 年 5 月号のあと休刊になったままである．

　1945 年の敗戦に続く窮乏のなか 1946 年 4 月に創刊された『自然』は，目次のスペースさえ惜しむ全 32 ページという姿ながら，毎月，大きな刺激を運んできた．その頃のことは，『自然』の 25 周年記念号に「事始讃」として書かせていただいた[1]．

　この雑誌の存在に気づいたのは中学 3 年生になった 1947 年だった．玉蟲文一先生の「光と化学反応」を感激して読んだことを思い出す．以後，連載に限っても伏見康治先生の「原子物理シリーズ」や鈴木敬信先生の「太陽の熱源を衝くシリーズ」など次々に思い出される．少し後になるが朝永振一郎先生の「スピンはめぐる」[2]や高橋秀俊先生の「双対性」[3]，ロゲルギスト・エッセイも連載であった．

　物理のことばかり書いたが，数学では初期，矢野健太郎先生の「微分方程式にこけおどされた話」で「飛行機で地上の一点を爆撃したい．飛行機は等速として，いつ爆弾を放っても命中するような飛び方を求む」を楽しみ「お嬢さんと数学教室」でジョルダン曲線を知り，「ツムジがなければハゲがある」という定理を学んだ．さらに彌永昌吉先生の「破局の理論とトムの方法」[6]，秋月康夫先生の連載「20 世紀数学の展望」[7]などを思い出す．『自然』は総合科学雑誌だから伊藤正男先生の「脳の設計図」連載[8]に触れることもできた．いま，高校のはじめから選択制で，物理か化学をとろうか，生物だけにしようかなどと排他的に考えざるを得ない時代になった．だからこそ，これに強く抵抗する総合科学雑誌が必要なのだと切に思う．なぜなら，科学はひとつだから！

そうそう，湯浅光朝先生の「科学文化史年表」も連載だった．創刊号からだったろう．この年表には，単行本になってからも大変お世話になった．学校で歴史嫌いだったぼくの時間座標軸のようなものだ．その後，三省堂から同著者の『コンサイス年表』も出たようだが，先日問い合わせたら絶版だという．近頃の若い人たちは年表なしでどう科学を勉強しているのだろう？

広重 徹さんの連載「戦後日本の科学運動」[4)]，「社会の中の科学史」[4)]も忘れられない．この雑誌『自然』は評論でも光っていた．ぼくが学術会議の始まりの頃のことを知っているのは『自然』が丹念に批判的な報告を載せていたからだ．小谷正雄先生は戦後の学制改革に直面して「新学制は勉学の自由を広げたという意味で進歩と見られるが，その自由はなお不徹底である」と論じ「世界文化に貢献しうるためには平均を高く抜きんでた人材の養成に努力し，それに対する障害を除く必要がある」と指摘している[9)]．ぼくらも新制高校の自治会で新学制の功罪を議論した．せんだって大学院の在り方について書かねばならなかったが[10)]，そのときも『自然』の評論に助けてもらった．

こうして『自然』には今でもお世話になり続けている．早い時期のものからほとんど全巻もっているが，ところどころ欠けているのが残念だ．

いや，もっと残念なのは「休刊は2年間」と約束した『自然』が未だに復活しないことだ．休刊になったことをフランスの友人に話したら「それでは科学雑誌がなくなってしまったのか」という．「Scientific American の翻訳がある」といったら「翻訳では自分の国の問題の論評はできないじゃないか」という．論評も科学雑誌の重要な機能だというのだ．ごもっとも．

論評もする科学雑誌としては，いま『科学』(岩波書店)がある．ちょっと近づき難いという感じをもっている向きも少なくないようだが，そんなことはない．この『なぜ？』でも何回も引用されている．

『科学』は1931年「現に活躍しつつある学界と，それをめぐる一般社会ならびに特に将来の学徒たらんとするものとの間によき連絡を保

たしめんがために」創刊された[11]．この雑誌は，1944年，「去る11月下旬から開始されたB 29の帝都爆撃により本誌の印刷にも支障をきたし」という困難な時期を乗越え，ことによると，もっと大きな困難も乗越えて，いまに続いている．

しかし，日本の科学雑誌の歴史を調べてみると（図），死骸累々である．短命なものが多い．なぜだろう？

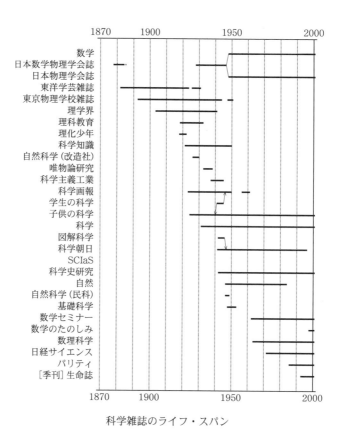

科学雑誌のライフ・スパン

答えは簡単である．読者が少ないからだ．いや，よい執筆者が少ないせいだという反論も出そうで，多少は『自然』などにも執筆してき

た者として言いにくい面もあるが，雑誌は執筆者もこめて読者が育てるものだという面も否定できないと思う．

　かつては，日本語の科学雑誌も階層をなしていた．例として言えば『子供の科学』，『科学朝日』，『自然』，『科学』のように互いに重なりをもった階段ができていて，小学生からそれを上って行くことができた．もちろん，中学生だって『科学』に手を出したこともある．学校の先生が読んでいたからだ．こういう階段は，やはり欲しい．こうした科学雑誌の階段は，国家百年の計のために，やはり必要だ．青少年の理科ばなれを言うなら，まずこの現実を考えなければならない．

　科学雑誌の読者が少ない．科学に興味をもつ人は，この国にそんなに少ないのだろうか？　こんな試算をしてみることがある．

　日本には高等学校がおよそ 5,000 ある．中学校はその何倍かあるだろう．小学校もある．そこにいる理科の先生は合計すれば二万人か三万人になるだろう．これだけの読者が確保できたら，今日のような商業主義の社会でも科学雑誌は成り立つだろう．先生方が日本に日本の問題を論じる総合科学雑誌が必要だと決意すれば，それをもつことは可能なのである．もしも，生徒たちまで巻き込むことができたら，雑誌の編集部も充分の人数をそろえることができるだろう．

　科学雑誌を買わないのは読むところが少なくて不経済だから，と言った人がいる．ぼくは雑誌ってそんなものだと思うのだが，どうだろう？　毎日くる新聞の何割のページを読みますか？　この辺の寛容さのないことが——あるいは効率主義が——科学雑誌の短命の理由だろうか？　もし，そうだったら，これは高校の科目の選択制と同根ということになる．場合にもよるが，効率主義は敵だ．

　図には古い雑誌もあげてある．古い雑誌もおもしろい，と言いたいのだが，これも効率主義とは衝突するだろう．

　『東洋学芸雑誌』は 1881 年(明治 14 年)に創刊された日本最初の総合科学雑誌で，啓蒙を旨とし，初期には文芸作品も掲載するなどして多くの読者を獲得したという．1910 年，ヨーロッパ旅行中の長岡半太郎が「僕が帰朝すれば牛董会で一席の演説をなす義務があると思

う」として寄せた手紙が載っている[12]．その一部を引けば：

　　「エーテルは不思議なものである．incompressible であるかと思
　　えば contractile でも差支ない．かく表裏相反する議論は撞着の
　　極みである．誠にエーテルは一種の化物に近い．その正体を見届
　　けたいのが物理学者の努めたところである．此頃では遂にそんな
　　ものは無いと結論された．これも革命の動機である．」

もっと引用を続けたいが，長くなりそうだ．一度，読んでみてくださ
い．充分におもしろい．長岡先生は，他にもたくさん寄稿している．
「透明体と不透明体」[13]などは本書に収録したいくらいである．

　　「水晶の如き普通の透明体にして，ある光波に対し不透明なるは，
　　専らその物質を構成する電子の特有振動が，光波と振動数を同じ
　　くして，光波のこれに触るれば，共振してそのエネルギーを吸収
　　し，遂に光線の一部は透過するを得ざるなり」

という．この少し前だが「光学に関する教科書に記する最長の波長は
60 ミクロンのものなりとせり」とあって，びっくりしたが

　　「しかれども，この考索に従事せるルーベンスは一昨年来 108 ミ
　　クロンのものをマントルを附せる瓦斯燈光に発見し，今年にいた
　　り融解珪酸管に封じたる水銀の燈光に 323 ミクロンの光波あるを
　　発見せり．これほとんど 1/3 ミリメートルに近く……此の如き長
　　き光波は，普通の光線よりむしろヘルツ波に彷彿たり」

という次第であった．いまは考えもせずに当然としていることが未だ
手探りの対象だったのである．個体発生は系統発生をくりかえすとい
う．物理の初学者にとって明治の段階を体験することもあながち無駄
ではないかもしれない．長岡先生の「電流に関する観念」[14]などおす
すめである．

　機会をとらえて古い雑誌も開いてみてください．寺田寅彦先生も
『東洋学芸雑誌』に寄稿しているが，科学がらみの随筆は図の『理学
界』や『理科教育』に多く書いている．寺田先生のものは全集で読む
ことができる．しかし，物理学者は他にもいたのだ．

　古い雑誌を電子化して各学校に配ることなども，総理大臣，IT 振

興事業の一環になりうるのではありませんか？

●参考文献……………………

1）　江沢 洋「事始讃」，自然，1970 年 5 月号．

2）　朝永振一郎「スピンはめぐる」，自然，1973 年 1 月号-10 月号．単行本：同じ題，自然選書，中央公論社，1974 年．

3）　高橋秀俊「双対性」，自然，1965 年 7 月号-12 月号．所収：高橋秀俊『数理と現象』，岩波書店，1975．

4）　広重 徹：「戦後日本の科学運動」，自然，1959 年 5 月-1960 年 6 月号．途中に何回か休みが入った．後に，同じ題で単行本にまとめられた：中央公論社，1960 年．

5）　広重 徹：「社会の中の科学史」，自然，1971 年 5 月号-1972 年 7 月号．途中2 回休み．単行本：『科学の社会史』，自然選書，中央公論社，1973 年．

6）　彌永昌吉「破局の理論とトムの方法」，自然，1973 年 7 月号．

7）　秋月康夫「20 世紀数学の展望」，自然，1964 年 1 月号-6 月号．

8）　伊藤正男「脳の設計図」，自然，1979 年 1 月号-12 月号．

9）　小谷正雄「教育の画一を排す」，自然，1949 年 12 月号，巻頭．

10）　江沢 洋「大学院とは何か，何であるべきか」，所収：岩山太次郎・示村悦二郎編『大学院改革を探る』，(財)大学基準協会，1999．

11）　「創刊の辞-科学することの楽しさを味わったとき，彼は一人の科学者であり得る」，科学，1931 年 4 月号，巻頭．無署名．

12）　「長岡博士のニュートン祭に寄せたる書状」，東洋学芸雑誌 **28**(1911)89．

13）　長岡半太郎「透明体と不透明体」，東洋学芸雑誌 **28**(1911)605．

14）　長岡半太郎「電流に関する観念」，東洋学芸雑誌 **29**(1912)503．

[江沢 洋]

II 誰もが悩んだ力の
「なぜ?」

6—力とは何だろうか？

●力はむずかしい

物理を勉強したとき，もっとも戸惑い，わからないものの1つが「力」だ．そのわからなさがどこから来るかというと，ふだん使う言葉としての「力」とうまく結びつかないことがあるように思われる．科学の言葉はふだんの言葉と違うものだと簡単に片づけず，力という言葉と概念を検討してみよう．

●我々は力という言葉をどのように使っているか．

ふだん使う言葉で力が付くもの．精神力・気力・体力・努力・洞察力・兵力・推進力・能力・跳躍力・消化力・魔力などなど．これらを見ると人間の活動に由来したものが多い．また何らかの作用があるときに，その原因や構造がよく分からないときにも力という言葉ですませる傾向があると思える．例えば，子供も大人も悩まされる学力という言葉だが，本来いろんな内容がその中にある．それらを1つであるかのように見て偏差値という同じ物差しを当てるときは，具体的な学びの構造を捨象している．

●つりあいを基本とした「静力学的」力

力という言葉が人間の活動と結びついているのは理由がある．人間がさまざまな活動をする．そこから力の概念は出発したのだ．はじめ，それはピラミッドやオベリスクのような巨大な建築物や灌漑工事などのために発達したことは間違いない．そこでは梃子や滑車や秤が使われ，釣り合いを考えるために，力の向きや作用点，大きさなどの概念が発達した．それは釣り合いを中心にしたもので，いわゆる「静力学的な」力の概念である．力はまずそのようなものとして確立した．そ

こでは，力の人ささは重りとの釣り合いやバネののびのような変形によって測られる．そして接触しているもののみが押し引きしあうものと考えられたろう．中世にかけての，アリストテレスの理論が中心であった時代にあっても，力とは接触しているもののみが及ぼすのであって，例えば飛んでいる矢が弓を離れても前に進むのは，矢のまわりの空気が押している力のためだなどと考えたのである．まわりに何もない天体の運動は力が働いているものではなく，地上の運動とは別で，それ自身で運動を維持していると考えられた．

●運動の原因としての「動力学的」力

しかし力には別な面がある．それは運動との結びつきである．物体に力が働くと物体はどうなるか．力を加えると物体は動くが，力を加えるのをやめると止まってしまう．これは摩擦や空気抵抗があるからで，もしそういう副次的条件を除けば(例えば宇宙空間などを考える)，いったん動きだした物体は，力を加えるのをやめても，そのままの速さで動き続ける．そして，もし力が働けば物体は加速する．したがって，力とは物体に加速度を生じさせる原因，物体の運動状態を変える原因と考えることができる．その表現が運動方程式

力÷質量 = 加速度

である．

また運動と力を考える中で，物体どうしが離れていても力を及ぼし合うことが，ガリレイからニュートンに進む間に発見された．石と同様に月もまた地球の重力によって引かれて運動しているという認識に達したことは重要な発展であった．それまでの，力 = 接触作用からの大きな飛躍であった．2つの質量を持つ物質が空間を媒介にして互いに引き合うのが重力相互作用である．そこでは，どちらが主ということもなく，互いに引力を及ぼし合って位置や運動を変えあう．例えば，月と地球は共通の重心のまわりを回っている．

「静力学的」力と「動力学的」力の概念は，ここまで述べたところからは直ちに同じとはいえない．これら2つを力という1つの言葉で表わしたのはなぜだろうか？

●力の本質は何か

そこで改めて考えてみると，一般に何か作用が働くとき力という言葉を用いる．では，作用の本質は何か．重力を例に取ると物と物の相互作用である．物体どうしの接触力でも同じである．したがって，2つの物体に起こることを両方とも考えなければいけないのだが，我々は普通，相互関係を一時的に切り離し，どちらかの物体に注目して運動の変化を調べる．そのとき，注目した物体は相手からの作用によって速度の大きさや向きを変えられたと見るのである．このとき，物体に生じる運動変化の原因を我々は力と呼ぶのだ．

●力には必ず相手がある．

しかし，もちろん完全な記述はその相互関係の構造を含んだ全体的な記述になる．

肝心なことは，作用は何かと他の何かとの関係において生じるということである．そこで，力について言うときは必ず「AがBから引かれる力」のように主体と客体を明確に表現するべきだ．

●相互作用の基本

力という言葉は，素粒子の世界でも強い力，電弱力，重力のように使われるが，これらは 電子＋陽電子 ⇄ 光子 のような素粒子の相互転化の基本過程を表わすもので，マクロの世界の力や原子核と電子の間の引力などとは意味が異なっている．こうした押し引きの力は，素粒子の相互転化から生ずるものである．つまり，たとえば，電子と電子の間のクーロン力は，一方の電子が出した光子を他方の電子が吸収するという過程の積み重ねから生ずる．こうして相互作用の基本は素粒子の相互転化過程にある．そこには美しい対称性が見いだされている．

●参考文献………………………

エンゲルス『自然弁証法』，田辺振太郎訳，岩波文庫，1956，1957.

江沢 洋『よくわかる力学』，東京図書，1991.

[山口博司]

7—力ではなぜ 1 ＋ 1 が 2 とは限らないのか
平行四辺形の法則———

●普通の足し算はできない

1＋1 は 2 になるのが普通の足し算である．しかし，1＋1 が 0 にも 1 にも 2 にもなり得るものがある．力はその例である．図 1 のように A と B が力を合わせてC と綱を引き合っているとしよう．この場合，AB 二人の力はそれぞれ 7 kgf だとしても，二人合わせた力は 10 kgf にしかなっていないことが実験で確かめられる．それはなぜかというと，力は

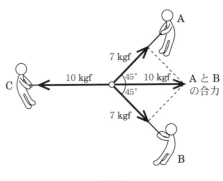

図 1

数のような普通の足し算でなく，図のような平行四辺形の法則によって足し算しなければならないからだ．その結果，二人の力は大きさとしては 7＋7 でも実際の効果は 10 にしかならない．

こういう量が自然界にいろいろ存在する．それらを一般にベクトル量といい，普通の数のような足し算ができる量をスカラー量という．力はこのような足し算の法則をもつ量であり，大きさがそれぞれ 1 の力でもその和の大きさは 1 にも 2 にもなりうる．また逆に 1 つの力を平行四辺形によっていくつかの力に分解できることになるから，上の場合は図

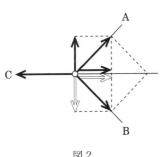

図 2

2のように考えることもできる．すなわちAとBの力の，Cの力と平行な方向の成分の和がCと釣り合い，それと独立な方向の成分は互いにうち消し合っている．

●向きと大きさだけではベクトルといえない

自然には力のように向きと大きさがあり平行四辺形の法則に従う量がいくつもある．移動をベクトルで表わすのは，図3のように飛行機がAからBに行くのとBからCへ行くのとの和は，直接Aか

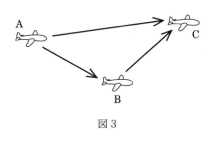

図3

らCへ行くのと等しいとすることだ．もともとベクトルとは「旅人」といった意味であった．

では，向きと大きさがある量はどれもみなベクトルといえるのか．いやそうではない．例えば魚のサンマは向きと大きさがある．しかしこれはもちろんベクトルではない．2つのサンマを足して巨大サンマにはできないからだ．それはもともと足せないものだが，もっとましな例を考えよう．

何か物体の回転を考える．回転の角度の大きさを大きさとし，右ねじの進む向きを向きとしたら，ベクトルができそうだ．このベクトルの和を位置の移動のベクトルのように足せるかどうかと考えると，2つの引き続く回転の結果は平行四辺形の法則で作った和の回転とは一致しない．それは図4のようにCDという2つの回転を続けて行なっても，行なう順序が違えば結果が違うことからも明らかだ．したがってこれを一般的なベクトルとすることはできない．ただし，非常に小さい回転だけに限れば，その極限でベクトルの和の法則が成り立つことが分かっている．

では，この平行四辺形の法則は，先人によってどのようにして明らかにされたのか．

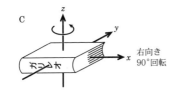

はじめ C, 次に D の回転をした結果

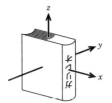

x, y, z は
空間の方向

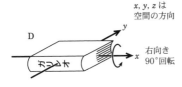

はじめ D, 次に C の回転をした結果

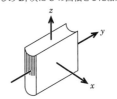

図 4

●てこの原理を使ったガリレオ

ガリレオ (1564-1642) は直接に平行四辺形の
法則をいっているわけではないが，斜面上に置
かれた物体を斜面に沿って押し上げるのに必要
な力の大きさが，重さに対して，2 つの辺の比
に等しい比をなすことを述べている (参考文献
1 のなかの『レ・メカニケ』).

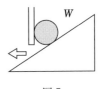

図 5

彼はねじについて考察する.
ジャッキを使うと重いものを小
さな力で持ち上げられる事実を
考えよう．ねじを回すことは，
図 5 のように，斜面を動かすこ
とにより重り *W* を持ち上げる
ことになるのだから，それは斜
面を止めておいて *W* を斜面に
沿って押し上げるのと同じで，
そのときに必要な力を考えれば

$$W_A : W_B = OB : OA$$

$$W_A : W_B = OC : OA$$

図 6

よい．彼はここで仮想のてこを考える．ガリレオはてこについて図6のように「支点からの距離とかかる重さが逆の比になること」「吊す位置と支点を結ぶ直線が水平でないとき，距離はおもりの落ちる方向に対して垂直に線を引いて測らなくてはならない」ことを知っていた．

てこの効果は力と腕の長さで決まる．図7のように支点Bで支えられるてこを考えよう．図のCに W という重りがあるとき，Aにも W を吊るせば釣り合う．しかし，もしこの腕BCをBDまで曲げたとすると，あたかもおもりをKに吊したのと同

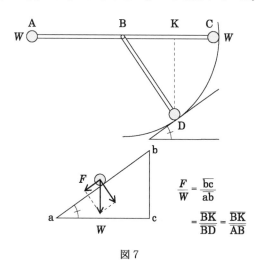

$$\frac{F}{W} = \frac{\overline{bc}}{\overline{ab}}$$

$$= \frac{\overline{BK}}{\overline{BD}} = \frac{\overline{BK}}{\overline{AB}}$$

図7

じになり，Aに吊すおもりはずっと軽くていい．そしてその比はBKとABの比になっているはずである．そうするとおもりはCにあるときよりDにあるときの方が円周に沿って下降しようとする傾向(ガリレオはこれをモーメントという)は上の比だけ減少している．さて円に沿って下降するのと円の接線の方向の坂を下降しようとするのとはその瞬間は同じである．よって斜面上の物体を支える力は同じように小さくなる．

これを現代の斜面上の力の平行四辺形による分解と比べてみると，ちょうど同じ結果になる．しかし，これでは一方の成分だけではないか？もし斜面に垂直な成分を考えるとしたら次のような考え方もできる．物体は静止しているから力の釣り合い

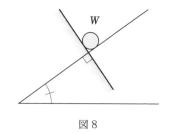

図8

は変わらないとして，前の斜面に垂直な方向に別の斜面をとるのである．同じ考え方によってその方向の成分も同様になることがいえる．

●ガリレオはエネルギーの原理も使っている

図9のような斜面上で重さ F のおもりの力が重さ W の物体をaからbに引っ張り上げる場合を考えてみよう．おもり F は，おもり W より軽くてよい．しかし，W をaからbまで引っ張り上げるには，F は同じ距離 $\overline{ab}$ だけ下がら

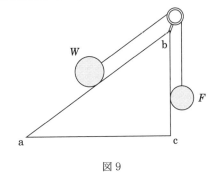

図9

なければならない．一方 W は実質的には高さ $\overline{bc}$ しか上がらない．

ガリレオは「機械的な道具によって力が得をしたら，その分だけ，時間や速さにおいて損をしている」という．これはエネルギー保存の原理を言いたかったものであろう．それに従って言えば，

$$\text{おもり } F \text{ のする仕事} = F \cdot \overline{ab}$$

は

$$\text{おもり } W \text{ のされる仕事} = W \cdot \overline{bc}$$

に常に等しい．これも前と同じ力の比 $F/W = \overline{bc}/\overline{ab}$ を与える．

●首飾りを使ったステヴィンの巧妙な考え

同時代のステヴィン(1548-1620)は直観的かつ美しい説明をしている．彼が考えたのは図10のように首飾りを三角の板に掛けたものだ．首飾りはこの状態で釣り合う．板の下の部分は対称だから除いてしまおう．すると斜面 AB 上の首飾りと BC 上の首飾りが引き合う力は等しい．また首飾りの重さはそれぞれ斜面の長さに比例するから，重量は AB と BC の比に等しい．したがってこれが釣り合うということは，斜面上の単位重量が相手を引く力は斜面の長さに反比例することである．ステヴィンはこうして，斜面上の重さの作用，実質的に力成分を

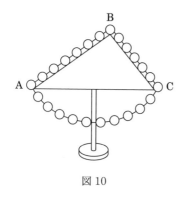

図 10

示した.

●一般の力の平行四辺形の法則

ただし，ここまでの力の合成分解は成分が互いに直角な（長方形）場合であった．ステヴィンは一般の角度の場合も扱っているが，何によってそれに到達したかははっきり書かれていない．しかし一般の場合も，それを一度直角成分に分解して調べれば，いつでも平行四辺形で合成・分解できることがわかる．

平行四辺形の法則をよりはっきり示したのは，ニュートンとニュートンの同時代人ヴァリニョン（1654-1722）である．ヴァリニョンは実験でいろいろな場合を確かめている．ニュートンは『プリンキピア』で明確にその根拠を運動の合成分解に求めている．例えば A にある物体に B に向かう力が加わって A から B まで運動する．同時に C に向かう運動が加わって，その同じ時間に A から C まで運動するはずだとする．もし 2 つの力が同時に加われば，それは移動を平行四辺形で合成した A から D へすすむ．運動の法則が力から運動を定め，運動は互いに独立だからである．これは 2 つの力を合わせると AD 方向の力と考えていいことを示している．したがって動力学でいえば，力のベクトル性の根拠は運動の法則と運動の独立性にあるといえる．

●参考文献……………………
『世界の名著　26 ガリレオ』，豊田利幸編，中央公論社，1979.
マッハ『力学』，青木一郎訳，内田老鶴圃，1940.
マッハ『力学』，伏見譲訳，講談社，1969.

[日高真己子]

8−なぜ「作用反作用の法則」というのか

作用(action)反作用(reaction)の法則はニュートン(I. Newton 1564-1642)の『プリンキピア』(1686, 英訳名 Mathematical principles of natural philosophy)に運動の第三法則として出てくる。英訳からさらに和訳しよう。

「どの作用(action)にもそれと反対で等しい大きさの反作用が常に存在する。言い換えれば, 2つの物体の相互に及ぼし合う作用は常に等しく反対向きである」

それに続いてニュートンは次の例を挙げる。「石を指で押せば, 指もまた石によって押される」「もしも馬が綱に結ばれた石を引っ張ると, 馬はそれと等しく石に向かって引っ張り返される。なぜなら伸ばされた綱はそれ自身が伸びない元の状態に戻ろうとして(ちょうど綱が石を馬の方に引っ張るのと同じ大きさで), 馬を石の方に引っ張るからだ」

これを絵にすれば下のように表わせよう。

●作用・反作用のよく見られる間違い

作用・反作用について書かれた本にはかなり間違いが見られる。ときには教科書にも！　その間違いのほとんどは, どれが作用と反作用

になるかという問題である．先に上げたニュートンの馬の例で言うと，
「馬が綱を引く力」A に対する反作用は「綱が馬を引く力」B でそれ
以外ではない．さすがにニュートンは，「「綱」が「馬」を引っ張る」
と正しく書いているが，前半で「「馬」が「石」を引く」と書いてい
るのは誤解を生む書き方である（英訳が正しければだが）．馬は石には
接触していないので，作用していない．石に作用しているのは綱であ
る．間違わないポイントは

1．何と何が相互作用しているかを正しく見極める．

　通常離れて相互作用するのは重力と電磁気力の場合で，それ以外は
直接接触しているもの同士が接触点で相互作用する．

2．ことばで確認すること．

　「A が B を(押す，引く)力」の反作用は「B が A を(押す，引く)
力」であってそれ以外ではない．

　ここで付け加えておけば綱が馬を引っ張るというのを奇異に感じる
人がいるかも知れないが，綱も弾性を持ちバネと同じで，引っ張られ
て伸びて元に戻ろうとして馬と石を引っ張っているのである．

　作用・反作用を「つりあい」と混同する例も多いが，作用反作用が
2つの物体の相互作用なのに対して，つりあいは1つの物体に働く力
の関係であるので上の注意を守れば間違えることはない．下図で例を

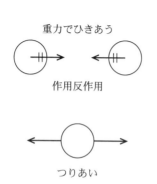

重力でひきあう

作用反作用

つりあい

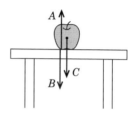

A：机がリンゴを押す力
B：リンゴが机を押す力
C：地球がリンゴをひく力

A と B が作用反作用
A と C がつりあい

しめす．

●なぜ「力」でなく，「作用」なのか

　作用反作用の法則の内容は，互いに及ぼし合う「力」の大きさが等しく向きは反対ということで表わされる．したがって「力と反力の法則」（板倉聖宣氏による）といっても必要十分である．ではなぜニュートンは「力」といわず，「作用」と言ったのか．それを考えてみるのも悪くない．ニュートンの原文に戻ろう．第三法則の説明でニュートンは「もし物体がもう 1 つの物体にぶつかって，『その物体の力』（ニュートンは力を表わすのにはラテン語の vis を用いる）によって相手の運動（運動量すなわち質量と速度の積）を変えるなら，自分自身の運動も反対向きで大きさの等しい変化を受ける」．ニュートンは「作用による運動の変化」を問題にしているので，この文は作用の 1 つとして「力」が表われると解釈できるだろう．これに対応する部分を拾うとその少し前にニュートンはこう書いている．

　定義 4「加えられた（impressed）力とは，物体の静止または直線上を一様に運動する状態を変えるために加えられた 1 つの作用である」

　この力はその作用の間にのみ存在し，作用が終わればもうそれ以上残らない．なぜなら物体は獲得した新しい状態を慣性のみの働きで保つからだ．「加えられた力」とは慣性とは異なる打撃，圧力，向心力などによるものである．

　これは何を意味しているだろう．次の 2 つが考えられる．
1．作用（action）には状態を変えるという意味があり，力より広い概念である（作用にはもともと働きかける主体が含意されている）．
2．ニュートンは慣性も「力」と考えている．だから相互作用の力は力の一部にすぎないので力全般の法則とはしなかった．
　実際はどうだったのだろうか．あるいはニュートンはエネルギーや仕事率の問題も考えていたので作用を力に限定したくなかったのかも

知れない.

●参考文献……………………
板倉聖宣・江沢 洋『物理学入門』, 国土社, 1964.
ニュートン『自然哲学の数学的原理』, 河辺六男訳, 世界の名著 26, 中央公論社,
　　1971.

[横田憲治]

9—分子を引き伸ばすには　どれだけの力がいるか

　化学結合を表わす初等的なモデルに，原子間の結合を線で表わす方法がある．この表わし方では，原子間の結合は強固なものであり，とても伸縮などしないように見える(図1)．しか
し実際の分子では意外に柔軟で，たとえていえ
ば，原子間はバネでつながっているようなもの
である(図2)．バネとすればバネ定数があるわ
けで，たとえば塩化水素 HCl ではバネ定数は
$k = 483\,\mathrm{N/m} = 4.83\,\mathrm{N/cm} = 0.49\,\mathrm{kgf/cm}$
である．1 cm 伸ばすのにおよそ 0.5 kg のお
もりをつり下げればいいくらいの強さであるか
ら，どこにでもあるようなバネであるといえる．これを見て，君は分
子は固いと見るか，やわらかいと見るだろうか．

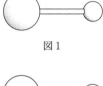

図1

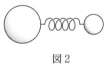

図2

　もっとも実際には私たちの対象は多数の分子だから，HCl の結晶
を変形させるとしたらどれだけの力がいるだろう．H 原子と Cl 原子
が交互に並んで立方格子をつくるとし(これは，ありそうなことだ．
周期律表の上で近縁の Na は Cl とそのような格子をつくるから！)，
H から Cl をはさんで次の H までの距離(格子定数)を $2b$ としよう．
そうすると1辺 L の正方形の中には H と Cl を合わせて $\left(\dfrac{L}{b}\right)^2$ 個が並
ぶ．H の下には Cl があり，Cl の下に
は H があって厚さ b の板になる．こ
の厚さを $b+\mathit{\Delta}b$ にするため板の面を
引っ張る力 T を計算してみよう．H
と Cl のバネ定数が孤立した分子のも
のと同じなら

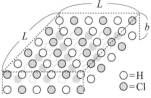

○=H
◎=Cl

図3

$$T = (k\varDelta b)\times\left(\frac{L}{b}\right)^2$$

となる．その力は HCl のヤング率を E とすれば

$$T = E\times\frac{\varDelta b}{b}\times L^2$$

とも計算される．2つは同じ力を表わすのだから，等しいと置いて

$$E = \frac{k}{b}$$

が得られる．HCl の格子定数は見つからないが，NaCl の値 $2b = 5.63\times10^{-10}$ m とあまり違わないだろう．これを用いれば，

$$E = \frac{483\mathrm{N/m}}{2.82\times10^{-10}\mathrm{m}} = 171\times10^{10}\mathrm{N/m^2}$$

という値がでてくる．ヤング率は，『理科年表』によれば，銅 12.98，鉄 (鋼) 20.1〜21.6 ($\times10^{10}$ N/m^2) であり，これに比べると上の計算の正しさが裏づけられたと言っていいだろう．

　もちろん実際は，分子をつまんで伸ばしたり縮めたりすることはできない．しかし伸縮振動させることはできる．それには次のような方法がある．

　質量 m_1, m_2 の間にバネ定数 k のバネをつけて振動させたとすると，その周期は，

$$T = 2\pi\sqrt{\frac{\mu}{k}}, \qquad ただし \quad \mu = \frac{m_1 m_2}{m_1 + m_2} \tag{1}$$

となることが知られている．振動数はこの逆数であるから，

$$f = \frac{1}{2\pi}\sqrt{\frac{k}{\mu}} \tag{2}$$

である．逆に，この振動数，すなわち分子の固有振動数で変化する力を分子に加えれば分子を振動させることができる．

　分子に力を加えるには，どうするか？　異なる原子が結びついている場合，両者の電子の引きつけやすさは一般に異なるため，分子内での電子の分布には偏りがあり，電子が多い側はマイナス，少ない側はプラスになっている．このような状態を分極という．分極した分子に

電磁波が当たると，この分子は振動する電場の中に置かれるわけで，プラスとマイナスの電気をもっている原子は反対向きの力を受け，分子は引き延ばされたり押し縮められたりする．その振動数で伸び縮みの力を受けることになるのだ(図4)．

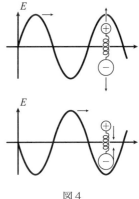

以上のことから，分子の固有振動数に等しい電磁波を当てると，分子の振動はそれに共振して，振動することがわかる．

実は前出の HCl のバネ定数 k は，HCl が 8.67×10^{13} Hz の赤外線を吸収すること，H と Cl の場合の μ の値が 1.628×10^{-27} kg であることから，(2)式を用いて計算したものである．

表に，文献から得たいくつかの原子間の結合のバネ定数とそれらから(2)式を

図4

用いて計算した固有振動数をまとめた．HCl に限らず，原子間のバネを振動させるには赤外線付近の電磁波を当てればよいこと，単結合に比べて二重結合，三重結合の方がバネ定数 k の値が大きい(バネとして固い)ことなどが読みとれる．

分　　子	結　　合	バネ定数 [N/m]	固有振動数 [$\times 10^{13}$Hz]	結　　合	バネ定数 [N/m]	固有振動数 [$\times 10^{13}$Hz]
HF	F － H	970	12.5			
H_2O	O － H	840	11.7			
NH_3	N － H	710	10.7			
CH_4	C － H	580	0.978			
CH_3CH_3	－ C － H	530	0.935	－ C － C －	460	3.42
CH_2CH_2	＝ C － H	620	1.01	－ C ＝ C －	1090	5.26
HCCH	≡ C － H	630	1.02	－ C ≡ C －	1630	6.43
C_6H_6	C － H	590	0.987	－ C － C －	770	4.42
H_2CO	≡ C － H	520	0.927	－ C ＝ O	1300	5.37
CO_2				＝ C ＝ O	1730	6.19
HCN	≡ C － H	620	1.01	－ C ≡ N	1880	3.83

G. M. Barrow『バーロー物理化学(上)第3版』，藤代亮一訳，東京化学同人，1976年より

[松本節夫]

10–「重さとは重力のことである」といってよいか

ある年の都立高校の入試問題に次のようなものがあった．

問2）物体の重さについて述べたものとして適切なのは次のうちどれか．

ア．物体の重さとは物体の質量のことであり，単位は g や kg で表わされる．

イ．物体の重さとは物体に働く重力のことであり，単位は g重や kg重で表わされる．

ウ．物体の重さは上皿てんびんではかることができ，月面上と地球上とでは同じ値を示す．

エ．物体の重さはバネばかりではかることができ，月面上と地球上とでは同じ値を示す．

　この年，理科の出題の中で力学分野に関するものはこれだけであった．この問題を見てあなたはどう思うだろうか．この問に対する正答率はかなり低いものであった．

　都教委の答えはイである．教科書で「重さは重力のことで，バネばかりで計ることができ，単位は kg重である．質量はどこにいっても変わらないものの量で，上皿てんびんで計ることができ，単位は kg である」と教えていたからだ．教科書を信じて疑わなければ正解間違いなしというわけだ．でも本当にそれでいいのだろうか．

　まず，「重さはバネばかり，質量は上皿てんびん」という操作による定義はどうか．どちらのはかりにしても重力を計っていることには変わりがない．だからもし「重さ」を基準物体の何倍の重力かで計る

とすれば，月にも基準物体を持参すれば全く同じに計ることができるだろう．ウもエも考え方によっては正解になるのではないか．こういう操作的な定義は問題を含んでいる．

さらに，「重さは重力の大きさ，質量はもの自体の量」という定義はどうだろうか．今地球上で手が支えるリンゴには(自転公転にともなう力は省略することにして)図のような力が働いている．たぶん

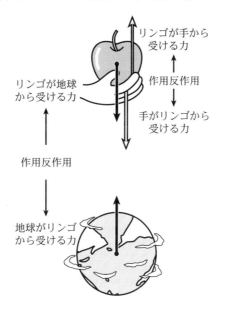

「重さ」というのは，このうち手が受ける力の感覚から出発して，地球の重力から自由になれない人間が重力の大きさで物体の質量を表現するのに使ってきたものだろう．事実誰でも「このおもりの重さは100ｇで」と無意識に使うし，科学者も「クォークの重さ」とか原子量を atomic weight といったりして平気で使っているのである．子供の教科書も初めのうちは重さを質量の意味で使っている．このように「質量」と「重力」両方を含んできた歴史をもった言葉「重さ」は，教科書でそう定義したからといって，それだけに限定してしかも吟味せずに暗記すればいいものではなかろう．はっきりさせる必要があるときは「重力」「質量」とすればよい．　　　　　　　　　　[浦辺悦夫]

11–巨大ヒーローは
本当にあれほど速く動けるのか

次の問いをまず考えてみよう.

＊　　　　　＊　　　　　＊

　よく TV の人気者になる変身巨大ヒーローは身長が 40 m くらいのようだ. こんなに巨大な人が, あんなに軽やかに動けるものか？『ガリバー旅行記』に出てくる小人(身長 15 cm！)や巨人(身長 20 m 以上！)は本当に存在できるのか？

＊　　　　　＊　　　　　＊

　この問題を考えるのに, 少し予備知識が必要となる.
　立方体の一辺の長さを 2 倍にすると, その表面積は $2 \times 2 = 4$ 倍になり, 体積は $2 \times 2 \times 2 = 8$ 倍に増える. あるいは, 一辺の長さを半

 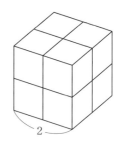

分にすると, 表面積は 1/4 になるが, 体積は 1/8 に減ってしまう. 要するに, 面積は長さの 2 乗に, 体積は長さの 3 乗にそれぞれ比例する.
　いま, ○○○隊員が変身した約 25 倍の背の高さの巨人ヒーローを考えよう. もし, どちらも材料が同じだったら体重は体積に比例するので, $25 \times 25 \times 25 = 15625$ 倍に増える. しかしそれを支える脚(骨)や足の裏の面積は, $25 \times 25 = 625$ 倍にしか増えない. つまり大きくなればなるほど体重が増える割りには面積が増えていかないので, 材料や構造が同じだったらやがて自分の体重を自分で支えきれなくなる. ということは, それだけの体重を支えるためには脚や足の直径が 125

(＝ $\sqrt{15625}$)倍にならないといけないということだ．高さ 25 倍に対し
幅 125 倍！　なんと不格好になることだろう…．とてもあのようにス
マートな体型になるはずがないし，軽やかに動けるはずもない．

　さて，物をそのままの形で，単純に大きくはできないことを最初に
指摘したのはガリレオ・ガリレイである．350 年前に出版された『新
科学対話』(上)には次のように書かれている．
　以下，ガリレオ『新科学対話』英訳より和訳．
　「簡単な例を示すため，骨の形を描いておきました．長さを 3 倍に
したとき，小さい方の骨が小さい動物にとって役立つのと同じくらい
の機能がもてるように大きな骨を
太く描いたのです．これがその絵
です．大きな骨がどんなに不釣合
いなものになるかが分かるでしょ
う．このことから，もし巨人を普
通の人と同じような均整のとれた

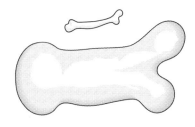

体に保ちたかったら，彼の骨のためにもっと固く，抵抗力のある材料
を見つけるか，さもなければ普通の人の体よりずっと弱いつくりでが
まんしなければならないのは明らかです．そうでなければ異常な身長
になった彼は彼自身の重みで押しつぶされて倒れてしまうでしょう」

機械製作にも関わっていたガリレオ・ガリレイなればこそである．

この「物の相似比と面積比・体積比の関係」という1つの視点に注目していくと，一見すると無関係に思われる事柄が統一的に説明されていくのである．それを見ていこう．

その1．ノミは自分の高さの200倍も飛び上がることができるのに対して，人間はほぼ自分と同じ高さしか飛び上がれない．

自分の体を持ち上げる，つまりジャンプするということは，足の筋肉の力が直接に関わっている．例えば体長が我々の1/1000であるノミを考えよう．体積に比例した体重は1/1000 000 000にまで減るが，大雑把にいって，筋肉の力は断面積に比例するので，その筋肉の力は1/1000000までにしか減らないわけで，相対的に筋肉の力は人間よりも1000倍ぐらい強いということになる．したがって相対的にずっと高くとべるだろう．実際にはとべる高さを見積るにはエネルギーを考えなくてはならない．跳躍のエネルギーは(体重)×(高さ)できまるので，もし相対的に同じ高さをとぶには，筋肉1gあたり，体長と同じ倍率のエネルギーをつぎこまなくてはならない．したがって，人は筋肉1gあたりノミの200倍ものエネルギーを出さなくてはならない．逆に単位質量あたりの筋肉の効率はノミより人の方がよいことになる．

その2．ネズミは一日に体重の半分ほどの食べ物をとる．食欲が極めて旺盛である．（人間は一日に体重の約50分の1の重さの食べ物しかとらない）

その3．同じ種類の動物，例えば，暖かい地方のクマやシカの体の大きさは，寒い地方のそれらに比べて小さい．

哺乳動物は，食べ物をとり，それを消化するときに出る熱を利用して体温を一定に保っている．そのときに出る熱量はほぼ体積に比例するが，体の表面から逃げていく熱量はまさに表面積に比例する．したがって，大きさが1/10になると，発熱量が1/1000に減るのに対して，逃げる熱量は1/100にしか減らないので，それだけたくさん食べて熱を生み出さないと，体が冷えてしまうことになる．そのため，体の小

さなネズミは体重に比べてたくさん食べる必要が出てくる.

また，寒い地方に住む動物は，体から逃げる熱量を相対的に小さくするように体が大きくなっている．脚の骨の太さの違いにそれが示されている．

このように，物の大きさや運動の規模を変えたとき，それによって物の性質に質的な違いを生じることがある．そういう視点をもって物の性質を調べるようにしたいものである.

例えば，冬の季節に子どもの手を触ったとき「おっ！　ずいぶん冷たいね」，「お父さんの手，暖かいね」とお互いに驚くことがある．こ

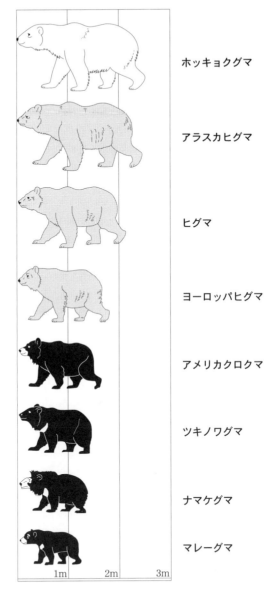

ホッキョクグマ

アラスカヒグマ

ヒグマ

ヨーロッパヒグマ

アメリカクロクマ

ツキノワグマ

ナマケグマ

マレーグマ

1m　　2m　　3m

小原秀雄『続・日本野生動物記』中央公論社より転載

れを，上に触れた視点から考えるとどうなるか．検討したいことの1つである．

●参考文献………………

ピーター・K・ウェイル『にんげん・アリ・象―動物と大きさ』，アンソニー・ラビエリ画，今泉吉典訳，福音館書店，1974.
　これこそ科学という秀れた読み物．

坪井忠二『数理のめがね』，岩波書店，1968.
　これの最初に「クジラはわしより大きい」という話が載っている．

J.S.トレフィル『物理を見直す本―発想の意外性』，桜井邦朋・立山暢人訳，共立出版，1986.
　これの「10. 巨人はどんなに見える？」が味わい深い．

『ウルトラマン研究序説』，中経出版，1991.
　この中に「ウルトラマン変身のメカニズム―理論物理学的考察」とあって，密度の観点から批判している．

ガリレオ・ガリレイ『新科学対話』，日田節次・今野武雄訳，岩波文庫，1995.

『PSSC 物理』，山内恭彦・平田森三・富山小太郎監訳，岩波書店，1967.
　この(上)に「スケーリング―小人の国の物理学」としてまとめられている．

柳田理科雄『空想科学読本』，宝島社，1996.

［和田敏明］

【コラム 3】

人間は機械か

　人間はほかの生物や無生物と同じように，いまでいう原子のような根源的粒子から成り立っているという考え方は遠くギリシャ時代から存在していた．この考え方からすれば，道具や機械をつくるのと同じように人間も根源的粒子から人工的につくることができるということなので人間機械論的思想という．しかし，人間は物ではなく生命特有の生気をもち，さらに人間特有の精神をもった存在で，機械のように人工的につくれるものではないという考え方・生気論的思想が中世以来人間の歴史を通じて長く支配的であった．では現代では，この問題を自然科学の立場からどう考えればいいのであろうか．

　いま使われている工学的機械の多くは人間の労働を軽減し，生産能力を高めるために人間がつくりだした効率のよい道具である．この機械をどれくらい人間の機能に近づけることができるのか．機械はエネルギーを供給する動力部分（人力，馬力，水力，蒸気力，電力）と，エネルギーの伝達部分とエネルギーを用いて作業する部分とからなる．動力では蒸気力や電力を用いると人力とはケタ違いのエネルギーを提供できる．しかし，機械の作動には，操作・運転・調節・制御が不可欠で，これには長い間，どうしても人間の頭脳の働きを必要とした．しかし，現代ではコンピュータを用いて知覚・判断のできる自動化機器（ロボット）が次々とつくられている．進んだロボットは自分の働きの結果を「観測」し，次に何をなすべきかを「決定」し，絶えず仕事を調節・制御し自動的に人間以上に厳密に遂行していく．ある目的をもった作業の遂行に限っては，工学的機械は人間よりもはるかに効率よく自動的に仕事をすることができるようになった．今後，学習・推論など人間の脳・神経系の働きを工学的に代行するロボットの作成がどこまで可能かが現代科学の1つの課題である．

　しかし，仮に脳・神経系の働きを電子工学的に代行するロボットができたとしても，現在のロボット作成の方向で，人間と完全に同じ機能をもつ機械をつくることはできない．人間と機械の違いは，脳・神経系機能の代行がどこまで可能かという問題以上に，人間の身体のもつ自己保存・増殖機能を機械はもち得ないという点にある．人間は皮膚にちょっと傷をしても，そのうち自然に治癒してしまう．また人間は性交して子どもをつくる．機械はどちらも可能ではない．その違いは，人間は生物で，機械は無生物であることによる．生物は細胞からできている．1つ1つの細胞に動力源があり，構造をもち，自己増殖の機能をもち，その働きを細胞内のDNAが分子や原子の配列でコントロールしている．人体を構成する細胞は次々と生まれ変わりながら人体の機能を維持し続け，一部の損傷を埋め合わせる働きもする．この一個一個の細胞を工学的な機械で置き換えたりすることはできない．だから，細胞を工学的な機械でつくり得ないところに，人間と機械との決定的な違いがある．現代技術の水準ではこれが1つの結論といってよいだろう．

　では，現代科学は人間機械論を否定し生気論に軍配をあげるのか．そうではない．人間もほかの生物も原子・分子でできており，細胞もDNAもそうである．これは実証されている．だから理論的には現代科学の立場は人間機械論的思考なのである．それなら，技術的にも人間が工学的機械を設計してつくったように，細胞やDNAを原子・分子から，人間が設計し，合成してつくりだすことが可能なのではないか（現代の生物工学は生物のつくった細胞に加工してクローン羊やクローン猿をつくるところまでは来ている．しかし，細胞の化学的合成とは違う）．細胞を原子・分子の段階から合成して随意につくりだせれば，その倫理的是非は別として人間機械論は新たな段階で理論的にも技術的にも完結する．技術的には気が遠くなる話で，倫理的には恐ろしく厳粛だが，これが現代科学の結論である．

●参考文献　N. ウィーナー『人間機械論』鎮目・池原訳，みすず書房，1979.

[小島昌夫]

12-重力はなぜ働くのか

　地上でものが下に落ちるのは，もの自身が下へ行く性質をもっているからだとはじめ考えられた．その後，ものと地球が引っぱり合う，いやすべてのものどうしが互いに引き合っているということが明らかにされた．それは万有引力と呼ばれる．なぜこんな力が働くのか．それは今のところ分からない．しかしそれがどういうものであるかは物理の進歩とともに明らかになってきた．それを振り返ってみよう．

　古代人は，夜空の壮大な眺めに感動し，惑星の不思議な運動と自分の運命とを関連づけようとした．それを満たすものとして占星術(astrology)が生まれ，中世ヨーロッパではたいへん流行した．また，当時の国王もそれに強い関心をもち，多くの占星術師を抱えた．占星術に欠かせないのが惑星の運動の観測であり，その結果，中世の天文学(astronomy)が発展した．

●ケプラーの法則からニュートンの力学へ

　17世紀にデンマーク国王の庇護のもとティコ・ブラーエ(Tycho Brahe, 1546-1601)が天球儀を用いて肉眼で火星の運動を正確に（精度は角度で約 $1' = \frac{1}{60}^\circ$ であり，これは肉眼で観測できる限界である）観測し，それをもとにケプラー(Johannes Kepler, 1571-1630)が惑星の運動に規則性（ケプラーの3法則）のあることを発見した．1609-1619 にかけてである．ケプラーの法則は惑星の運動を現象として述べたもので，その原因について述べたものではない．ケプラーはその原因を問わないのか．いや彼はすべての惑星が太陽の動力によって支配されていると考えるに至っている．ケプラーは次のように考えた．

1. 太陽が惑星運動の原因だと考えられるのは，惑星が円ではなく楕円軌道を回ること，そして

①　太陽から遠い惑星ほどゆっくり回る．

②　同一の惑星も太陽に近づくと速く動き遠ざかると遅くなる．

③　太陽の自転の向きとすべての惑星の公転の向きは一致している．

以上から，太陽の自転が惑星の公転を誘起していると考えられる．

2．太陽自転の力の源は創造主の全能な力で起動され，運動霊から力の補充を受ける．霊の力は太陽を燃やし強い輝きを発している．

3．太陽はいかにして遠方のものを動かすのかというと，太陽の霊妙な力は太陽から直線的に世界の隅々に放射され，その放射が回転する渦のように太陽と一緒に回転する．あたかも磁石のように．

4．ではなぜすべて太陽自転と同じ周期で回らないのかといえば，惑星が自分の場所にとどまろうとする慣性があり，太陽の動力と惑星の慣性の間で戦いがある．そのため遅れる．

この時代の限界である，「物体の運動は動力によってたえず補充されなければ減衰し，ついに静止する」という考えも見られるが，同時に後の慣性概念もここには見られる．そして何よりも「楕円軌道」の衝撃の大きさがある．ケプラー以前は星は完全な存在として完全な円軌道を描くと考えられていた．星はなぜ楕円軌道を選び，しかも速度を変えるのか．

ケプラーの現象論的法則を説明する本質論的な法則を確立したのはニュートン（I. Newton, 1642-1727）である．17 世紀中期，イギリスでは太陽と惑星との間にどのような力がはたらいているかが論議されていた．ハレー（ハレー彗星で有名）はニュートンのもとを訪れ（この訪問がニュートンの有名な著書『プリンキピア』発行のきっかけとなる），この問題を尋ねたところ，ニュートンはすでにこの問題を解いており，万有引力は空間を隔てて直接に働き，両方の星の質量に比例し距離の 2 乗に反比例することを示したという．これと運動法則を用いれば，結果としてケプラーの法則を導くことができる．ニュートンが万有引力の理論を発見したのは 1665 年で，公表したのは 1687 年である．

ニュートンの理論を用いて，多くの科学者が天体の運動を予測することができて，水星のごくわずかな食い違いを除いて，ことごとく観

測と一致した．特に天王星の解析から，1846年にアダムスとルヴェ
リエによって海王星の存在が予言され，発見されたことはニュートン
理論の勝利であった．

　ニュートンは万有引力が天体間のみならず，地上の物体間でも働く
ことに言及し，天界と地上の区別を完全になくした．これは月もまた
地上の石のように落ちていることを示す．このことで天体は特別な存
在であるということはもはやなくなった．しかし，"なぜ"また"ど
のようなメカニズムで"このような力が発生するのかについてはニュ
ートンは何も語らない．

●アインシュタインの時代

　ニュートンの式で重力の本質は分かってしまったかのようにも考え
られたこともあったが，20世紀に入り，アインシュタインは特殊相
対性理論で，作用の伝搬は光速を超えられないことを示した．ところ
が，ニュートンの万有引力の理論によると，どんなに2つの物体が離
れていようとも，その影響は瞬時に伝わるのである．これは特殊相対
性理論に反しているので，ニュートンの万有引力を修正しなくてはな
らない．

　ロープの切れたエレベータの中では重力が消える(等価原理)．これ
は，重い物と軽い物が同じ加速度で落下することに起因しており，重
力の性質である．このことと物理法則はどの立場から見ても同じでな
くてはならないという相対性原理から，アインシュタインは一般相対
性理論を作り上げた．この理論では，物体が存在すると，その周りの
時空がゆがみ，その時空に他の物体を置くとその時空の影響で運動が
曲げられ，物体間に力が働いているように見えるのである．アインシ
ュタインの重力方程式は，物体があるとその周りの時空がどのように
ゆがむかを決定する式である．時空のゆがみが決定されると，2点間
を結ぶ測地線(4次元時空での2点間を結ぶ最短曲線)に沿って物体は
運動する．この重力方程式を用いて太陽の周りの時空のゆがみを計算
し，その中を運動する水星の運動を予測すると，ぴったりと予測と観
測が一致するのである．ニュートンの万有引力の理論では説明不可能

であったわずかな食い違いもアイ
ンシュタインの重力理論で見事に
解決できたのである.

アインシュタイン生誕 100 年
記念コイン

　また, この重力方程式を解くと,
時空が波打つことが分かった. こ
れは重力波と呼ばれ, 光速で伝わ
る. 宇宙には, 重力の非常に強い中性子星という星があり, さらに 2
つの中性子星がお互いの重力で公転している中性子星連星も発見され
た. この連星の運動を詳しく解析すると, この連星系から重力波が放
射されていることが間接的に証明された. 2015 年には重力波の地上
での直接的観測に成功した. アインシュタインの重力理論によって,
重力の伝わり方, 重力と時空との関係など, ニュートンの万有引力の
理論よりさらに深く重力を理解できるようになった.

●極微の世界でも重力は働くのか

　以上は, マクロの世界の話である. 原子, 分子といったミクロの世
界では重力は電磁気力とは比較にならないほど弱い. 例えば, 2 個の
陽子間の重力はクーロン力よりも約 36 桁小さい. しかし, 重力はた
しかに働いている. 実際に中性子に重力が働くことを確かめた実験
(D. M. グリーンバーガー他)がある. さらに, 時空の極微の領域,
10^{-33}cm 以下の空間では重力が無視できないことが分かってきた. こ
のような微小な距離, 換言すれば超高エネルギーの世界においては,
自然界の 4 つの基本的な力である重力, 電磁気力, 強い力および弱い力
をひとまとめに記述し, さらにはすべての素粒子をもその中に含む統
一理論が支配していると信じられているが, まだよく分かっていない.

●参考文献……………………
朝永振一郎『物理学とは何だろうか』, 岩波新書, 1979.
山本義隆『重力と力学的世界』, 現代数学社, 1981.
D.M. グリーンバーガー, A.W. オーバーハウザー「量子論における重力の役割」,
　サイエンス (日経サイエンスの前身), 1980 年 7 月号, 日本経済新聞社.

[小坂浩三・吉和 淳]

13−重力と万有引力とは同じもの？

　物理を勉強すると「重力」と「万有引力」と両方出てきてとまどう．代表的な『岩波理化学辞典』では，万有引力は UNIVERSAL GRAVITY の訳語で質量が引き合う力とし，重力は GRAVITY の訳語で万有引力に地球自転の遠心力を加えたもの（実際にものが落ちる向きを表す）として区別している（「重力」が万有引力をいうこともある，と書いてはあるが）．日本の教科書もこの定義である．

　しかし，日本の辞典でも 1952 年の冨山房の『理科学辞典』では，重力とは，「地球と他の物体との間に働く万有引力を地球を主として考えた場合に重力という」と定義している．こちらは，遠心力は別扱いにして，重力と万有引力は基本的に同じものと考えている．

　外国の本や教科書は，ほとんどすべて後者である．重力は GRAVITY で表わし，純粋に質量間の引力で遠心力は含めない．すべてのものにあることを強調するときに UNIVERSAL をつけるようだ．この方が自然である．日本の教科書は些末主義で無用な混乱を招いていると思う．早急に改正すべきである．必要なときは合力を作ればよい．

　しかし，それ以外にも重力の概念には考える問題があるように思える．1850 年に川本幸民がオランダ人ボイスの本を訳したといわれる『気海観瀾廣義』は，引力は分子の凝集力も含めて物質の一般的性質だとした上で，「重力は引力に因てこれあり．地に於てはこれを引力といい，物に在てはこれを重力という」「地球の力の物に加わるを重力と名づくるは，物をして重からしむればなり」とのべているのは面白い．ここから見ると，重力と引力のことばの混乱の中には，重力と電磁気力・分子間引力などとの区別が明確でなかったこと，重力と質量との分離がはっきりせず，力と対象の関係があいまいだったことなどが，歴史的にあったのではないだろうか．　　　　［日高真己子］

14—反物質と物質が互いに及ぼす重力は 引力だろうか

　電気には正の電気と負の電気が存在し，同じ符号の電荷どうしは反発し，正と負の電荷は引き合う．これに対してニュートンの発見した重力はすべての質量をもつ物質が互いに引き合い，引力しか存在していない．この場合は正の質量どうしが引き合うのだから，もし負の質量があったら正の質量との間に反発力（斥力と呼ぼう）が働くのではないかという考えが湧く．しかし負の質量はいまのところ見つかってはいない．負の質量は宇宙のはじめにはあったが，我々の正の質量の世界との斥力ではるか彼方に遠ざかったという想像もできるだろう．

　我々の世界に実際に生じるものとして反粒子というものがある．粒子と反粒子が出会うと，その質量は消滅して莫大な光など輻射のエネルギーに変わってしまう．粒子の反対だから重力も斥力になる可能性はないのだろうか．実験的には証明されているわけではないが，推論はできる．

　まず，一般相対性理論の等価原理が成り立っているとしよう．このとき重力質量は慣性質量（動きにくさ）に等しく，また慣性質量は $E = mc^2$ によってエネルギーに等しいので，結局重力は「エネルギー」に働くことがわかる．（たとえば速く動いているものは運動エネルギーが大きいので，止まっているものより重い！）反粒子もエネルギーは正なのでこれから粒子-反粒子間の重力も引力と考えられる．

　世の中は負のエネルギーをもつ粒子がいっぱい詰まっていて，反粒子はそこに開いた穴という考え方もある．この場合も反粒子そのものは正のエネルギーをもつので上の結論は成り立つ．しかし，その海のごとく詰まっている負のエネルギー粒子との重力はどうなるだろうか．あらゆる方向に海があるので力は 0 になる．

　また一転して反物質には等価原理が成り立つかどうか分からないと

いう考えもある．反物質が地球に向かって普通の落下をするのを確かめたわけではないからだ．そうするとどう考えることができるか．もし反重力が存在するとしたら，等価原理以外でも次のような難点をあげることができる．

1．光子や中性中間子のような自分自身が反粒子を兼ねているものがある．これらの粒子には重力が働かないことになるだろう．

2．普通の物質では等価原理が成り立つので，運動エネルギーにも重力が働く．いま，ある粒子が他の種類の反粒子(消滅はしない)にぶつかって運動エネルギーを相手に渡すことはできるだろう．そうすると，止まっている反粒子と非常な高速で動く反粒子の重力が反対になることが生じうる．つまり動いている人と止まっている人が見るときで重力が反対になってしまう．運動エネルギーが負なら？ほかの粒子との衝突でエネルギーの受け渡しがうまくいかないだろう．

3．物質の中でも粒子-反粒子ペアはできたり消えたりして，有限な確率で存在する．もしその部分の重力が逆になるなら，たとえば電子-陽電子対の重さが0になるなら物体の重力が変わり，したがって慣性質量と重力質量が物質によって少しずつ異なるだろう．

　以上の推論からおそらく反粒子も重力に関しては普通の粒子と変わらないだろうと予想される．実験はどうなるだろうか．

●参考文献………………………
大村充「反粒子の重力」，日本物理学会誌 **14**(1959)599．

[竹沢攻一]

15—潮汐力はむずかしくない

●潮汐力の本質

潮の干満の原因である潮汐力の説明は，そのほとんどが難解である．その理由は，説明が多くの要素からなっており，それらを順番に理解していかなければならないからである．しかしその中でも本質的な要素は1つだけであり，これに注目すれば決して難しくはない．

飛び込み台からプールに向かって落下しつつある人間が受ける力を考えてみよう．このとき，腕も足も地球に引かれているのであるが，その単位質量あたりの大きさを比べると，腕が受ける力の方が地球に近い分だけわずかに大きい．このため腕と足では足の方がつねに加速が小さく，差が生じるので，人間の身体は，わずかではあるが，上下方向に伸びているはずである（図1）．

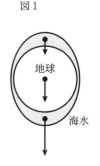

図1

地球の場合も同じである．地球の月に近い側と遠い側では，月から受ける重力に差があり，地球はこの力の差によって月と地球を結ぶ方向に伸ばされる形になり，両側の海水面がふくらむ．これが潮汐力の本質である（図2）．

いや，地球は落ちていないではないか，という反論があるかもしれない．しかし月と地球は互いに引き合って，両者に共通の重心G（これは地球内部にある）のまわりを公転している（図3）．「月は地球に向かって落ちている」といういい方をするが，図3の事実は，これと同じ意味で地球も月に向かって落

図2

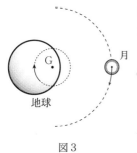

図3

ちていることを示している（「月はなぜ落ちて
こないのか」の項を参照）．

●周期的な潮の干満の原因

さて，このようにして海水面がふくらむの
であるが，なぜ周期的な潮の満干が起こるの
だろうか．それは地球は自転をしているため
である．ふくらむ方向はいつも月と地球を結
ぶ方向なのであるが，これを地球上の決まった点で見ていると，自転
にともなって海水面のふくらみが移動していくように見える．海水面
のふくらみとへこみは，それぞれ2つずつあるから，1日に2回，潮
の干満が起こることになる．

さらに，月の公転も考慮しなければならない．月の公転周期は約
28日であるから，1日では全体の$\frac{1}{28}$だけ動く．しかも月の公転の向
きは地球の自転の向きと同じであるから，地球と月の相対関係が元に

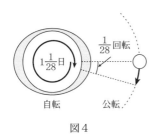

図4

もどるまでには，約24時間50分(50分
≒24時間÷28)かかる．これにより，約
12時間25分ごとに満潮となり，満潮と
満潮の間には干潮になることがわかる
（図4）．

以上で潮汐現象の本質の説明は終わり
である．

なお，ここまでは地球を外から（正確には“慣性系”の立場で）見て，
潮汐力を考えてきた．しかし地球の上にいる私たちにとっては，地球
を基準にして（“加速度系”の立場で）考えることはある意味で自然で
ある．この場合には「遠心力」を含めて考えることになるが，この場
合でも，本質が重力の差であることには変わりがない．

●重力の差が問題！

ところで，地球は太陽からも重力を受けている．しかもその値を計
算してみると，月から受ける重力のおよそ170倍もある．それなら太

陽による潮汐力の方が大きいのではないか，という疑問がわく。

しかし最初に明らかにしたように，潮汐力の本質は近い側と遠い側で受ける重力の差である。実際，地球上の質量1kgの物体が月および太陽から受ける重力の値，および月(または太陽)に近い側と遠い側で受ける重力の差を計算してみると表1のようになる。これによると，月による潮汐力は太陽による潮汐力のおよそ2倍であることがわかる。

	月	太陽
重力	3.4×10^{-5}N	5.9×10^{-3}N
重力差	2.3×10^{-6}N	1.0×10^{-6}N

表1　地球上の1kgの物体が受ける力

さて，重力の差の値はずいぶん小さいので，この程度の力で潮汐が起こるものか，という疑問も出るかもしれない。しかし，満潮・干潮時の海面の高さの差はせいぜい数十cmであり(図2，図4は極端に描いてある)，この値は地球半径のおよそ1千万分の1というわずかなものでしかないことを考えれば納得がいくのではないだろうか。

●シューメーカー・レビー第9彗星はなぜ壊れたか

1994年7月に木星に衝突して話題になったシューメーカー・レビー第9彗星は，頭部に光の点が並んだ奇妙な彗星であった。この彗星は軌道の研究から，木星の周囲を回る彗星であることが分かったが，衝突の前に木星に接近したときに，潮汐力で分裂したのであった。

土星の輪の構造についても，同様に説明できる。土星の輪は平らな一枚の板ではなく，小さいかけらの集まりであるが，これも土星本体に近づきすぎた衛星が，潮汐力で壊れてしまったものと考えられている。

地球の潮汐にもどろう。潮汐現象で海水が動くことにより，地球本体との摩擦(潮汐摩擦)が生じるが，この結果として，地球の自転周期が少しずつ遅くなっていることが知られている。もちろん潮汐力で影響を受けるのは海水だけでなく地球本体も同様で，海底では数十cm

の上下が起こっているといわれている.

　地球が月から潮汐力を受けるばかりではなく，月も地球から潮汐力を受けている. 月の自転周期は公転周期と同じであり，地球には決して裏側を見せない. これはまだ月が軟らかかったころに，潮汐摩擦により減速され，ついに現在の状態で落ちついたものと考えられる. 現在の状態は，潮汐力の方向が月にとっていつも同じであり，安定な状態である.

●表 1 の値の計算方法

　まず，距離 r だけ離れた質量 m，M の 2 物体が引き合う力の大きさは，万有引力の法則

$$F = G\frac{mM}{r^2}, \qquad G = 6.67\times10^{-11}\mathrm{Nm^2/kg^2}$$

で与えられる.

　近い側と遠い側でのこの値の差の計算をするには，次の近似式が便利である. ただし，$R \ll r$ より，$r^2 - R^2 \fallingdotseq r^2$ としている.

$$\Delta F = G\frac{mM}{(r-R)^2} - \frac{GmM}{(r+R)^2} = GmM\frac{4rR}{(r^2-R^2)^2}$$

$$\fallingdotseq \frac{4GmMR}{r^3}.$$

　この式において，$m = 1\,\mathrm{kg}$，M は月（または太陽）の質量，r は地球から月（または太陽）までの距離，R は地球の半径である. それぞれの値は次のとおり.

　月の質量　：$7.3\times10^{22}\,\mathrm{kg}$，　月までの距離　：$3.8\times10^8\,\mathrm{m}$
　太陽の質量：$2.0\times10^{30}\,\mathrm{kg}$，　太陽までの距離：$1.5\times10^{11}\,\mathrm{m}$
　地球の半径：$6.4\times10^6\,\mathrm{m}$

［竹沢攻一］

【コラム 4】

冷たいはずのイオは
なぜ火山活動しているか

　イオは木星の衛星である．ボイジャー 1 号が木星に接近したとき，イオに火山活動があることを発見した．270 km の上空まで立ち上る巨大な噴煙が 8 つも見つかったのだ．噴煙は二酸化硫黄と考えられ，活動は 4 ヶ月以上も続いた．この火山活動のエネルギーは何だろうか．一般に天体の内部のエネルギー源は重力と放射性崩壊だが，小さな星では外に失われるエネルギーが多く，すぐにエネルギー収支が赤字になり冷えてしまう．たとえばイオと同じくらいの大きさと密度の月には火山活動は存在しない．では，なぜ特にイオに火山活動が存在するのだろう．そのエネルギー源は何か．実は火山が発見される前に，すでにそれは潮汐力であることが科学者によって予言されていた．イオはすぐ外側を回る姉妹衛星エウロパから重力を受け，軌道が揺らいでいる．イオが 2 回公転する間にエウロパは 1 回公転し，イオは一定の時間間隔で引っ張られて木星に近づいたり遠ざかったりする．それに応じて木星からの潮汐力も強くなったり弱くなったりし，そのたびにイオは赤道方向に伸びたり（極方向に縮む）縮んだり（極方向に伸びる）する．イオの公転周期は 1.77 日であり，短い周期でこれを繰り返すことによって，内部に大きな摩擦熱が発生するのである．潮汐加熱は変形の周期と潮汐力の大きさによるので，ほかの天体では今まで問題とされなかったのである．

●参考文献・・・・・・・・・・・・・・・・・・・・・・・

松井孝典『惑星科学入門』，講談社学術文庫，1996．

[上條隆志]

イオ

ロキ火山の噴火

(J. ビアティ他『新・太陽系』，桜井邦朋他訳，培風館より転載)

16—断面が正方形の木材は水に
　　どのように浮くか

●断面が正方形のものの浮き方

　断面が正方形の物体を水に浮かべると，どういう位置で安定して浮くかということを考える．

　『理科年表』で見ると，木材の比重（密度）はきりが0.31，すぎ0.40，ひのき0.49，けやき0.70，あかがし0.85などであるので，普通にホームセンターなどで買える木材は比重0.4〜0.6程度だ．これを用いて実験することを想定する．

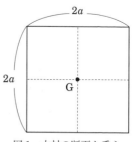

図1　木材の断面と重心

　木材の一辺の長さを$2a$，比重0.5として考えよう（図1）．全体の重心Gは正方形の中心にある．

　比重0.5ならちょうど半分が沈むから，どんな場合も重心が水面に一致するように浮かぶはずである．だが，正方形の各頂点がどの位置に来るかはすぐには分からない．重心が水面と一致しさえすれば，頂点がどの位置にきても安定するというわけではない．図2，図3，図4のような3通りの場合が考えられるだろう．

　予想される浮き方は，

1. 一辺が水面と平行になる場合（図2）

2. 正方形の対角線が水面と一致するとき（図3）

3. その中間（図4）

の3つの場合である．

●空中部分の重心の位置で考える

　物理の法則から考えると，ものは位置エネルギーが最小になるよう

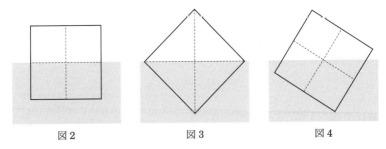

図2   図3   図4

な状態で安定になるはずである.

　水に浮かべた木片の位置エネルギーは，木片の水中にある部分の位置エネルギー W_1 と水面から上にある部分の位置エネルギー W_2 の和である.木片の質量を M としよう.水中にある部分では浮力の中心と重心 G_- が一致し，そこに浮力＋重力で $(M/2)g$ の大きさの力が鉛直上向きにはたらく.水面より上にある部分には，その重心 G_+ に $(M/2)g$ の力が鉛直下向きにはたらく.いま，木片に力を加えて少し回転し G_+ を距離 x だけ上に上げたとすると，G_- は x だけ下に下がる.したがって，木片の位置エネルギーは

$$\frac{Mg}{2}\cdot x+\frac{-Mg}{2}\cdot(-x)=Mgx$$

だけ増加する.よって，木片の位置エネルギーは，木片の水面から上に出ている部分の重心の高さに比例するのである.こうして，木片が水に浮かんで安定であるのは，水面から上にある部分の重心が最も低く，つまり重心が水面に最も近いときであることがわかる.

　さて，図2の場合は，空中の部分の重心の水面からの高さは $0.50\,a$ である（図5）.それに対して図3の場合，空気中の三角形の部分の重心は，中線上の底辺から $\frac{1}{3}$ の高さにあるから，$\frac{\sqrt{2}}{3}a\approx 0.47a$ の高さとなる（図6）.

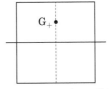

図5　図2での重心の位置

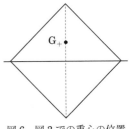

図6　図3での重心の位置

したがってこの3通りの中では，図3が空中部分の重心が一番低い．水に浮かべると，このようになるはずである．

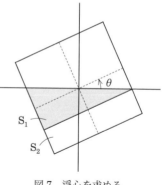

図7　浮心を求める

●板の重心と浮心の位置の関係で考える

次に，一般の場合に浮心（浮力の中心）の位置を計算し，全体の重心との関係から，安定した浮き方はどのようなものか調べることにしよう．図2の場合を基準として，そこから反時計回りに角 θ だけ木材を回転させたとする（図7）．

水中部分を，図7のように2つの部分 S_1, S_2 に分ける．面積はつぎのようになる．

$$S_1 \text{ の面積} = 2a^2 \tan \theta \tag{1}$$

$$S_2 \text{ の面積} = 2a^2(1-\tan \theta) \tag{2}$$

浮心とは浮力の合力の作用点であり，その位置は木材の水中部分を水に置き換えたときの重心の位置に等しい．その座標は

$$\text{浮心の座標} = \frac{(S_1 \text{ の面積}) \times (S_1 \text{ の重心の座標}) + (S_2 \text{ の面積}) \times (S_2 \text{ の重心の座標})}{(\text{全体の面積})}$$

であるから代入して計算すると，重心つまり浮心の座標 (x_G, y_G) は

$$x_G = \frac{\sin \theta (1-2\sin^2 \theta)}{6\cos^2 \theta} a \tag{3}$$

$$y_G = -\frac{\sin^2 \theta + 3\cos^2 \theta}{6\cos \theta} a \tag{4}$$

となる．x_G の分子を見ると，$\theta = 0, \frac{\pi}{4}$ のとき $x_G = 0$ となることがわかる．

θ を変えたときの (x_G, y_G) を x, y 平面上にグラフで表すと，図8のようになる．黒丸は，角度0から $\frac{\pi}{4}$ の16等分の点である．グラフのA点では $\theta = \pi/4$ で，板は図2のように浮かべてある．ここは不安定

65

なつりあいの位置である.

なんらかの原因で板が重心Gのまわりに反時計回りに回転したとする.重力はGのまわりにモーメントをもたない.浮心はy軸の右に移動し,板に反時計回りのモーメントが発生するので木材はますます傾こうとする.したがってこれは不安定なつりあいである.このことは板が45°傾いてB点に達するまで続く.B点は図3のように浮かべた場合になる.これ以上反時計回りに傾けると,浮心は左に移動し,浮力は時計回りのモーメントを生じるので元に戻す働

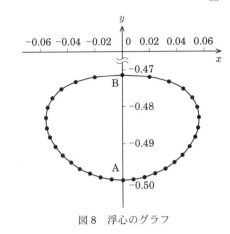

図8　浮心のグラフ

図9　木材を浮かべた写真（絹川 亨 氏提供）

きになる.時計回りに回しても同様である.よって浮心がB点になったとき,安定なつりあいとなる.

　グラフから「空中部分の重心がもっとも低い位置になるとき安定になる」ということを,「浮心がもっとも高い位置になったとき安定である」と言い換えてもいいことになる.

　図9は,まつ（松）の合成材を水に浮かべたところである.まつは比重が0.5よりちょっとだけ大きいので,水に塩や砂糖を入れて調節してある.また,比重が0.5より小さい木材のときは水にアルコールを入れて調節すればよい.

●断面が長方形の場合

もっと一般化し，断面が長方形の板の場合を計算しておこう．長方形の縦の長さを $2a$，横の長さを $2na$ とする（図10）．比重はやはり0.5とする．$n=1$ のときは正方形で，上に述べたように対角線が水面と一致する位置で安定する．n が大きいときは，ほとんど水平になるだろう．

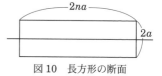

図10　長方形の断面

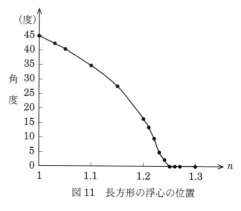

図11　長方形の浮心の位置

正方形の場合と同様に浮心の座標を計算すると，

$$x_G = \frac{\sin\theta(2n^2 - 4n^2\cos^2\theta - 3n^2\sin^2\theta + 3\cos^2\theta)}{6\cos^2\theta}\,a$$

$$y_G = -\frac{n^2\sin^2\theta + 3\cos^2\theta}{6\cos\theta}\,a$$

安定した位置になる角度は，$n=1$ のときは $45°$ で，n がだんだん大きくなると $0°$（水平）になる（図11）．

n を少し大きくしただけですぐ水平になるが，これは y_G 式の分子の第1項から見て取れるだろう．n が非常に大きくなると，板は水平になるから，浮心の y 座標は $-0.5a$ になるはずである．第1項 $n^2\sin^2\theta$ で n が大きくなると n^2 がす

図12　比重が大きい木材（絹川 亨 氏提供）

ぐに人さくなるが，第1項自体は0に近づかなければならない．したがって，$\sin\theta$ はすぐに小さくならなくてはならない．つまり，安定に静止する角度 θ はすぐに小さくなる．

　再び断面が正方形の物体に戻る．比重が0.6とか0.7のようなものを水に浮かべると，断面の中心点は水没する．そのとき安定する位置も，上の角度でいえば45°になりそうである．図12はまつ材をエタノール(比重0.789)に浮かべたところである．頂点を真上にして静止している．

［高見　寿］

Ⅲ 運動と慣性の「なぜ?」

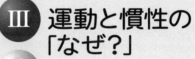

17—ガリレオは何を裁かれたのか

　有名なガリレオ裁判の経過はサンティリャーナの著作『ガリレオ裁判』(岩波書店)に詳しい．本稿もそれをもとにした．

●ガリレオは何を裁かれたのか

　普通に信じられているのは，ガリレオの発見した事実を，頑迷な宗教の側が一切認めず，危険思想として弾圧したということである．しかしサンティリャーナが詳細に分析しているようにこれは事実ではない．実際，他の科学者のように「一つの仮説として科学者の中だけで研究を進める」とすれば，何の刑罰を受けることなく公認で研究を進めることが当時でもできた．コペルニクスはむしろそのタイプに近かったともいわれている．ガリレオが裁かれたのは，地動説を科学者仲間だけの密かな研究対象にとどめようとせず，この新しい世界観，新しい科学的な論理・考え方を，法王庁と一般の人達に認めさせようと積極的に活動したことにほかならない．そういう意味ではガリレオは狭い意味の科学者ではなく，科学を思想，哲学と結びつけたルネッサンス精神を受け継いだ一人であった．いや，むしろ，もともと物理学とはそうあるべきものだったのではないか．現代の物理学がそうでないとしたら，もう一度考える必要がありはしないか．

●発端

　1610 年，ガリレオは『星界からの報告』で，望遠鏡により発見した事実を世界に告げる．コペルニクスの体系を確信した彼は，今や世界の体系と構造を著述しようという仕事にとりかかる．彼はそれを学者の間のサロン論議にとどめるのではなく，一般の人々に訴えたいと考える．(時代的な制約を考えれば一般庶民と言うよりも教養ある市

民と言うべきかも知れない.)そのためには,学術言語ラテン語でなく,日常言語イタリア語で呼びかけよう.彼はそれに固執する.

● 1回目の告発

　1611年以降,ガリレオは対話,書簡,小論文などで積極的な活動を行う.この活動はそれまでのスコラ学とそれを教えて飯を食べていた一般の学者たちに脅威を与えた.彼らは共同してガリレオに対抗し告発する機会をうかがったが,アルキメデス流浮力理論などで彼の名声は高まる一方.しかし,ついに彼らはガリレオが友人カステリへの手紙の中で「聖書の比喩的表現は文字通り解釈すると矛盾することがある」といっているのをとらえ告発する.

　ガリレオも応酬し,ローマまで行って積極的な社交活動,陳情説得活動を展開する.1616年2月,検邪聖省の専門家が聖省令によって召集され,そこで検討された結論が,法王の裁可を経てベラルミーノ枢機卿により,ガリレオに伝達される.その内容は「太陽が世界の中心であるという説は異端であり,地球は日周運動も含めて動くという説は誤りである.ガリレオはこの意見を放棄するよう戒告する.もし彼がこの戒告に従わない場合には,この意見と教説とを教え弁護し論議することさえ一切ひかえよ.それにも従わなければ投獄」というものだった.

　注意すべきはガリレオ自身の謝罪や自説の撤回が命じられたわけではないことだ.コペルニクスを弁護し信奉することまかりならぬと伝えたのみであり,ひとつの数学的仮説とし自由に論議するのを禁じるものではない.聖省令が禁じたのはコペルニクスの教説を哲学上の一真理として提出することだけであった.ガリレオは,自身が処罰されたものでないことを示し名誉を守るため,わざわざ当のベルミラーノに頼んで確認書をもらっている.

● 『天文対話』へ

　やがてリンチェイ・アカデミーの会員でありガリレオの理解者であるウルバヌス8世が法王となる.ガリレオは復帰をなしとげ学問の世

界に地盤を築きつつあった．彼は 1624 年にローマで法王と謁見し，神学に手を出さなければ自由に議論していいという感触を得て，ついに目指していた『天文対話』の著述に進む．地動説の公然とした支持は禁じられたものの，自分の全体系を彼は世に広めようとしたのだ．1629 年 12 月 24 日，ついに完成したこの書はルネッサンスの対話形式で世界の全体を示す大著作である．法王は扱い方が厳密に仮説的ならばと事実上容認の形であり，教養ある一般読者からは熱狂的賞賛で迎えられた．

● 2 回目の告発

　形は仮説的だとはいえ，その論理舌鋒の鋭さと，庶民の熱狂的歓迎は，教会にとって大きな衝撃である．そのため，イエズス会士がこの本はあきらかにコペルニクスを支持させるためのものだと法王に訴えでた．法王自身もうまくやられたことに不快を感じていた．

　もしガリレオが単に自分の考えを公表したいだけなら，もっと安全な道もとれたろう．たとえば専門の科学者だけに分かるように書くとか．しかし彼は真理を明白に述べることに賭けたのである．繰り返すが，ガリレオは社会から孤立した科学者でなく全面的に科学的な覚醒が広まることを願っていた．そのことを教会側は感じとり，告発したのだといえよう．

●証拠でっち上げスピード裁判

　1632 年 10 月，異端審問官がガリレオを訪れ検邪聖省の出頭命令を伝える．かれらは次の文書を発見していた．これは前回の覚え書きとしての記録に加えられていたものだが，先に引用した 1616 年の公式文書とは異なり，「もしこれに従わない場合は」という言葉が抜けて，ガリレオが「地動説はどのような形でもこの意見を信奉し，教え，弁護してはならない」というものだった．つまり論議もいけないというものになっていたのだ．この文書はさまざまな検討から，後からねつ造したものとほぼ断定されている．しかし，証拠として採用され，これでガリレオの違反の事実がでっち上げられた．

彼の身柄は異端審問宗教裁判所へと送られる．ガリレオは積極的に対決しようとしたが，実は尋問一つ行なわれず決定しようとしていることが伝えられ落胆した．ガリレオはついに「そう思われてもしかたない」という形で屈服する．

●判決

1633 年判決が下る．「さらに厳重な取り調べを行うこと．宣誓し，学説の信奉を破棄させたうえ，入獄刑とする．今後どのような形でも地動説を論議してはいけない．『天文対話』は禁書とする」という厳しいものだった．しかし，判決を下した 10 人のうち 3 人は判決文への署名を拒否している．

●力学の確立へ

ガリレオはこれで終わってしまったのか．いや，彼にはまだやらなければならないことがある．いくら否定されても，望遠鏡で夜空をのぞけば事実は明瞭だ．しかし地動説を根本的に基礎づけるには，慣性をはじめ地上での科学としての力学を完成させなくてはならない．彼は『新科学対話』の著述に向けて前進する．彼は本質的に屈服したのではなく科学者としての反撃の道を選んだのだ．もしガリレオが屈服したのが科学者の権力への屈服の始まりだというなら(そういう議論が原子力などをめぐって，一部の演劇や評論に見られるが)それは表面的な見方ではないだろうか．民衆もまた彼を支持して反抗した．『天文対話』の売り値がはねあがったという．

近年，マスコミなどで科学実験の楽しさなどを扱うとき，よくガリレオの名を冠することが見受けられるが，彼がなによりも哲学を大事にし世界観を説いた人間であったことを忘れてはならないだろう．

補注)　教会が誤りを認める

1992 年 10 月 31 日，バチカン科学アカデミー総会閉会式で，法王ヨハネ・パウロ 2 世はガリレオ・ガリレイに対し「誠実なる信仰者」であると同時に「天才的物理学者である」と述べ，破門を解き，正式

に名誉回復をした．法王は「神学者は，常に科学の成果に目を向け，必要なら神学の解釈と教えを再検討する義務がある」と説いた．

　この動きは1979年にヨハネ・パウロ2世が委員会を設置し，証拠の再検討を命じたときに始まり（この陰には1960年以来の，自身が科学者でもある，フランスのデュバル司祭の尽力が伝えられている），すでに1989年に法王がガリレオの生地であるピサを訪れた際「ガリレオの迫害をしたのは間違いだった」と表明している．今回，正式にガリレオ裁判の判決の誤りを認めたのである．359年4ヶ月と9日ぶり，奇しくもコペルニクスを生んだポーランド人の法王によってであった．

●参考文献……………………

サンティリャーナ『ガリレオ裁判』，武谷三男監修・一瀬幸雄訳，岩波書店，1975.

豊田利幸（解説）『世界の名著　ガリレオ』，中央公論社，1979.

ガリレオ・ガリレイ『星界からの報告』，山田慶児・谷 泰訳，岩波文庫，1976.

ガリレオ・ガリレイ『天文対話』上・下，青木靖三訳，岩波文庫，1959，1961.

ガリレオ・ガリレイ『新科学対話』上・下，今野武雄・日田節次訳，岩波文庫，1937，1948.

Fresh Look at an Old Case, *Newsweek*, November 3, 1980.

「天声人語」，朝日新聞，1989.9.26.

「科学と宗教，地球規模の対立にピリオド」，朝日新聞，1992.11.1.

［上條隆志］

18−教科書の運動の法則を書き換えてみる

●運動の第一法則は必要ないか

普通の物理の教科書には，ニュートン力学の運動の法則は次のように書かれている．

第一法則

外から力を受けなければ，静止している物体はいつまでも静止を続け，運動している物体は等速直線運動を続ける．

第二法則

物体が外から力を受けるとその力の向きに加速度を生じる．加速度の大きさは力の大きさに比例し物体の質量に反比例する．

第三法則

作用反作用の法則．（ここでは関係が薄いので省略する）

この表現には今までもいろいろな問題点が指摘されている．読んだときこれがわかりにくい理由の１つは「力を受けないとき（第一）」と「力を受けたとき（第二）」の２つの場合に排他的に分けたような表現が用いられている点である．しかしもちろん両者は関連している．第二法則から，加速度は力に比例するので力が０なら加速度も０となるが，それは速度が（静止も含めて）変わらないことを意味している．そうだとすると第一法則は第二法則にすでに含まれているのではないかと当然考えられる．「第一法則は不必要ではないか」という疑問が生じる．

これに対する通常の擁護論はこうだ．「ニュートンの法則が成立するような座標系（後述のように，世界を座標と時間によって記述するとき座標系という）が存在することは，そもそも自明ではない．だから第一法則はその存在を主張するものである．つまり外力が働かない

とき等速直線運動を続けるような，ニュートンの運動方程式が成り立つ座標系(世界)が必ずあるという前提を与えている」

　運動は何かに対してどう動くかということでしか測れない．その基準を座標系とよぶ．基準となる点を原点として定め，そこからある場所までの距離を測るやり方を決め，すべての場所の時計を合わせることができればよい．しかしそのように定めた座標系で慣性の法則が成り立つかどうかは自明ではない．例えば地球に固定した座標系を基準にしてそれに対する運動を考えると，遠心力やコリオリの力を受けるのでそのままでは慣性の法則は成り立たない．また仮に慣性の法則が成り立っているはずだとしても，現実には力を受けない場合はほとんど皆無であるので，慣性の法則自体を確かめようがない．しかしそのような座標系が存在しなければニュートンの運動の法則は成立しない．実際には近似的に地球基準系も慣性の法則が成り立つ慣性系と見なせるように，ある範囲で成り立つことは確かめられるし，現実にニュートンの法則によって人工衛星をはじめ物体の運動が正しく予言ができるということは，慣性の法則が成り立っていることの裏付けになっているのだが，やはり座標系の存在は必要である．

　しかしこの議論も十分説得的ではない．なぜなら第二法則だけでもそれが成り立つ座標系の存在は仮定していると解釈できるから，このことだけでやはりわざわざ第一法則を別にする必然性はないので，教科書の表現のわかりにくさが解消するわけではない．

●運動法則書き換えの試み

　筆者とその属する東京物理サークルでは，むしろ

第一法則

　力が働いても働かなくても物体はその瞬間の速度(ベクトル)を保つ性質をもつ．(慣性)

第二法則

　物体に力が作用すると $\dfrac{力}{質量}$ で決まる加速度が生じる(この加速度に，力が作用した時間をかけたものが速度の増加分になり，今までの速度につけ加わる)．

と書き換えてみたらということを提案する．これは参考文献の有尾・町田氏との討論に基づくものであり，ニュートン力学のもつ意味をよりわかりやすく表現していると思う．以下に理由を述べる．

　まず普通の運動を考えるとき慣性の法則を我々はどう意識しているかを反省してみる．「ボールを真上に投げ上げたときどんな運動をするか」という問を考えるとき，「力は下向きにしか働いてないのにどうして上に上がっていくのか」という問がでるのが普通である．そのとき「慣性があるからだ」と考えないだろうか．つまり外力があっても慣性を考えているのがむしろ普通である．

　今度は運動方程式を用いて力学の問題を解くときを考えよう．v_1 で動いている物体に F という力が働くと，F/m で決まる加速度が働き，短い時間 Δt 後の速さは $v=v_1+(F/m)\Delta t$ となる．この式は，そのまま保たれる v_1 に F/m に比例した速度が付け加わると読めるだろう．この第1項を慣性と考えれば，慣性は「力が働いてももちろん働かなくても現在の速度を次の瞬間に保つ性質」と考えた方がわかりやすいのではないか．事実このように学習すると教科書より運動法則をつかみやすいと感じる．

●ニュートンに戻って考えてみる

　じつはこの書き方の方が，運動法則の創始者であるニュートンが考えていたことに近いと思われる．ニュートンの『自然哲学の数学的原理(プリンキピア)』には(Dover から出ている英訳本を用いた)まず運動の法則の前にいくつかの定義が置かれている．

定義1　物体の質量は密度と体積に比例する．

定義2　運動の量は速度と質量に比例する．

定義3 では，vis insita または物体固有の力とはそれが静止しているときでも，一様な直線運動をしているときでも，その力によって現在の状況を続けようとする抵抗力のことである，と述べ，その力は物体に別の外力がはたらき，状態を変えようとするとき，発現するという．

定義4　加えられた力とは物体の運動状態を変えようとする作用であ

る．

　付け加えれば，ニュートンは次のように，上の定義の説明を補なっている．

1．定義3の力は慣性の力ともいう．
2．定義3に関わって静止か運動かは相対的なものであること．
3．定義4の力は外力であるが，それは作用のみに存在し，作用が終われば残らない．
4．物体は慣性によって新しく得た状態を保とうとする．

　そしてやっとこれらの後に次の運動の法則を述べる．

運動の法則1

　すべてのものはその状態を変えようとする力を加えられない限り，静止か一様な直線運動を続ける．

運動の法則2

　運動の変化は加えられた力に比例し力の方向に起こる．
そしてこの運動の変化は以前の運動に付け加えられると述べる．

　以上を見ると，ニュートンは物体の慣性をもの自身の力として考えていることは明らかである(いまの力の概念からすれば慣性を力とすることは正しくないが)．そして慣性を「いまもっている速度を次の瞬間も持続しようとする性質．外力の有無に関わらず物体の保有する性質」ととらえ，力が働くと，いまの状態に新たに (力) ÷ (質量) の変化が「加わる」というイメージをもっていたと思われる．そこから考えれば，筆者たちの慣性の法則の表現の方が，実はニュートンが考えたことを発展させたものになっているのではないのだろうか．

●参考文献………………………

有尾善繁・町田 茂『現代物理学と物質概念』，青木書店，1983.

亀淵 迪『物理法則対話』，岩波科学ライブラリ 43，岩波書店，1996.

I. Newton : *Principia,* Translated by A. Motte in 1729 revised by F. Cajori, University of California Press, Dover.

[浦辺悦夫]

19—物理になぜ微分積分がいるのか

●速さとは

物体の速さはどうやって測るのか．例えば落ちていく途中の石を観察したとしよう．ある時刻 A に石は設定した基準点から 4.90 m 下を通過するところで，それから 1.00 秒たった時刻 B には基準点より 19.60 m 下を通過するところが観測されたとしよう．この時，石の速さはいくらといったらよいのか．私たちは普通，「単位時間あたりに進む距離が速さだ」といっている．だから先ほどの A から B までの速さを計算するとすれば

$$\frac{(19.6-4.9)\,\text{m}}{1.00\,\text{秒}} = 14.7\,\text{m/秒}$$

とするだろう．しかし A から B まで同じ速さだったわけではない．落下する石の速さはどんどん大きくなっている．実際の物体の運動では速度は刻々変わっていくのが普通である．だからいま求めたものは AB 間の平均の速さとしか言えない．ではある瞬間の速さはどうやって計算できるのか．ここで重大な問題に遭遇する．瞬間というのは時間間隔が 0，つまりないわけだから，私たちになじみの，先ほどの進んだ距離割る時間の計算は分母が 0 になり，成り立たないことになる．しかしもちろん各瞬間の速度は存在する．例えば車の速度計の目盛りは瞬間ごとにある値を示しながら刻々変わっているのだから．

●ゼノンの逆理

瞬間という限りそこには時間間隔も，その間に進んだ距離も考えられないのではないだろうか．この問題の検討を進める前に，このことに関係する有名なゼノン(BC 490-430)の逆理を紹介しよう．「飛んでいる矢は静止している．なぜなら矢が一定の位置をしめているときは

静止していなければならぬ．しかるに飛んでいる矢は各時刻に一定の位置をしめている．ゆえに矢は運動することはできない」というのがその内容である．

　一定の位置をしめることは静止していることというのはやや難解だが，この問題は次のようにも考えられるだろう．ある時刻ある瞬間に飛んでいる矢と，同じ位置に静止しているもう一本の矢を写真にとったとしよう．一体そこには区別があるのか．いやいや飛んでいる方はどんなにシャッタースピードが速くてもその時間がある限りほんの少しぶれるはずだ．しかしそれはシャッターのスピードが有限だからで瞬間を考えればやはり止まっているのとおなじことになるのではないか．そうであればある時刻にそこに存在する矢が運動しているということは静止していることとどう違うのだろうか．

●瞬間の速さをどう求めるか

　すぐに瞬間を考えるのでなく，先ほどは距離を1秒という時間で割って平均の速さを出したが，次の段階としてもっと短い時間をとっていったらどうだろうかと見てみる．実は落下の距離は落ちた時間を t として $4.9t^2$ で表わされることが分かっている．これを用いて計算しよう．ただし，この4.9は有効数字2桁ということではなく，限りなく正確な数値とみなすことにする．

表　4.9 t^2 で計算した落下位置

落下時間	位　　置
1秒	4.90 m
1.0001	4.900980049
1.001	4.9098049
1.01	4.99849
1.1	5.929
1.25	7.65625
1.5	11.05
2.0	19.60

　先のAは落ち始めてから1秒後の位置である．Aから1/2秒後の B_1 の位置は 11.05 m であり，したがって1/2秒間の平均の速さは，

$$\frac{(11.05-4.90)\,\text{m}}{0.500\ \text{秒}} = 12.3\ \text{m/秒},$$

1/4秒後の B_2 をとると同様にその間の平均の速さは

$$\frac{(7.65625-4.90000)\,\text{m}}{0.25000\ \text{秒}} = 11.025\ \text{m/秒},$$

$1/10$ 秒後の B_3 をとるとその間の平均の速さは

$$\frac{(5.929-4.900)\,\mathrm{m}}{0.1000\,秒} = 10.29\,\mathrm{m}/秒,$$

$1/100$ 秒後の B_4 をとるとその間の平均の速さは

$$\frac{(4.99849-4.90000)}{0.01000\,秒} = 9.849\,\mathrm{m}/秒,$$

$1/1000$ 秒後の B_5 を用いると平均の速さは

$$\frac{(4.9098049-4.9000000)}{0.0010000\,秒} = 9.8049\,\mathrm{m}/秒,$$

$1/10000$ 秒の B_6 では

$$\frac{(4.900980049-4.9000000000)}{0.000100000\,秒} = 9.80049\,\mathrm{m}/秒$$

と，平均の速さはだんだん一定値 $9.80\,\mathrm{m/s}$ に近づいていく．時間を
さらに短く無限に 0 に近づけたとき，平均の速さはどんどん一定値
$9.8\,\mathrm{m/s}$ に近づく（0 ではない！）．どんなに時間間隔を短くしてもい
いのだから，この極限の値を A における瞬間の速さと考えることが
できるだろう．

●微分

　このような極限の値は，どんなときでも存在するのだろうか．実際
に動いているものは各瞬間の速度があるのだから存在するはずである
と予想できる．

　例で調べてみよう．直線上の運動で原点からの位置を x で表わし
たとき t 秒後の物体の座標が $a+bt$ で表わされるような運動をまず
考える．ある時刻 t から時間 Δt 経過するまでの間の速度を求めると
その間の位置の変化を Δx として，

$$\frac{\Delta x}{\Delta t} = \frac{a+b(t+\Delta t)-(a+bt)}{\Delta t} = b$$

でこれはいつも一定の速度 b で動く運動を表わすことが分かる．b
の正負は速度の向き，a は時刻 0 の位置を表わすだろう．それでは同
様に $x = a+bt+ct^2$ で表わされるような運動はどうだろう．同じよ

うに計算すると,

$$\frac{\Delta x}{\Delta t} = \frac{a + b(t+\Delta t) + c(t+\Delta t)^2 - (a+bt+ct^2)}{\Delta t}$$

$$= \frac{b\Delta t + 2ct\Delta t + c\Delta t^2}{\Delta t} = b + 2ct + c\Delta t$$

今度は時間間隔に依存する.ここで前述のようにできるだけ時間を短くつまり Δt を 0 に近づければ速度は $b+2ct$ に近づく.この極限値を $\frac{dx}{dt}$ と書く.この

$$\frac{dx}{dt} = b + 2ct$$

を瞬間の速度と考えてよいだろう.この時の速さは時間に対して一定の割合 $2c$ で増えていく.これは等加速度運動と呼ばれるものの一例になっている.

ここでは前節のようにある特定の時刻について数字を用いて計算するのでなく,文字を用いて任意の時刻 t の速度が計算できたことに注目してほしい.以上のような操作を数学の言葉で「微分」と呼ぶ.

この操作をグラフで表示しよう.図1は時刻 t における位置 x を表わしたものである.時刻 t_1 と $t_1+\Delta t$ の位置を表わす点を直線で結んだとき,その間の

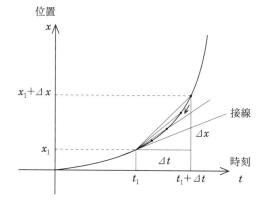

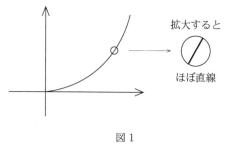

図1

平均の速さ $\dfrac{\varDelta x}{\varDelta t}$ はその直線の傾きに等しい．ここで時刻 t_1 における瞬間の速さ V_1 を求めるには $\varDelta t$ を無限に 0 に近づけて行くのだが，その結果はグラフ上でいえば，点 (t_1, x_1) を通る接線の傾きに等しい．

　この瞬間の変化を求める「微分」はニュートン（1642-1727）によってはじめて導入された．ニュートンは「流率」と呼んだ．ついでに付け加えれば，この微分は次のようにいうことができる．グラフの曲線はある部分を拡大すれば1つの直線に見える（顕微鏡で曲線を覗いてみたらそうみえるだろう）．これはつまり「すべての曲線は無限に小さい直線を無限個集めたもの」（ヨハン・ベルヌーイ，1667-1748）と考えることである．その各直線を左右に延長したものが接線である．

●無限小への反論

　だがしかし無限に小さくするのと，瞬間の 0 とは本質的に違うのではないだろうか．ニュートンに哲学者兼僧正バークリー（1685-1753）が噛みつく．

　「この論法は不公正で不完全である．なぜなら，増加量が消滅するものとせよ．つまり増加量が 0 になるとせよ，もしくは増加はないものとせよ，というとき，増加量がある大きさになる，もしくは何かの増加があるという前の仮定は破壊されるからである．ところがその仮定から引き出された結論やそれによってできた式は元通りである．増加量が消滅すると仮定したらその有存在の仮定から得られたものはその比例も式もすべて消滅するはずである」

　もちろん軍配はニュートンに上がる．しかしバークリーの指摘は，私達もこれを切り捨てるのではなく，「運動」を考えるときに意識しなければならないことではないだろうか．そしてこのことはゼノンの逆理ともつながっている．あるところに矢が存在するというのは，「そこに増加する距離とか時間が含まれない」というのがバークリーの論理であり，ゼノンの指摘するところでもある．だが，運動している矢はその瞬間の速度として無限小の形でそれらを含んでいるといえるだろう．そういう意味で運動している矢は「ここにあると同時にここにない」という矛盾を含んだ存在でもあると言える．ある瞬間にこ

こにあってかつ同時にここにないという運動の事実を表現できるのが微分である．

　微分というものは「ここ」と「わずかさき」をつなぐものである．例えば時間微分が k であるということは

$$\frac{\Delta x}{\Delta t} = k \qquad \text{すなわち} \qquad \Delta x = k\Delta t$$

（ここでは変化を小さいが有限の値としている）

つまり少しの時間 Δt がたてば x がどう変化するかを示している．同じように空間座標 x についての微分であれば，空間のわずかな変化に対して目的の量がどう変化するかを示す．このような隣り合う時間や空間の「変化」と本質的につながっているので物理にとって欠かせないものである．

●参考文献………………………

湯川秀樹『理論物理学を語る』，江沢洋編，日本評論社，1997，p. 17-31.
遠山啓『数学入門』，岩波新書，1960，p. 220-222，p. 125-134.

［右近修治・上條隆志］

20-法則を微分で表わすとなぜいいのか

　前項で変化の瞬間の速さを表現するのに微分が必要であることが明らかにされた．ここではそれだけでなく自然の法則が本質的に微分で表わされることを説明したい．

●現象を直接表わす表現

　例として，石を任意の高さから任意の速さで垂直に（上を正の方向としよう）投げる現象を考えよう．まずは空気抵抗などは無視できるとし，この現象を表わすのに，t 秒後の位置 x を直接与える式

$$x = -\frac{1}{2}gt^2 + v_0 t + h \tag{1}$$

で表わすことができる．ここで重力加速度は g，初めの速さを v_0，初めの高さを h としている．ある特定の落下運動を表わすには，h と v_0 に具体的値を代入すれば（もちろん地球上では重力加速度 g は 9.8 m/s²）よく，この式で計算して t 秒後の高さ x を正しく予言することができる．速度を求めるには微分すればよい．だからこの式があれば十分ではないか．もちろんこの場合に限ってはその通りである．しかし，第 1 にこの式は物体の初めの位置と速度（初期条件とよぶ）に依存する．初期条件が違えば違う式になる．しかし，石を投げ上げる場合の運動の法則は初期条件によらず共通であるはずである．第 2 に，もし空気抵抗が無視できなくなればどうか．運動は (1) とはまったく違った式になる．このようなやり方では何か要素が加わるたびに，まったく違った式を作らねばならない．

●本質的法則を表わす微分の表現

　ではどの場合にも共通の式で表わすことができるのか．それは微分

を使えばできる．それがニュートンの発見した運動方程式である．

(質量)×(運動の加速度) = 加えられた力　　　　　　　　(2)

これを先の場合に具体的に書こう．ここでは物体の位置 x を時間で微分した $\dfrac{dx}{dt}$ が速度，速度を時間でもう一度微分した $\dfrac{d^2x}{dt^2}$ が加速度に等しいことをすでに知っていると仮定する．m を質量とすると，物体に働く力は下向きの重力 $-mg$ なので

$$m\frac{d^2x}{dt^2} = -mg$$

で，m を約せば

$$\frac{d^2x}{dt^2} = -g$$

となる．

　この式は微分で書かれているのでそのままでは運動を表わすことはできず，積分しなければならない．一回積分すると

$$\frac{dx}{dt} = -gt + c_1$$

が得られ，もう一度積分すると

$$x = -\frac{1}{2}gt^2 + c_1t + c_2$$

となる．c_1 と c_2 は積分したとき現われる任意常数である．前の式でははじめから入っていた初期条件が，それが積分の際の任意常数として現われることに注目しよう．

　どちらも結局同じ内容なら (1) の方が直接的で「覚えやすく効率がいい！」ではないか．しかし微分を使った表現の方が「良い」．それはなぜか．(2) の式はまず特定の初期条件によらない．また質量×加速度 = 力という式なので，空気抵抗が無視できないときは，力として空気抵抗を加えて

$$m\frac{d^2x}{dt^2} = -mg + 空気抵抗力$$

と書き直せば基本的にこのまま生かすことができる．

　さらに，右辺の力をそれぞれの場合に正しく表現すれば，落下運動

だけでなく振動や回転運動やその他どんな運動でも成り立つ式なのである．一方(1)の式は初速度 v_0 で，初めの位置 h の真空中の落下運動にしか成り立たない．(1)は個別の現象を表わすのに対し，(2)の微分で表現した式は広く一般的なのである．

　(2)の微分の表現は力と運動の関わりを示す本質的な法則を表わし，実際の個別の現象はそれを個別の条件の下で積分し，そのたびごとに法則にとってはいわば「偶然的な」積分常数が加わり，それが初期条件としてそれぞれの運動のようすを定めるといえるだろう．

［上條隆志］

21—なぜ重いものも軽いものも
　　同時に落ちるのか

●重いものほど速く落ちる？

　いまだに「重いものの方が軽いものより速く落ちる」と書かれた文章に出会うことがある．これは学校で間違いと習ったからといって簡単に済ませられることではない．いつまでもその間違いが続くのは，場合によってはそうなることもあることを我々が実感として知っているからだ．昔の大学者アリストテレスは「重さの違う物体が同じ媒質中を落ちるとき，速さはそれぞれの重さに比例する」と述べたが，例えば石などが空気や水の中を落下するとき，一般的には，重いものが速く落ちる．また形によって速さが異なる．さまざまな条件下では多様な現象が起こりうる．だからといって，それぞれに合わせて法則をたくさん作るだけでは自然の基本的な法則とはいえない．経験の中からその底に存在する基本的な法則をとりだし，それに空気や水の抵抗など特殊な条件が加わったときの結果も予測できるようにするのが科学の大切な役割だ．

●ガリレイの考察

　だから，科学では論理的考察が大切だ．もちろん実験で確かめなければならないが．抵抗が比較的に問題にならない場合の落下について，落ちる速さが重さによらないことをはじめて論理で考察したのはガリレオ・ガリレイだ．彼は『新科学対話』でこう考える．「落ちる速さが重さが大きいほど速いとしよう．大きな石が8の速さで落ち，小さな石が4の速さで落ちるとすると，2つ

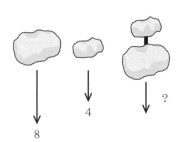

を結んだものは 8 と 4 の間の速さで落ちることになる。しかし、それは 8 より重いのだから 8 より速いはずで矛盾である」。彼はこうも考える。「もしも石の上に麻くずを載せたらそれは石を押すかそれとも引くか」。だから「重いものほど速く落ちる」はずはない。見事な推理ではないだろうか。

彼はさらに、振り子は重力で振れるので、その運動は落下運動と基本的には同じ性質だろうと見抜き、おもりが重い鉛でも軽いコルクでも同じ長さの振り子で同じ幅で振らせればまったく同じ運動をすることを確かめ、そうだとすれば、まっすぐ落としてもどちらも同じ速さで落ちるだろうと予想する。実際、空気抵抗のない真空中ですべての物が同時に落ちることは、今では確かめることができる。月面上で宇宙飛行士が羽とおもりを落として実験して見せたこともある。空気中だって 2 m くらいなら、どんな物でも(ただし紙などは丸める)同時に落ちるので、やってみてほしい。

本質が分かれば、空気中や水中の運動はそれぞれの抵抗をそれに加えて考えればよい。

しかし、なぜ同時に落ちるのか。ガリレオはそこを論じることは避ける。加速の原因というものは存在するし、またいずれ考えなければならないものであるが、それより先にまず加速運動の性質を研究することが大切だと述べている。ガリレオにも仮説はあったと思うが、肝心の力と質量と運動の一般的関係がまだ明らかになっていなかった。

●重量はもの自身の性質ではない

重いからといって速く落ちるわけではないというのは分かったとして、「なぜ同じ速さで落ちるのか」という疑問が解決されたわけではない。それを解決するには重量とは何か、また物体の運動はなにによってどう起こるかということが解かれなければならない。昔は「重さ」はその物体自身のもつ属性だった。それはものは自分自身の「落ちようとする性質」で落ちることを意味する。そうではない、重量は地球とものが重力で引き合うことによって生じるので、自分で落ちるのではなく、互いに近づくのだと最終的に定式化したのはニュートン

である．月も地上と同じ物質ででき
ているとすれば，月もリンゴと同じ
ように落ちてくるはずだ．ではなぜ
落ちないのか．それは真横に動いて
いるからだ．リンゴを水平に投げれ
ば落ちながら進むので放物線を描く．
もし高い山からすごい速さでリンゴ
を投げたらどうか．速く投げれば投

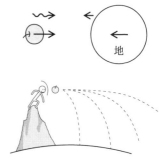

げるほど遠くまで飛び，うんと速く投げれば地球から飛んでいってし
まうだろう．うまくやれば飛んでいかず，地球の周りを回る．これが
月や人工衛星だ．だから月や人工衛星も落ちながら回っているわけで
ある．月と地球上の物体に働く重力が同じもので地球が引く重力だと
すれば，その距離と強さを比べて，重力は距離の2乗に反比例して弱
まることも分かる．だから重力の意味での重さはもはや物体固有の属
性ではなく，物質どうしの相互作用ということになる．これによって
「天」も「地」も区別なく宇宙のすべてを同じ物理法則が貫くことが
分かってきたのである．

●ニュートンの運動の法則と慣性質量

　そうすると落下運動も，普通の車を動かす運動も同じ法則で理解で
きることになる．次に必要なのは力を受けたときの物体の反応である．
物体に力を加えたときのことを考えてみよう．まず物体は静止してい
れば静止し続け，ある速さで動いていればその速さと向きを保とうと
する．これは物体の慣性とよばれニュートンの第一法則だ．上に述べ
たとき，なぜ月が真横には動き続けられるか説明しなかったが，それ
はこの慣性のおかげである．

　もしこの静止または同じ速度で動き続ける物体に，外から力を加え
運動を変化させようとしたらどうなるか．物体はこの変化に対して抵
抗を示す．つまり物体は力が加えられたとき「動きにくさ」を示す量
をもつ．これは慣性力とよばれることもあるが，力ではなく物質固有
の慣性質量という量でありkgで表わしている．

●ニュートンと原子論

ニュートンの『プリンキピア』を見ると，ニュートンは次のように考えていたと思われる．それは物体はすべて同じような最小粒子の集まりであるという考え方で，いわゆる原子論的理解である．『プリンキピア』の有名な第一定義「物質の量はその密度と体積の両方に比例する」がそれを意味している．例えば，ホール＆ホール編集の『ニュートン手稿』では「水は同体積の金よりも 19 倍も軽いように，水は金よりも同じ割合で疎であり，それゆえ，もしも金が完全な固体であるとすれば固体に濃縮された水は以前の 1/19 の小ささになり，したがって水はその 18 倍の真空をもつであろう」と述べ，明らかにニュートンは水も金も物質の究極粒子は同じ質量と考えていたようである（水と金の構成要素の性質まで同じかというとそこまでは何も言ってない）．さらにニュートンは力学的なすべての性質はこの微粒子に帰せられると考えていたようだ．「物体全体の拡がりとか硬さ，不可入性，可動性，また慣性力などは，物体の各部分の拡がり，不可入性，可動性，慣性力から生ずる．したがって物体を構成する最小部分もすべて拡がりをもち，硬く，不可入であり，可動的であり，慣性力を授けられていると結論するのである．そしてこれは全哲学の基礎である」．つまり物体の最小部分である原子はすべて同じ慣性（力）をもち，物質量の大小は原子の数，密度はつまり具合によるといっているように思われる．この物質量はいわゆる質量である．ニュートンのこの物質の量は当然，慣性質量であって，重力の大きさを表わす重量と同じものではない．しかし物質量すなわち慣性質量は重量に比例することを実験で確かめたと言っている．

●ニュートンによって「なぜ」を理解する

この考えによって，もう一度物体はなぜ同じように落ちるかを考察してみよう．ある物体をとったときそれが例えば N 個の同じ粒子からできていたとしよう．全重力（力が単純に足し算できるとすれば）は 1 個の粒子にかかる重力の N 倍になる．この重力によって物体が地球に向かって加速し始めたとする．1 個ずつの粒子を考えればどれも

働く重力は同じで，それに対して粒子の「動きにくさ」(慣性質量)も同じで，その兼ね合いで加速度(地上では約 $9.8\,\mathrm{m/s^2}$)が決まる．どの構成粒子もこれは共通なのでそれを連結した物体が落ちる加速度もガリレオの指摘したように 1 個の粒子と変わらない．ということは N がいくつでもすべて同じに落ちるということである．これでなぜかが理解できた！　ただし，すべ

てが同じ原子からできているとして，である．もちろん，今日では例えば酸素と金の原子の重さは違うことが分かっている．しかしその重さの主要部分は構成要素である陽子と中性子の数に比例するのだからそれらを構成粒子として考

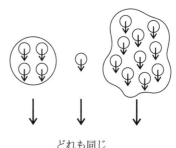

どれも同じ

えれば同じことが近似的に言えなくはないだろう．

　重力以外の，例えば人間が押す・引くような力が働いたらどうか．この場合も力の働く方向に運動が変化する．(一般的には加速する)重力と同じようにその効果は各粒子に等しく分配されるとしたら，構成粒子 1 個あたりに生じる運動の変化は「物質の量」に反比例するだろう．言い換えると力と質量(今は構成粒子の数)の比が等しければ同じ運動状態の変化(加速度)が起こる．これがニュートンの第二法則である．

　まだある．重力は物質どうしの引力だとしよう．そうすると重力もそれらを構成する究極粒子間の重力の和である．そうすれば重力

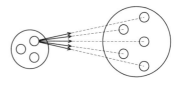

は互いの構成粒子の数つまり互いの質量に比例するだろう．これは重力の大事な性質であり，実際ある惑星全体に向かう重力はその個々の部分に向かう重力の和である．もちろん大きさのある物体の場合，ここの重力の方向はバラバラで足し合わせるのは簡単ではない．それはニュートンによってなされた．

●正しい運動方程式

　もちろん今では物質はすべて同じ粒子でできていないことは分かっているので粒子の数ではなく，通常 kg 原器との比較で求められる「物体の質量の大きさ」を用いて

$$加速度＝力／質量$$

と書かなくてはならない．電子と陽子は質量は違うが同じ運動方程式が成り立つのだから．そう表わせばニュートンの述べたことは質量と運動量がどんな粒子についても共通のものであり，加法性があることを意味することになるだろう．でも，それはどんなことを意味するか．謎はさらに形を変え発展していく．そしてそこにはさらに自然の本性が隠れているのかも知れない．

●参考文献………………

山本義隆『重力と力学的世界』，現代数学社，1981.

ガリレオ・ガリレイ『新科学対話』，今野武雄・日田節次訳，岩波文庫，1937.

武谷三男『物理学入門』，季節社，1977.

I. Newton : *Principia,* Translated by A. Motte in 1729, University of California Press. revised by F. Cajori, Dover.

［吉埜和雄］

22–月はなぜ落ちてこないのか

　ニュートンはリンゴの木を見ていて，リンゴの実に働く重力がずっとずっと上空まで続いているとしたら，月までもとどいているとしたら……と考えて万有引力の法則を発見したといわれている(図1).

　さてそれでは，木を離れたリンゴの実は地面に落ちるのに，月はなぜ地球上に落ちてこないのだろうか？　それに対してはいくつかの説明があるが「じつは月も落ちている」というのがシャレた答である.

図1

　止まっているボールを手放せば，ボールは地面に落下する. 同じように，月も地球に対して止まっている状態からフリーにすれば地球と衝突してしまう. しかし，月は横に動いている. 横に動いているとなぜ落ちてこないのか. たとえばボールを横に投げると図2(B)のように横に進みながら落下する. 5 mの高さで手放せば，図2(A)のように静かに手放しても，約1秒で地面に着き，(B)のように横に投げても横に進みながら同じ1秒間で地面に着く. どちらの場合も地上での1秒間の落下距離

は

$$y = \frac{1}{2}gt^2 = \frac{1}{2} \times 9.8 \frac{\text{m}}{\text{s}^2} \times (1.0\,\text{s})^2 = 4.9\,\text{m} \fallingdotseq 5\,\text{m}$$

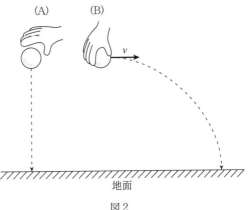

図 2

と計算できる．最初の横に投げるスピードをどんどん大きくしたらどうなるだろうか？　横に飛ぶ距離は増えていき，やがて地球の丸さが問題になるようになり，ついには，地球を 1 周するようにまでなる（図 3）．こうなるとボールにはたらく地球の引力の方向が刻々に変わることになってやっかいであるが，じつはこれが人工衛星がまわり続ける理由であり，水平方向に 7.9 km/s [*1] で打ち出せばよいのである．このとき人工衛星は横方向に 1 秒間で 7.9 km 進みながら，図 4(A)のように地球に向かってつねに 5 m [*2] ずつ落下している勘定になる．ただし実際の人工衛星は空気抵抗の少

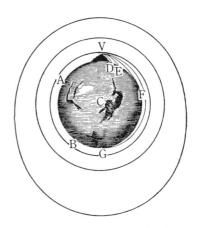

図 3　D・グレゴリーの 1694 年 5 月のメモランダムにある，ニュートンによるものとみられる図（『世界の名著 26 ニュートン』，中央公論社より転載）

———————————————

＊1，＊2，……は後の「計算」の節を参照．

ない 300 km 以上の上空を飛んでいる.

　月はどうか？　月は地球に対して横向きに 1 秒間で 1.0 km*3 進み,その間に地球に向かって 1.4 mm*4「落ちている」のである(図 4 (b)).

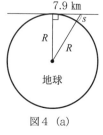

図 4 (a)

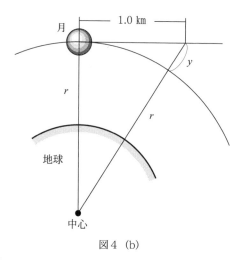

図 4 (b)

　地球から 38 万 km もはなれていると重力も地上に比べて弱くなるので落下距離も小さくなり,その分,横方向のスピードも遅くてすむのである.

月は,地表すれすれに回る人工衛星に比べて

$$\frac{1.02 \text{ km/s}}{7.9 \text{ km/s}} = 0.129 \text{ 倍}$$

で進んでいるわけで,これは

地球の半径と月の軌道半径の比　$\frac{6400 \text{km}}{380000 \text{km}} = 0.0168$

の平方根に等しい.このことから重力が距離の 2 乗に反比例していることが知られる.

● 月ができたときから

　それでは,月がちょうどよい横向きのスピードをもっているのはなぜだろうか？　「神の一撃」ということが言われたこともあったが,もちろんそのようなことはない.地球や月は微惑星という小さな天体がぶつかりあってできた,ということがわかっているが,その「材料」の時代から動いていた(回転していた)というのが答である.では

その材料はどうして動いていたのか？　それは太陽系をつくった星間物質が，はじめはうんと広がっていて，それがゆっくり回転していたが，収縮するにつれて回転のスピードも上がってきた，ということなのである．話は太陽系の起原にまでおよんでいる．

●計算

1．地表すれすれを回る人工衛星をつくるのに必要な速度（第1宇宙速度）を v とすれば，向心力 = 重力の式

$$m\frac{v^2}{R} = mg$$

から

$$v = \sqrt{R \cdot g} = \sqrt{6.37 \times 10^6\,\mathrm{m} \times 9.8\frac{\mathrm{m}}{\mathrm{s}^2}} = 7.9\,\mathrm{km/s}$$

が得られる．

2．図4(a)でピタゴラスの定理より

$$(R+s)^2 = R^2 + (7.9\,\mathrm{km})^2$$

である．

s は R に比べて十分小さいので

$$(R+s)^2 = R^2 + 2Rs + s^2 \fallingdotseq R^2 + 2Rs$$

と近似できるから

$$R^2 + 2Rs = R^2 + (7.9\,\mathrm{km})^2$$

$$\therefore \quad s = \frac{(7.9\,\mathrm{km})^2}{2R} = \frac{(7.9\,\mathrm{km})^2}{2 \times 6400\,\mathrm{km}} = 4.87 \times 10^{-3}\,\mathrm{km}$$

$$= 4.9\,\mathrm{m} \fallingdotseq 5\,\mathrm{m}$$

となる．

ちょうど $s = \frac{1}{2}gt^2$ で $t = 1\,\mathrm{s}$ として得る値に一致している．ボールは確かに重力により落下しているのだ！　$t = 1\,\mathrm{s}$ では本当に t^2 かどうかわからないというなら，横に進む距離を $7.9\,\mathrm{km/s} \times t$ として計算をやり直してみるとよい．

3．月の速さ

$$v_M = \frac{2\pi r}{T} = \frac{2 \times 3.14 \times 3.84 \times 10^8\,\mathrm{m}}{27.3 \times 24 \times 3600\,\mathrm{s}} = 1.02 \times 10^3\,\mathrm{m/s}$$

$$= 1.02 \text{ km/s}$$

4．月の1秒間の落下距離

地球の質量を M，万有引力定数を G として，図4(b)で

$$y = \frac{1}{2} \times (\text{向心加速度}) \times (1\,\text{s})^2$$

$$= \frac{1}{2} \times \left(G \cdot \frac{M}{r^2} \right) \times (1\,\text{s})^2$$

$$= \frac{1}{2} \times \left(6.67 \times 10^{-11} \frac{\text{Nm}^2}{\text{kg}^2} \right) \times \frac{5.97 \times 10^{24}\,\text{kg}}{(3.84 \times 10^8\,\text{m})^2} \times (1\,\text{s})^2$$

$$= 1.35 \times 10^{-3}\,\text{m} \fallingdotseq 1.4\,\text{mm}$$

［森本宜裕・三島誠人］

23–「止まっている」のは誰か

　動いている列車の窓から外を見ると，建物が動いていく．このとき
それでは建物の方が動いているかといえば，ほとんどの人は No と答
えるだろう．なぜなら電車はすぐ駅に止まるから．それではこれを太
陽から見たらどうか．建物は地球と一緒に動いている！　このように
どちらが動いているかという問題は誰がどこから見ているかで違って
くる．

　そもそも物体が1つだけ存在してほかに何もなければ，それが動い
ているか静止しているかは問題にすることもできない．いま2つのロ
ケット，AとBがあれば，例えばAがBに対してどれだけの相対的
な速度で動いているかは知ることができる．しかしAが止まってい
てBが動いているのか，Bが止まっていてAが動いているのかは決
定することができない．どちらのロケットでも物理法則は同じになる
からだ．それは，動いている電車の中でボールを落としたり投げたり
しても，止まっているときとまったく同じになることから分かる．い
や我々は地球と一緒にほとんど音速で動いているのにそれを感じない
こと自体がその表われだ．それが相対性原理というものだった．した
がって一定の速度で動いているものはすべて同等で，誰が止まってい
るかということは無意味だといえそうだ．

　しかし，相対性原理は一定の速度で動
いてるときに成り立つものだ．もしロケ
ットAが加速をしたら？　電車が急発
進したら人はよろめくように，乗員はロ
ケットの後方に押しつけられるように感
じるだろう．人は慣性でそのままの速さ
を保とうとするのに，ロケットの方がも

図1

っと先に行こうとするからで，これは慣性力と呼ばれる．乗員が慣性力を受ければそのロケットは加速していて，そういう力が働かなければそのロケットは一定速度だ．だがここでもう一度考えてみよう．いまAとBしかいないとしたら，Aは何に対して加速しているのか．Bに対して加速しているのだとしたら，まったく同様にBはAに対して反対に加速していることにならないのか．だがそれはおかしな話だ．とすれば何に対しての加速かが問題になる．

　このように問をたてるとすれば，ある基準系があり，それに対して一定速度で動く系が慣性の法則の成り立つ慣性系であり，それらの慣性系に対して加速運動をするとき慣性力が生じると考えることができる．マッハは1882年にその基準系は「宇宙の星総体」が構成していると考えた．つまり宇宙の星全体に対して加速するときが本当の加速で慣性力が働くとするのだ．これをマッハ原理と呼ぶ．

　これは魅力的な考え方だが，実験的に調べることはできるのだろうか．最近の宇宙背景輻射に関する実験はこれについて大きな進展を見た．宇宙背景輻射というのはビッグバンのなごりの電磁波が宇宙のいたるところ一様に満ちているというものである．しかし一様で等方的といっても，波である以上それに対して運動している者から見ればその方向と速度に応じてドップラー効果が起こる．すなわち背景輻射に対して運動すれば輻射は方向によって違って見えるはずだから，完全に輻射が等方的に見えるときその系は背景輻射に対して静止系となる．背景輻射の全体とマッハ原理のいう星の全体が同じ静止系になるかはまだ分からない．しかしとりあえず背景輻射に対する静止系を探ってみよう．それが基準系になるだろうか．

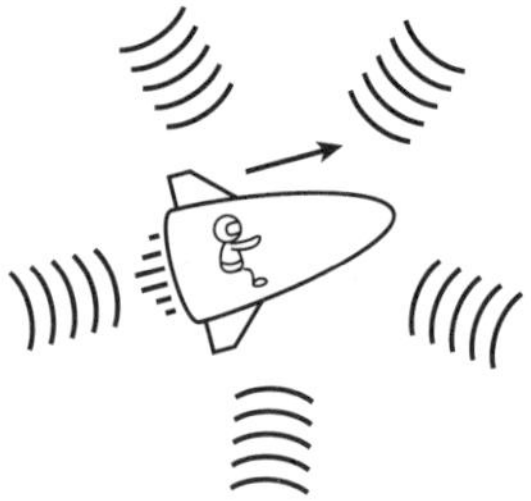

図2

　実験は1977年にアメリカのスムートたちが行なった．彼らは装置を飛行機に乗せて20000mまで持ち上げ，測定した．図3のように，2つのアンテナを載せた装置をぐるぐる回転させ，その向きによって異なる背景輻射のドップラー効果による変化からアンテナすなわち地球が背景輻射に対

して動いている速度を求めたのである．はたしてその結果は，390＋60 km/s と求められた．これが地球の宇宙全体に対する速度なのか．

考えられる理論的見積もりはこうなる．我々の地球は太陽の周りを回っている．そして太陽は銀河系に属するが，銀河系は星がレンズ状に集まって全体に回転しているので太陽系は銀河系中心に対して約 300 km/s の

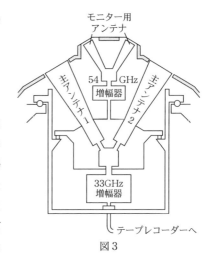

図3

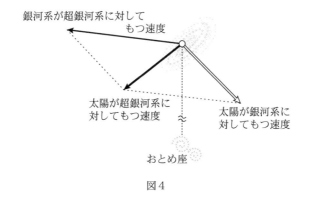

図4

速度で運動している．さらに銀河系星雲はまたたくさんの星雲の集まりである超銀河系に属し，その超銀河系はおとめ座星雲団を中心に回転している．我々の銀河系星雲が超銀河系に対して回転する速度と遠ざかる速度を合成したものは 650 km/s である．この２つを方向を考慮してベクトル和をつくると，太陽が超銀河系に対してもつ速度は 400 km/s と見積もれる．この計算は 1967 年にシアマが行なった．ただしこれは宇宙膨張による後退速度を引いたものである．

この計算値を測定値と比べると，かなり近い．とすれば超銀河系の

中心は背景輻射に対して静止している系にかなり近くなっているといえそうだ．だが，おとめ座星雲団までで宇宙全体を代表できるとは思えない．もっと先まで行けばどうだろうか．そこから先はまだ分からない．

　絶対静止系があるという仮説は相対性理論の絶対静止系の否定と矛盾するのだろうか．しかしこの考察のそもそもの出発点は物質のない幾何学的な空間とその中の運動という観念的な議論を捨てて，物質どうしの互いの関係の中に運動や空間を見いだすものであった．そうであれば宇宙の物質全体に対しての運動を考えるということは当然であろう．背景輻射というのはこの宇宙の誕生によって生じた輻射のなごりであることを考えれば，客観的自然の「絶対性」と法則の「対称性」とが平面的矛盾ではなく立体的構造を互いにつくっていると考えられるだろう．

●参考文献………………………

柳瀬睦男・江沢 洋編『アインシュタインと現代物理』，ダイヤモンド社，1979．

［森岡 隆・上條隆志］

24-運動量とエネルギー，
どちらが保存するのか

　物体が運動したり，状態が変化したりするとき，変化にもかかわらずそこに変わらない量があれば，それは現象の本質を見抜くのに重要な鍵となる．変わらない量は保存量と呼ばれる．物体が運動し，物体同士が力を及ぼし合うとき保存する量には「運動量」と「エネルギー」がある．なぜ2種類あるのだろう？　それは同じものではないのか．違うとしたらどう違うのか．

●運動量
　英語では運動量は momentum で，運動する能力を表わすラテン語からきている．運動量はエネルギーより約200年前に誕生している．その起源は14世紀の哲学者 J. ビュリダン(Jean Buridan 1315頃-1358)のインペトゥス Impetus 理論に始まる．それまでのアリストテレスの理論では，物体が運動しているのは物体以外の何者かによって動かされているからだということになっていた．しかしそうすると弓で放たれた矢が何も作用してないのにそのまま進み続けることが理解できない．それを説明しようとすれば，矢をまわりの空気が押し続けるという無理な考えを導入しなければならなかった．それに対してビュリダンは「動かすものが動かされるものに与えるもの」があるとし，それを impetus と呼んだ．他のものから押され続けられなくても物体そのものの中にその impetus が保持されて，運動を維持すると考えた(ただし動力が媒質でなく物体に刻み込まれるという考え方は6世紀のピロポノス(Philoponos)にさかのぼる)．この impetus は外からの駆動力や抵抗力によって変化させられない限り，永久に保たれる．
　ただし現在の考え方と違って彼は，impetus も本来あるべき場所に落ち着く傾向によって次第に消滅するとしている．この傾向というの

は，それぞれの元素には本来の場所があり，石が下に落ちるのはそこに戻ろうとして起こるという意味であり，物体が火・空気・水・地からできて本来の場所に戻る重さと軽さをもつというアリストテレスの考えに彼もとらわれていることからきているのであろう．天体の運動はこのようなこともないので永遠に不滅であると彼は考えていたのである．

それはともかく，彼はこの量は物体の速さと物質の量に比例すると考えた．質量が m，速さが v のとき mv で表わされる．「運動量」の最初の定義であり，運動の保存量のはじめである．

その後デカルト（Rene Descartes 1596-1650）は（彼の哲学によって）宇宙全体を支配する力学的世界像を構想し，宇宙に存在する全運動量は永遠に不変であることを自然の最高法則と考えた（1644）．彼は「運動する物体はすべて直線運動を続けようとする」といっているので慣性の法則に到達している．しかし彼はこの法則にしたがって衝突現象を説明しようとしたがうまくいかなかった．その理由の１つは運動量の保存にあたってその向きまで含めて考えられなかったことである．そういう意味で彼の法則は間違っているものも多い．

デカルトの間違いをただし，ガリレイの相対性原理を利用することによって正しい運動量の保存法則に達したのはホイヘンス（Christian Huygens 1629-1695）である．彼は運動量を向きと大きさをもつ量（今日の言葉ではベクトル）$m\boldsymbol{v}$ であるとして，衝突の法則を正しく求めた．いま，一直線上の衝突に限ってあらためて考えてみよう．質量 m_1 と m_2 の物体がそれぞれ速度 v_1 と v_2 でぶつかったとき，正しい法則があれば衝突後を予言できるはずだが，運動量保存の式だけでは未知数２つに対して方程式１つであるから衝突後の速度を求めることはできない．そこでホイヘンスはもう１つの式として（質量）×（速度の２乗）も保存するという式を用いた（1669）．これが運動エネルギーのはじめであるが，ホイヘンスはこのことを，ある高さから出発したおもりは同じ高さまで昇るという振り子の研究から導いてきたのである．

●運動エネルギー

　デカルトに反対して運動能力(活力)は(質量)×(速度の2乗)で測られると主張したのはライプニッツ(G. W. Leibniz 1646-1716)である．彼の証明は明快だ．1の重さの物体Aを4持ち上げるのと，4の物体Bを1持ち上げる力は等しいだろう(彼は「力」というが，それは現在の力ではなく，エネルギーなのでむしろ能力と呼ぶべきだろう)．したがって4の高さから落ちたAと1の高さから落ちたBはまったく同じ力(能力)を得るだろう，というのは落ちた物体は再び同じ高さまで上がる力(能力)を持っているだろうからだ．それでは運動の量はどうなっているか．4落下した物体の速さは1落下したときの速さの2倍だというのはガリレイによって証明されている．そこでデカルト流に質量と速度の積を作ると，Aの2にたいしBは4になるのでこれでは物体の力(能力)を正しく評価したことにならない．もし質量と速度の2乗の積 mv^2 をとればこれは等しい．そこでライプニッツはこう書く．

　「我々の行なった論証ほど簡単なものはないのに，それをデカルトやその信奉者たちのように，この上もなく学識深い人々が考えもしなかったとは不思議なことである．しかし，少なくともデカルトは自分の才能に対してあまりにも強い自信を持ったために道を誤ったのであり，また他の人々も彼に対する過信のために道を誤ったのである」

　その後約40年続く激しい論争のはじまりである．

　なお mv^2 をエネルギーと呼んだのはヤングである．またコリオリは力と距離の積を仕事と呼び，仕事と等しくするために mv^2 を $\frac{1}{2}mv^2$ に改めて今の運動エネルギーの形を確立した．

●論争のその後

　mv と mv^2 という2つの量は $v=1$ でもなければ同じではない．速度 v には次元があるから，1とおくことはできない．どちらが運動の勢い(能力)を正しく表わしているのだろうか．哲学者カントまで参加した両派の論争は，1743年のダランベールの『力学論』の序文で決着したことになっている．「どちらでもよい」「問題にすべきではな

い」というのが彼の結論である。彼は運動の力はそれが障害にぶつかって抵抗を克服する作用で測られるものと考える。そこで「物体がある速度で1個のバネにぶつかってそれを押し縮めたとすると、2倍の速度でははじめと同等のバネを2個ではなく4個、一気あるいは徐々に押し縮めることができる。……以上のことから活力の信奉者は物体の力は一般に質量と速度の2乗の積に比例すると結論する」「しかし、力を障害の絶対量でなく障害の抵抗の総和で測るなら、力を質量と速度の積とみなすことが成り立つ」。ここでいう抵抗の総和とは抵抗とその持続時間の積である。ダランベールは「後者の方がより自然な測り方」とやや肩を持ちながら、「各人好きにすればいい」という。

ダランベールの言ったことを数式で表わせばこういうことになろう。いま質量 m と速度 v で運動している物体があったとして、障害にぶつかりそれを克服する間に障害から力 f を受けたとする。この力は短い時間 t の間働き、また物体が障害を短い距離 s だけ動かす間働いたとする。またぶつかったあとの速度を u としよう。

ニュートンの運動方程式（力）＝（質量）×（加速度）を前提として、加速度＝単位時間あたりの速度変化　とすれば、障害にぶつかっている間についての運動方程式から

$$f = m\frac{u-v}{t} \qquad \text{したがって} \qquad ft = mu - mv$$

ft は力積と呼ばれるが、それを抵抗の総和と考えればそれが運動量の変化に等しい。

次にこの短い時間の間の平均の速さは $\frac{1}{2}(v+u)$ と書ける。したがって進んだ距離は $s = \frac{1}{2}(v+u)t$ となる。これを運動量の式とかけて t で割ると

$$fs = \frac{1}{2}mu^2 - \frac{1}{2}mv^2$$

が得られる。fs は仕事と呼ばれる量でそれが運動エネルギーの変化に等しい。

したがって運動量とエネルギーは障害を克服する能力を時間で考えた力積か空間的距離で考えた仕事による尺度に関係するといって良い

だろう．例えば自動車にブレーキをかけて静止させるとき，自動車の速さが2倍になれば，静止するまでの時間は2倍になるが，その距離は4倍になるということである．ダランベールのようにどちらでも良いとは思わないが同じものの違う側面と考えることもできよう．

●保存量としての意味

しかしダランベールのように同じだといってすませるわけにはいかない．そこには質的な違いも存在する．運動量 mv はベクトルだが，運動エネルギー $\frac{1}{2}mv^2$ はスカラーである．その上，物体の衝突の場合いつでも両方とも保存するわけではない．例えば弾丸が砂袋に撃ち込まれるときの計算をすると，$\frac{1}{2}mv^2$ の和は減少する．エネルギーの一部は内部の熱エネルギーなどに変わってしまうからである．しかしこの場合でも運動量 mv の和は保存する．はじめの方で衝突の場合に両方保存するとしたホイヘンスの考えは，したがって特別の場合（完全弾性と呼ばれる）のみに成り立つものだったのである．熱は分子の運動であるからこれは運動から違う運動への移動とも言えるが，エネルギーはその他にもさまざまな形態があり，運動でないものにも転化する．したがって $\frac{1}{2}mv^2$ は運動が他の様々なエネルギーと互いに転化するときの尺度といえる（$\frac{1}{2}$ にも理由がある！）．

それに対し mv はその場合でも不滅である，物体の運動だけの尺度といえるであろう．

●参考文献……………………

玉木英彦・板倉聖宣『現代物理学の基礎』，東京大学出版会，1960.

湯川秀樹・田村松平『物理学通論』，大明堂，1955.

大野陽朗監修，高村泰雄・藤井寛治・須藤喜久男編『近代科学の源流－物理学編』，北海道大学図書刊行会，1974.

エンゲルス『自然の弁証法』，田辺振太郎訳，岩波文庫，1958.

E．マッハ『力学―力学の批判発展史』，伏見譲訳，講談社，1969.

近藤洋逸『デカルトの自然像』，近藤洋逸数学史著作集4，日本評論社，1994.

ライプニッツ『数学・自然科学』，ライプニッツ著作集3，原亨吉ほか訳，工作舎.

［高田正保］

25－はじめて見たネジ
種子島の話───

●日本への鉄砲の伝来

　火薬の発見は人類の歴史に大きな影響を与えた．初期の黒色火薬は硝石・硫黄・木炭の混合物であった．硝石 KNO_3 は窒素を含む有機物が分解してできたもので，火薬は身近な所から見つかったとも言える[1]．さて，鉄砲が日本に伝来したのがいつであるかについては，慶長十一年(1606年)の薩摩大竜寺の和尚南浦玄昌の撰述による『鉄砲記』が比較的信頼されている資料で，それは天文十二年(1543年)伝来説の『種子嶋家譜』に基づいている[2]．

　『鉄砲記』によれば，南蛮が来て島の領主・時堯に2挺の火縄銃を贈った．時堯は，これを学び，鉄匠に熟視させ作ろうとする．が，

　「新たにこれを製せんと欲す，その形制頗るこれに似たりと雖も，その底のこれを塞ぐゆえんを知らず」

　火薬を爆発させるには弾の反対側を密閉しなければならないが，銃の底の部分(尾栓)をどうやって塞ぐか分からなかったのである．

　「その翌年，蛮種の賈胡*）またわが嶋能野の一浦に来る．……賈胡の中に幸いに1人の鉄匠あり，……即ち金兵衛尉清定なるものをして，其底の塞くところ学ばしむ．漸く時月を経て，其巻いてこれを蔵むることを知る」

　つまり日本には当時ネジ[3]が知られておらず，ここではじめて学んだことになる．鉄砲は武力以外にも大きな貢献をしたのかも知れない．ただし，参考文献1)の著者は，そのぐらいは自力で調べられたのではないか，大げさではないかと述べていることも付け加えておこう．

＊）　西域の商人．

●飛び道具のパワー

　さかのぼれば，もっとも古い方の飛び道具は吹き矢である．マレー半島のサカイ族の吹き矢は，3 m前後の竹の筒にシュロの葉脈を矢にしたものを用い，約30 mは飛ばすという[4]．同じ息の力を加え続けるとすると，力を加えられる距離が長いほどエネルギーも大きくなるので遠くへ飛ぶことになる．

　次の段階に進むと弓矢になる．現在のアーチェリー[5]は通常の飛距離は200 m，最高記録は851 mという．ここで弓のエネルギーを見てみよう．弓の強さは弦を弓から66 cm引いたときの力をポンドで表わしている．表1でいま50ポンドをとれば1ポンドが約0.45 kgだからNの単位になおして220 N．バネのエネルギー $\frac{1}{2}kx^2$ として変位 x

表1

弓の種類	弓の強さ
ターゲット用	25〜50ポンド
ハンティング用	40〜80ポンド
フライト用	60〜90ポンド

を66 cmで計算するとエネルギーは73 Jとなる．矢の重さを約30 gとしてこれがすべて運動エネルギー $\frac{1}{2}mv^2$ になったとすれば，

$$v = 70 \text{ m/s}$$

実際は50〜60 m/sといわれている．弱く張った方が長い距離を引けるので矢に力を加える距離が長く，よく飛ぶということがある．弦の張りが強ければ遠くへ飛ぶというわけでもない．

●銃砲のエネルギー

　銃は図1で撃針aが薬ほう底の雷管bを強打すると火花cが発生し[6]火薬dが急速に燃焼する．あるデータでは2700℃になり，火薬は

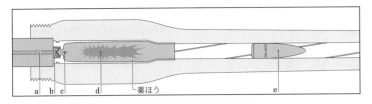

図1　（ダイヤグラムグループ編『武器』マール社をもとに描いた）

体積 1400 倍のガスを発生し，圧力は

$$3586\ \text{kgf/cm}^2 = 3.5 \times 10^8\ \text{Pa}$$

に達するという．その圧力で弾丸 e は押されて発射される（表 2）．

表 2

	初速	457.2m地点	914.4m地点
弾丸の速さ［m/s］	822.9	508.4	325.5
飛行時間［s］	―	0.709	1.864
貫通力(オーク材)［cm］	86.4	35.5	データなし

発射された弾のエネルギーについては，例えば 308 ウィンチェスターという弾丸は重量 9.7 g，初速 860 m/s とされている．運動エネルギーは 3590 J である．それまでの武器とは桁違いのパワーである．

やはり遠く飛ばすためには砲身が長くなる．1918 年ドイツ軍がパリを砲撃するために使用した砲は数 10 m もあり，120 km 離れたパリまで飛ばしたという．砲身と砲弾の摩擦のためはじめ 21 cm あった口径が 70 発射後 23.2 cm になったそうだ(図 2)．

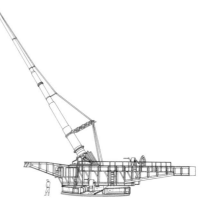

図 2　パリ砲（ダイヤグラムグループ編『武器』マール社より転載）

●参考文献………………………

1）　ヨハン・ベックマン『西洋事物起源』，特許庁内技術史研究会訳，岩波文庫，岩波書店，2000，㈣ の p.316．

2）　所 荘吉『火縄銃』，雄山閣，1989．

3）　H.ホッジズ『技術の誕生』，平田 寛訳，平凡社，1975，pp.203，222，227，233．

T. K. デリー・T. I. ウィリアムズ『技術文化史』，平田 寛・田中 実訳，筑摩書房，1971，上，p.384.

4） ダイヤグラムグループ編『武器』，マール社，1986.

5） 高柳憲昭『アーチェリー』，講談社，1977.

6） ヨハン・ベックマン，前掲，㈠の p.341，348，㈢の p.236.

［武内 彰］

26—「仕事をする, される」とは？

　物体が仕事をする能力をもっているとき, その物体はエネルギーを
もっているという. 水平な床の上を走っている重い台車を考えてみよ
う. その台車が壁から出ているくぎに当たれば, くぎを壁に打ち込む
という仕事をすることができる. これは一般的にいえることで, 動い
ている物体はエネルギーをもっている. このエネルギーを運動エネル
ギーという.

　運動エネルギーのほかにも位置エネルギーというものがある. 高い
ところにある物体は, 落下して床に出ているくぎに当たると, くぎを
打ち込む仕事をする. このことから, 高いところにある物体もエネル
ギーをもっていることが分かる. それが位置エネルギーである.

　静止している物体に運動エネルギーをもたせるには, どうすればよ
いか. 手で押して物体に運動させればよい. このとき, 物体は手から
力を加えられながら力の向きに動く. いいかえれば, 手は物体に仕事
をし, 物体は手から仕事をされている. 物体は仕事をされたために,
運動エネルギーをもつことになる.

　床に置かれた物体に位置エネルギーをもたせるためには, 手で物体
を高いところまで持ち上げなければならない. 手は物体に上向きの力
を加え, 力の向きに動かしている. 手は物体に仕事をしたことになる
（図1）. その仕事が位置エネルギーとして蓄えられる.
物体には, 手から上向きの力が加えられると同時に,
下向きの重力が加わる. 双方が相殺するので, 物体に
加わる力は零である. よって, 物体は仕事をされてい
ない. 仕事をされていないのに, 位置エネルギーをも
つことになる. これでよいのだろうか？

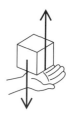

　エネルギーを考えるときには——物理の他の問題で

図1

も同じだが——考える対象を明確に限定する必要がある.

　物体と地球を合わせて系 O_1（対象，object）とするなら，人は O_1 の外にいて O_1 に働きかけるという構図になる．人が物体に力を加えて動かす，つまり仕事をすると O_1 のエネルギーが増す．その増分は——これは O_1 の中をのぞいていうことだが——物体の位置のエネルギーと運動エネルギーになる．いわゆる位置のエネルギーは，物体がもっているかのようにいうことが多いけれども，本当は物体と地球の相互作用のエネルギーなのである．いわば物体と地球の間の目に見えないバネ（重力場）に蓄えられたエネルギーである．

　O_1 の中をのぞくと，物体には地球が重力をおよぼしているが，その反作用の力を地球に物体がおよぼしている．それらのする仕事は合計して2倍になるのか？　いや，ならない．物体は動くが地球はほとんど動かないからである．この仕事の合計は

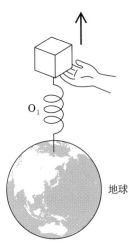

$$
（力の大きさ）\times \binom{\text{物体-地球間の}}{\text{距離の変化}}
$$

となり，ほとんど

$$
（力の大きさ）\times（物体の変位）
$$

に等しい（図2）．

図2

地球

　物体と地球と人をひっくるめて対象 O_2 とすることもできる．この場合，人が物体に力を加えて動かすとき，物体には同時に重力も働いている．どちらも O_2 の中のことであるから O_2 のエネルギーに増減は起こらない．このときの中をのぞいたら何が見えるだろう？

　反対に物体だけを対象にとり，人も地球も外界とみることもできる．こうすると何が見えてくるか考えてみて欲しい．

［土屋良太］

27—スウィングバイとは何か

●グランド・ツアー計画

1977 年 8 月 20 日にボイジャー 2 号が，9 月 5 日にはボイジャー 1 号が地球を飛び立った．グランド・ツアー計画の始まりである．木星を含め，これより外側の土星，天王星，海王星の外惑星を宇宙船一回の飛行で

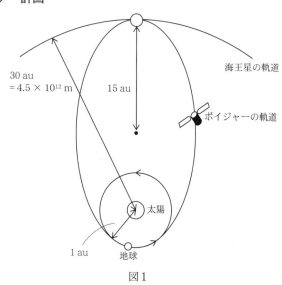

海王星の軌道

30 au = 4.5 × 10¹² m

15 au

ボイジャーの軌道

太陽

1 au

地球

図1

次々と巡る大旅行(グランド・ツアー)は，ちょうど打ち上げ時にこれら外惑星が地球から見てほぼ同じ向きにそろってはじめて可能となる．なぜなら宇宙船もまた図 1 のように惑星と同様，太陽を回る軌道に乗って回るからだ．こうしたチャンスは 100 年以上に 1 度の割にしか来ないという．ボイジャーはまさにそうした機会に恵まれて出発したのであった．

宇宙船が，公転半径 4.5×10^{12} m，つまり 30 au(1 au は地球の公転半径)の海王星に直接届くように打ち上げるとしよう．ケプラーの第三法則は公転周期の 2 乗と長半径 3 乗の比は太陽を回るすべての惑星について一定ということをいっている．ボイジャーの軌道の長半径は

先の海王星の公転半径の半分になるから15auとすれば，その周期は地球の周期の$15^{3/2}$すなわち58年となる．海王星に到着するまでの時間はこの半分すなわち29年である．ところが，ボイジャー2号は1989年8月24日には海王星に48000kmまで最接近し，衛星トリトンの鮮明な映像を地球に送ってきたことは記憶に新しい．ここまで12年である．これはボイジャー2号が木星や土星による引力をうまく利用する，スウィングバイあるいはスリングショット（おもちゃのパチンコ）とよばれる技術を用いて旅の途中で加速したためである．ついでながら，ボイジャーは地球が公転しているときの速度の方向に打ち出す．そうすれば地球の公転速度30km/sを利用できるからである．

●ダンプカーとボール

　スウィングバイは例えば木星に近づいたときボイジャーが木星に引かれて加速し，近づいたのちまた離れていく際に速さを増す技術である．木星の引力に引かれて加速するが，また離れるときは減速するのだから結局同じにならないか？　そうならない．なぜなら木星は動いているからである．その原理はダンプカーとボールの衝突を考えるとわかりやすい．図2のように，速度Vで走ってくるダンプカーめがけてボールが速度vで正面衝突する．いま衝突前後で運動エネルギーは保存するとしよう（こういうとき完全弾性衝突という）．もし，ボールの速さが増加すれば，ダンプカー

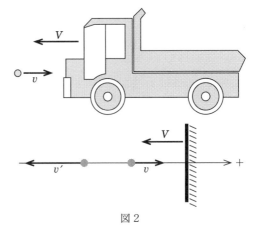

図2

はその分だけエネルギーを失なう．しかしテニスボールとダンプカーである．ボールが当たったぐらいで変化するダンプカーの速度分など

無視してしまおう．ダンプカーはボールに衝突してもその速度は V のまま変わらないとしてよい．

　完全弾性衝突では，衝突前後でダンプカーに対するボールの相対速度の大きさは変わらない．衝突後のボールの速さを v' とすると衝突前のダンプカーに対するボールの相対速度は $v-V$ であり，衝突後は $v'-V$ となる．衝突後のボールはちょうど逆向きになるので，$v-V=-(v'-V)$ これより $v'=-v+2V$ を得る．速さ 10m/s で近づいてくるダンプカーに向かって 5m/s で衝突するボールは，$v=5\,\mathrm{m/s}, V=-10$ m/s を代入して，衝突後には $v'=-25$m/s，つまり逆

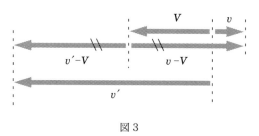

図3

向きに 25m/s で跳ね返る．ボールは速くなっている．図3にこれら速度の関係を示す．

●ボイジャーのスウィングバイ

　ダンプカーが木星で，ボールがボイジャーである．ただし，木星とボイジャーは正面衝突はしなかったし，また両者の相互作用は斥力で

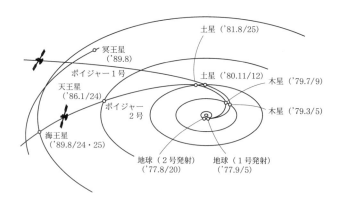

図4 （江沢洋『よくわかる力学』東京図書より転載）

はなく万有引力である，という違い
がある．

　図4はボイジャー1号，2号のグ
ランド・ツアーの軌跡で，図5に木
星からみたボイジャーのスウィング
バイを示す．v, v', V は太陽系に固
定した座標からみた木星接近前後の
ボイジャーと木星の速度ベクトル，
u, u' は木星に対するボイジャーの
木星接近前後の相対速度である．ダ
ンプカーとボールの議論と同様にし
て，このとき

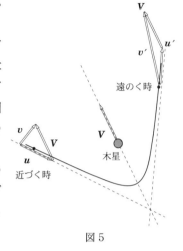

図5

$$u = v - V,$$
$$u' = v' - V,$$
$$|u| = |u'|$$

となる．木星に対するボイジャーのはじめの速度 u を固定した場合，
離れていく速度 u' の向きが木星の速度 V とちょうど同じ向きのと
き v' は最大となる．また，ちょうど逆向きのとき v' は最小となる．
スウィングバイのエネルギー源は何か．むろん木星や土星である．ボ
イジャーの運動エネルギーの増加分だけ木星や土星は運動エネルギー

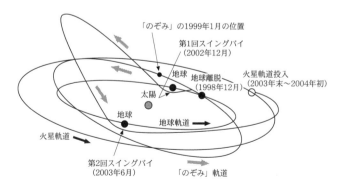

図6（木下宙「スイングバイの力学」，『数学セミナー』，1999年7月号より転載）

を失なっている．

　図からも分かるように，加速するのは，宇宙船が惑星の運動方向の後方を通過する場合である．もし宇宙船が惑星の進行方向の前方を通過するときは，宇宙船は減速される．つまり宇宙船は惑星の重力を利用することで，燃料を消費せずに軌道を制御できることになる．日本が1998年7月に打ち上げた火星探査機「のぞみ」は，1999年8月に火星到着の予定だったが地球の重力作用圏を脱出するのに燃料を使いすぎ，そのまま火星へ行くと燃料不足で火星を周回する軌道へ移行できなくなることがわかった．そこで当初の予定を変更し，地球の重力を利用する2回のスイングバイで軌道を修正し，火星周回軌道に投入することになった．火星到着は2003年末か2004年初めの予定だった[2]（図6）．しかし，度重なるトラブルのため2003年12月9日，火星周回軌道への投入は断念された．

●参考文献……………………

1）　江沢 洋『よくわかる力学』，東京図書，1991.
2）　木下 宙「スイングバイの力学」，数学セミナー，1999年7月号，日本評論社.

　　　　　　　　　　　　　　　　　　　　　　　　　　　　　[右近修治]

28–ブレーキをかけると
前の人工衛星が追い越せるのはなぜか

　歩いていて，前を行く人を追い越すためにはどうするのか．もちろん自分の歩く速度を増さなければならない．では人工衛星が自分の前にいる人工衛星を追い越す，あるいは追いついてドッキングするためにはどうすればよいか．もちろんロケット噴射をして速度を増すと思うのではないだろうか．ところがこの場合は逆噴射して「減速する」が正解になる．なぜそうなるのだろう．

●速度を変えると軌道が変わる

　人の追い越しと違う点は，速度を変えると軌道が変わってしまうところにある．人工衛星と地球は距離の2乗に反比例する重力で引き合っており，人工衛星は地球を1つの焦点とする楕円軌道を描く（本当は地球と衛星を合わせた全体の重心のまわりを両方が回るのだが，地球の質量が圧倒的に大きいので近似的に地球の周りを衛星が回るとみなせるのである）．この軌道の形は人工衛星を軌道に投入するときの位置と速度によって定まっている．だから軌道上の衛星を加速すると，それは現在の軌道を外れ，より大きな楕円軌道に移り，減速したときはより小さな楕円軌道に移ると予想できる．いま，ある楕円軌道上の人工衛星が，搭載しているロケットを噴射または逆噴射して速度を増

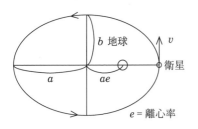

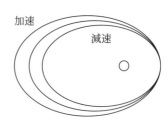

図1

減したとしよう．追い抜いた後またもとの軌道に戻るのだから，多分
図1のように，近日点でそれを行なうのがやりやすいだろう．こうす
ればどちらも一周して同じ近日点に戻ってくるのだから，そこでもと
の速さに戻せばよい．そうすると問題はそれぞれの軌道で，一周する
時間すなわち周期がどうなるか，である．

●速度の変化によって周期はどう変わるのか

重力のもとでの衛星の運動はどうなるか．角運動量とエネルギーの
2つで考える．

地球の重力は中心力だから(惑星の)角運動量は保存される．また，
地球の重力は保存力だから，力学的エネルギーは保存される．

ケプラーの法則がいうとおり面積速度 f も一定であるが，これは
角運動量 L と

$$f = \frac{L}{2m}$$

の関係があり(m は衛星の質量)，面積速度一定と角運動量の保存は
同じことである．

次にエネルギーだが，重力のポテンシャルエネルギーの大きさは無
限遠を0とすると，重力定数を G，地球の質量を M，衛星の質量を
m，距離を r とすれば，

$$-\frac{GMm}{r}$$

と表わされる．そうすると衛星の全エネルギーは，速さを v として

$$E_0 = \frac{1}{2}mv^2 - \frac{GMm}{r}$$

で表わされる．注意しておくが，無限遠をポテンシャルエネルギー0
としたため，エネルギーが正なら無限遠でまだエネルギーをもち，重
力圏を脱出して飛び去ってしまう．したがって地球の重力のもとで楕
円軌道を保つ状態はエネルギーがマイナスである．マイナスのエネル
ギーに違和感をもつかも知れないが，ポテンシャルエネルギーは基準
を定めてそこから測るものだからいいのである．

もしいま衛星が $\varDelta v$ だけ加速したとすると

$$E = \frac{1}{2}m(v+\varDelta v)^2 - \frac{GMm}{r}$$

$$= \frac{1}{2}mv^2 + mv\varDelta v + \frac{1}{2}m\varDelta v^2 - \frac{GMm}{r}$$

$$= E_0 + mv\varDelta v + \frac{1}{2}m\varDelta v^2$$

とエネルギーは変化する．$\varDelta v$ は加速ならプラス，減速ならマイナスであり，加速前のエネルギー E_0 に比べて小さいとすると，最後の項は無視できて，結局エネルギーの変化は

$$\varDelta E = E - E_0 = mv\varDelta v$$

となる．E_0 は先に述べたようにマイナスであることに注意．

ところで惑星の重力による運動は，エネルギーの保存と角運動量の保存によって(もちろんそれもニュートンの運動の法則によっていえるのだが)計算でき(参考文献 1 の (4.24)，(4.25) 式と $b = \sqrt{1-\varepsilon^2}\,a$ を用いる)，楕円の場合の長半軸 a と短半軸 b は

$$a = \frac{GMm}{-2E} \qquad b = \frac{L}{\sqrt{-2mE}}$$

である．エネルギーが増加すれば a が大きくすなわち楕円はより大きくなることが確かめられる．(エネルギーがマイナスであることに注意．)

この楕円軌道を一周する時間すなわち周期を T とすると，(面積速度)×(周期)が楕円の面積に等しいこと，すなわち

$$\frac{L}{2m}T = \pi ab$$

から

$$T = 2\pi a^{3/2}\sqrt{\frac{1}{GM}} = \pi GMm\sqrt{\frac{m}{-2E^3}}$$

が得られる．よって E の変化が小さければ，それによる周期の変化は

$$T = \pi GMm^{3/2}\frac{1}{\sqrt{-2E_0{}^3}}\left(1 - \frac{3\varDelta E}{2E_0}\right)$$

$$= \pi GMm^{3/2} \frac{1}{\sqrt{-2E_0}^3}\left(1 - \frac{3mv\varDelta v}{2E_0}\right)$$

である．E_0 はもともとマイナスなので速度が増加した方が周期が長く，減速した方が周期は短いことがわかった．したがって速度を落とすと前の人工衛星を追い抜いて早く帰ってくることができる．

●参考文献‥‥‥‥‥‥‥‥‥‥‥

1) 江沢 洋『現代物理学』，朝倉書店，1998 年，pp.278—275.

2) ランダウ・リフシッツ『力学』，広重徹・水戸巌訳，東京図書，1968.

3) 山内恭彦『一般力学』，岩波書店，1967.

［上條隆志］

29—なぜ, 腕の長さ×力を
力のモーメントというのか

「てこの原理」を知っているだろうか. さおばかりやシーソーなどが釣り合うには支点からの距離とおもりの重さの積が両側で同じになればよい. この距離と力の積を「力のモーメント」または「トルク」(ラテン語の torquere, "まわす"から来た言葉) という.「モーメント」とはラテン語の movimentum "運動"から来た言葉で, 運動を表わす. いまでも運動量をモーメ

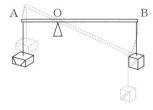

ンタムという. 釣り合っているものは動かないのに, なぜこんな言葉を使うのだろう.

　初めてこの言葉を使ったのはガリレオだが, 彼は『レ・メカニケ』の中で「モーメントとは運動物体の重さのみによって引き起こされるものではないところの下へ向かって進む傾向を示す性質であって, 物体相互の位置関係に依存する」という. つまり彼は物が重さで落下するのと同じように, 物体にあって下へ動かすものであり, 物体の運動量へと転化するものと考えていたようだ.「道筋に沿って下降しようとするモーメント」とか,「運動体がもっているモーメント」という言い方を同書で用いているのはその表われだろうか. そしてガリレオは図のような場合, てこが動けば, 等しい時間に A と B の動く距離つまり速度は腕の長さの比になり, そこから質量と速度の積が等しいことを導いている. つまり静力学的な力のモーメントから動力学的な運動量としてのモーメント (現在のモーメンタム) へガリレオはつなげて考えているのである.

●参考文献……………………

『世界の名著 26 (ガリレオ・ガリレイ)』, 中央公論新社, 1979.　　　　　　[蟻正聖登]

30－自動車はなぜ前に進めるのか タイヤの摩擦とは何か

●車輪のついた乗り物が前進するには

　自動車，自転車が前進するにはそのものに前向きの力が外から加わらなければならない．自分で自分を押すわけにはいかないからだ．車体にさわっているものは地面だけなので，それは地面とタイヤの摩擦力によって与えられる．摩擦は車体重量によってタイヤと路面が押しつけられることによって生じ，そこで初めて車輪は地面を転がり，自動車として移動できる．

　車が進むまでをもう少し見てみよう．自転車を例に取り，車輪に働く力を考える．ペダルを踏むとその力はチェーンによって伝えられ，車輪のギアに偶力 K と $-K$（大きさ等しく，反対向きな一対の力）のトルクを作り出す．車輪が地面に触れると，車輪が回転して地面を滑ろうとするのを摩擦力がくい止め

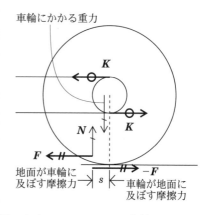

車輪にかかる重力

K

K

N

F

地面が車輪に及ぼす摩擦力

s

$-F$

車輪が地面に及ぼす摩擦力

る．そこで地面と車輪は互いに図のように F と $-F$ の摩擦力を及ぼし合う．このうち F が車輪に外力として働き，車は前方に進む．地面の垂直抗力 N の作用点が前に s だけ移動しているように描いてあるが，タイヤと路面が鉛直方向に押し合う力は，タイヤの接地面に分布しているのである．それらを1つの力 N に合成する際，地面からの力はタイヤを回さないように働いているので，接地面でも前のほうで強いことを考慮したのである．その結果，N の作用点が前に寄ることになったのだ．

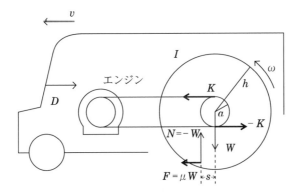

　地面の垂直抗力 N は，作用点が前に移動することによって，F とともに右回りのトルクをつくり出し，K が回そうとするトルクに対抗しているのだと考えればよい．

　こうして，車は摩擦で路面が車を前に押す力で進む．ここにはエンジンの出力のようなものは直接には入っていない．エンジンは摩擦力を媒介にして間接的に車を前にすすめている．直接的に駆動力と運動の関係をみるためには，タイヤについての正式な運動方程式を考えてみることが必要だ．運動の法則が教えることは，物体の運動はその重心の並進運動と物体の重心まわりの回転を考えればよいということである．それを書き下してみよう．このとき，重心の速さを v，車の質量を M，空気などの抵抗を D，駆動輪にかかる重量を W（これは Mg の一部分），摩擦係数を μ としよう．そうすると重心の並進運動は

$$M\frac{dv}{dt} = \mu W - D$$

ここでは駆動輪でない方の車輪と地面の間にはたらく摩擦は考えていない．またタイヤの重心まわりの回転の運動方程式は，タイヤの慣性モーメント（回りにくさを表わす）を I，回転の角速度を ω，車軸と地面の距離を h として

$$I\frac{d\omega}{dt} = 2Ka - Ws - \mu Wh.$$

この 2 つにタイヤの並進速度と回転の角速度の関係式 $v = h\omega$（タイヤ

の滑りは無視している）を用い μ を消去すると

$$\left(M+\frac{I}{h^2}\right)\frac{dv}{dt} = \frac{2Ka}{h} - \left(\frac{Ws}{h}+D\right)$$

この式はいかにもエンジンが駆動力という関係式になっている．これを運動方程式と見れば質量がタイヤの慣性モーメント分増えたようになっていることも分かる．

●摩擦力はどんなものか

2つの物質が接触しているときに片方を動かそうとすると，接触していることが原因となって抵抗が生じる．この抵抗を摩擦力といい，古くから人間はこの摩擦を利用したり，減らす工夫をしたりしてきた．

普通の物質の摩擦はさまざまな現象の観察を通して，次のようにまとめられており，"クーロンの摩擦法則"とよばれている．

① 摩擦力は見かけ上の接触面積に依存しない．

② 静止摩擦力 F_0 は，動かそうとする力に応じて変わるが，$\mu_0 N$ を越えない．動摩擦力は $\mu_d N$ に等しく相対速度の大小に依存しない．

ここに N は垂直荷重（抗力）である．μ_0 を静止摩擦係数，μ_d を動摩擦係数という．これらは表面の状態によるが，例えば鋳鉄と乾燥した樫では，静止摩擦係数が 0.62，動摩擦係数が 0.48 である．このクーロンの摩擦法則は金属，石やプラスチックのようなほぼ剛体と見なされる場合には成立するケースが多いが，ゴムのように弾性を示す材料ではクーロンの摩擦法則に従わないケースがほとんどであり，その挙動は大変複雑である．また動摩擦の速度依存性も詳しく調べると，存在する．

●摩擦はなぜ起こるか

摩擦が生ずる原因としては，古くから凸凹説があった．これは固体の表面に存在する凹面と凸面とが互いにかみあい，荷重がかかっているとき，両者が互いに逆方向に移動するには凸面を乗り越えるための力が必要であり，それが摩擦力であるという考えだ．ところが実際は，表面を丁寧に研磨してもそれほど摩擦は低下せず逆に磨くほど増え

たりもする．現在，最も有力な考えは，接触面同士間の瞬間的な接着である．固体表面をいくら研磨しても，多少の凹凸が残るため，2つの研磨面を接触させても，本当に接触している面積は見かけの接触面積の1000分の1以下と思われる．真の接触面積は

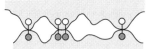

荷重が大きいほど大きくなり，真の接触部では2つの面の間で分子間力が働く．この凝着を切るのに必要な力こそが摩擦力であるというのが接着説(凝着説)である．実際の摩擦では，この接着による摩擦には表面の凹凸の大小は大きな影響を及ぼす．

　例えば工場などで長さの基準として使われているブロックゲージという直方体の基準器があり，特殊鋼や超合金で作られている．その基準となる面は鏡のようにきわめて滑らかに磨かれている．通常この面には油が塗られているが，油を除去して長時間密着させて置くと引き離すのが困難になる．

●タイヤに使うゴムはなぜ摩擦力が大きいか

　ゴムの場合，摩擦係数は滑り速度や温度からも大きな影響を受ける．そして幸いなことに，ゴムは他の材料に比べて摩擦係数が大きく，制動力・駆動力が優れたタイヤをつくることができる．なぜゴムが他の材料に比べて摩擦係数が大きいのだろうか？　ゴムのブロックをコンクリートやアスファルトなどの路面の上に押しつけてみると，弾性のあるゴムはその路面の凹凸を埋めるように変形して食い込んでいく．ゴムが絶えず路面の凸凹に追従して変形を繰り返しているという事実を含めたゴムの分子の性質が大きな摩擦力を生んでいると考えられる．

●参考文献………………
江沢 洋『よくわかる力学』，東京図書，1991．

[閏間征憲]

【コラム5】

右まわり・左まわりはどう定義するのか

教師が生徒に向かって，回転の説明をしている．

どうも，右まわりか左まわりかはスッキリ決まらないようである．

ホラ、右回りだね

え、左回りでは？

図1

小学校の先生が子どもたちに，「右まわりの円を描くように歩きなさい」と言ったら，子どもたちはどうするだろうか？　混乱しながらも「自分が右へ右へと曲りながら進む」のを右まわりとするだろう．ここから「右手が円の中心を向くようにして回るのが右まわり」とする決め方がある．これはどうか？

うまい方法のようだが，もしも図2のように高いビルの屋上で，右手を中心に向くようにして円を描くように歩いている人がいたとき，この人は右まわりに歩いていると言えるだろうか？　地上の人からみれば「左まわり」と言いたいところであ

図2

る．結局，右まわり左まわりは，見る人の立場で変わってしまうのである．

　とは言っても，自然界の中には回転しているものがたくさんあり，その向きを客観的に言いあらわす必要がある．どうすればよいか？

　そのヒントはやはり図1にある．先生も生徒も自分の視線の向きを基準にしているのである．つまり「軸を決めて，それを基準にする」のである．軸には向きを決める．物理学では，右ネジを回したとき，そのネジが軸の方向に向かって進むときの回し方を「右まわり」と決めている（図3）．

図3

　ふつうの生活でもこれは無意識に行われていて，自分の視線の向きを軸としている．だから床の上に描いた右まわりと天井に描いた右まわりとではちがってくる．台風の渦は，ふ

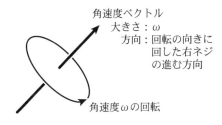

角速度ベクトル
　大きさ：ω
　方向：回転の向きに
　　　回した右ネジ
　　　の進む方向

角速度 ω の回転

図4

つう天気図上で見るので，上空から下に向く視線を軸にして「左まわり」．時計の針は「右まわり」．物理学では「角速度ベクトル」などと言って回転そのものを軸（ベクトル）であらわしてしまう（図4）．

●時計やトラック競技の回り方は？

　時計はなぜ「右まわり」なのか．時計の元祖は「日時計」．時計の文明は北半球から先に発達し，そこでは日時計の影は右まわり．時計が発明されたとき，日時計の動きとあわせた（図5）．

　トラック競技のまわる向きはどう決まったのか？　心臓を守るためともいうが，実は心

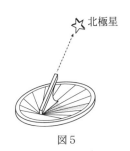

北極星

図5

臓はほとんど真中にある．古代ギリシアのオリンピックでは「右まわり」で，近代オリンピックの第 1 回(1894 年)から今の「左まわり」になった．その理由は何だったのだろう？

［高見　寿］

31－なぜ台風は左まわりなのか

　O先生のところに，大学生のA君，予備校に通っているB君，高校二年生のC子さんが遊びに来ている．

　C子さん　先生，きのう授業中に，台風の風は北半球では左回り，南半球では右回りに吹き込むと言われましたが，その理由を聞いていませんでした．もう少し詳しく説明してください．

　B君　それと関係するのか分かりませんが，中学で，たしか高気圧からの風は右回りに吹き出し，低気圧への風は左回りに吹き込むと教わったのですが，右回りに出るなら，右回りに吹き込んでもよさそうですが……．ずっと気になってました．

　O先生　ごめん，ごめん．話が地学からそれてしまうので，授業では言わなかったんだ．どちらも同じ原理で説明できるよ．この問題には，高校の物理でもあまり詳しく説明されていない転向力(コリオリの力)が関係してくる．

　C子さん　その転向力について少し詳しく教えてください．

　O先生　転向力は，19世紀前半にフランスのコリオリによって議論されたもので，「慣性力」の一種なんだ．慣性力の例をあげると，例えば電車が急ブレーキをかけたり，急発進すると人間の体はいままでの状態を保とうとする慣性があるので，逆に押されたようにつんのめったり後ろにひっくり返りそうになる．これは重力のように「何かが引っ張る力」ではなく慣性によるものなので「慣性力」と呼ぶ．もの同士が及ぼしあう相互作用だけを「本当の力」とよべば，これは相手のいない「見かけの力」だ．円運動をしている物の上では遠心力が生じるがこれも「慣性力」である．コリオリ力も円運動をしている物の上で生じるが，(円運動している物から見て)物体が運動し速度をもつときだけ見られるのが特徴だ．

B君　難しそうですが面白そうですね.

O先生　少し難しいので順を追って説明していこう. まず, 図1のように, 滑らかな反時計回りに回る円盤を地球に例え, この上にボールを中心から外に転がしてみよう. もし摩擦がないとしたらボールはどう進むかな.

B君　力が働かないのだから, まっすぐに進むはずです.

O先生　その通り. いまボールは2秒間でOABのように進むとしよう. とこ

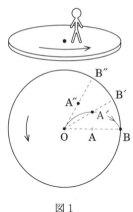

図1

ろでこれを円板上に乗っている人から見たら, ボールはどちら向きにずれるのだろうか.

C子さん　右向きにずれますが……?

O先生　円盤と一緒に回転している人からOA'Bのように見えるだろう. もし1秒間に θ 回転するとすれば, はじめの方向から 2θ 右にずれたBの方向にあるということになる. したがって円盤上の人にとって進行方向右にむかって力が働いて曲がったように見える. これをコリオリの力が働いたと見るのだ.

C子さん　でも外側から中心に向かうボールは反対に曲がりませんか.

O先生　外側にあるボールは円盤と一緒に動いているのではじめにボールは接線方向の速度をもっている. だから実際にははじめの速度は図2のように合成されたものになるんだね. だからやっぱり右に曲がる. 電車の中でジャンプすると真上に飛んだつもりでも実際は慣性で今までの速度を保つため斜め前

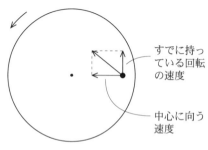

すでに持っている回転の速度

中心に向う速度

図2

に電車と一緒に飛ぶ，というのと同じだね．実際どの方向に進んでも運動すれば，北半球では右にずれることが分かる．地球上は北極でないところは地面が純粋に回転しているとは言えないけれど基本的な考え方は同じだ．実際に力が加わっていなくとも，我々が回転する地球上で観測しているために，あたかも右向きの力が働いているように見えるのだ．

注1）　コリオリ力の大きさ

いま，角速度 ω で回転する系の上で，中心Oから v で進む物体を考える（図3）．時間 t の間に物体はOからQに達し，同時に回転してPのところにQが来たとすると，$\mathrm{OP} = vt$ で角 $\mathrm{POQ} = \omega t$，よって弧PQは ωvt^2 になる．t を小とすればPQはほぼ v に垂直

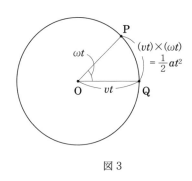

図3

で加速度 a とすると $\mathrm{PQ} = \dfrac{1}{2} at^2$，よって $a = 2\omega v$．したがって $ma = 2m\omega v$ の力が働いたのと同じになる．これがコリオリ力．

B君　なるほど．それで高気圧は上からおりてくる空気が中心から外側に吹き出すので右向きに力を受けて右回りになるのですね．でも台風のような低気圧ではなぜ右に力を受けるのに，右回りにならないのですか？

O先生　図4を見てください．台風は低気圧であるから，周囲から空気が中心に向かって入り込んでくるが，北半球

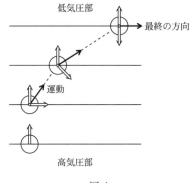

図4

では反時計回りに回転する地球上で起こるために右向きに風向きがずれるわけだ.

C子さん　風が右回りにずれて，どうして反時計(左)回りの渦ができるのですか.

O先生　そこが面白いところだ.　まず気圧の差によって空気は気圧の高い方から低い方へ力を受ける，これを気圧傾度力という.　空気はその方向に加速して速くなる.　ところが速度を得るにつれて右向きのコリオリ力を受けるようになり，次第に曲がっていく.　曲がりながら速度を増すにつれてコリオリ力も大きくなり，ついに気圧傾度力とコリオリ力がつり合って風は等圧線に平行になって安定する.　このとき風は低圧部を左に見て吹くことになる.　これをボイス・バロットの法則という.　実際に600 mより上空の高いところでは風はこのように吹いていて地衡風と呼ばれる.　さて地上ではどうかというと地面との間に摩擦が働く.　そうすると，図5のように風が等圧線と平行にならな

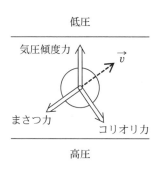
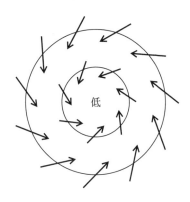

図 5

いうちに3つの力がつりあって等圧線に斜めに(平均25度という)，すなわち風にとっては左斜め前方に低圧部があるように吹くことになる.　よって低気圧のまわりの風の向きを書いてこれをつなげると左まわりになる.

　この円運動は長時間にわたり安定なため，海水から蒸発した水蒸気が，上昇気流にのって上空に行くとき，凝縮して潜熱を放出し，大き

なエネルギーを台風に与えるのだ.

　B君　なるほど.けれどももし台風が右回りであったとしても,最終状態だけ見れば,気圧傾度力とコリオリ力の合力が向心力となって円運動をしていればいいから(図6),問題はないはずですが.

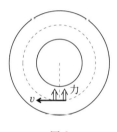

図6

　O先生　なかなかいい質問だね.発生母体の擾乱の様子によっては逆回転も起こるはずだ.ただし,そのような渦は気圧傾度力とコリオリ力が反対向きで釣り合うわけではないので安定せず寿命は短い.台風については前例を聞いたことはないが,小型台風と言われている竜巻(トルネード)については,たまに右回りになることもあるそうだ.左回りの竜巻も,台風に較べて百分の一位の大きさなのでコリオリ力の効果が小さく,それゆえ台風のように長時間にわたって成長することができない.同様の理由によって,コリオリ力の効果が少ない赤道付近でできた台風の卵は,成長せずに消滅してしまうことが多い.

　A君　台風以外にもコリオリ力が関係する現象があるのでしょうか.

　O先生　学校で勉強する一番有名なのが,フーコーの振り子と言われるものだ.1851年フーコーはパリのパンテオン大ドームで28 kgのおもりを70 mの針金の下端に吊して振らせた.地球自転によるコリオリの力のために右向きの力を受け,振り子は32時間で時計回りに一回転した.他に,海流の大きな流れもコリオリの力が関係しているんだよ.低緯度地域を貿易風の影響で東から西に流れる北赤道海流は,フィリピン沖でコリオリ力の影響で右折し,北上して日本の太平洋岸を流れる黒潮となるが,そのあとまた同様に右折して北太平海流となり,偏西風の影響で西から東に流れる.

　B君　すると,地球上で運動する物体には,大小の差はあるにせよコリオリ力は働いているわけでしょうか.

　O先生　まさしくそのとおりだ.いくつかの面白い例を示そう.

　①　1 km上空で静止しているヘリコプターから,物体を落下させたとき,地面に達するまでに約56 cm東にずれる.

② 500 t の電車が，200 km/h のスピードで東から西に動く場合と，西から東に動く場合では，後者が前者より約 671 kgw も軽くなる．

③ 140 km/h の速度で投手が水平北向きにボールを投げたときに，東に約 1.4 cm ずれる．

④ 砲弾を水平北向きに 120 m/s の速さで発射し，1 km 先の標的に当てるとき，約 46 cm 東にずれる．

以上は東京の緯度で，空気抵抗がないときの話だけれど．

O先生 面白い問題を示そう．図 7 のように，滑らかな反時計回りに回る回転円板上にボールが置いてある．板との摩擦もないので，我々から見ると静止しているが，これを回転

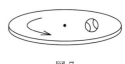

図 7

円板上からみると時計回りに円運動をしていることになる．このときの力は，B君どうなりますか？

B君 遠心力 $mr\omega^2$ が働いて円運動をしているんでしょう？

O先生 かなりの生徒がそのように答えてしまうんだ．遠心力は中心より外向きに $mr\omega^2$ なのだ．この場合円板上から見ると運動しているのでコリオリ力も働き，大きさは中心向きに $2mr\omega^2$ となる．その差の内向きに $mr\omega^2$ の力が向心力となってボールは円運動をしているのだ．

注2） コリオリ力などの慣性力はあくまで見方の問題である．以下飛行機の例でそれを示そう（堀健夫・大野陽朗『物理学総論』，学術図書出版社，1957 による）．

質量 m の飛行機が赤道上を，

　A．東から西，B．その逆，

に進むとき，A では対地上速度 $-u$，B では u で，

　1．地球外の静止している観測者から見ると

　　　　向心力 ＝ 地球の重力－揚力

よって

$$\frac{m(v\mp u)^2}{R} = G\frac{mM}{R^2} - (\text{揚力}) \qquad \text{ただし } v = R\omega$$

と見る．したがって

$$(\text{揚力}) = G\frac{mM}{R^2} - \frac{mv^2}{R} \pm \frac{2muv}{R} - \frac{mu^2}{R}$$

このうち 1，2 項は速度が 0 のとき m を支えるのに必要な力で，速度が u になったため生じた重さの変化は第 3，4 項，4 項はどちらへ進んでも重さの減少，3 項で東に走れば重さは速度とともに軽減され，西へ飛ぶ場合は重さが速度と共に増す．

2．地上の観測者から見ると

向心力 ＝ 地球の重力±コリオリ力－遠心力－揚力

$$\frac{mu^2}{R} = G\frac{mM}{R^2} \pm \frac{2muv}{R} - \frac{mv^2}{R} - (\text{揚力})$$

に見える．

3．飛行機に乗っている観測者が見ると

合力 0 ＝ 揚力＋遠心力－重力

$$0 = (\text{揚力}) + \frac{m(v\mp u)^2}{R} - \frac{GmM}{R^2}$$

に見える．

つまり 2．の地上の観測者から見るコリオリの力は 1．の地球外の観測者にとっては向心力の式から出てくる項にすぎないし，3．の観測者にとっては飛行機は静止しているからコリオリ力は存在せず遠心力のみがはたらく．すなわち現象は同じだが観測者の立場・見方によって（数学的には座標変換）別々の意味づけがなされるのである．

●参考文献⋯⋯⋯⋯⋯⋯⋯⋯⋯⋯
光田 寧編『気象のはなし』，田中 浩著「大気中の渦」，技報堂出版，1988．
小倉義光『お天気の科学』，森北出版，1994．
大西晴夫『台風の科学』，NHK ブックス，1992．
江沢 洋『よくわかる力学』，東京図書，1991．

［小野義仁］

簡単なブーメランのつくり方

だれでも小さいときブーメランのことを聞いて驚き，興味をかきたてられたおぼえがあるだろう．しかし，実際に投げてみると，思うようには戻ってこない．投げ方が悪かったのかもしれないが，市販のブーメランはできの悪いことが多いのである．

ここでは，厚紙を用いた簡単なブーメランのつくり方を紹介しよう．日本では，投げ方を練習するにも適当な場所がなかなか見つからないが，これなら室内でも投げることができる．

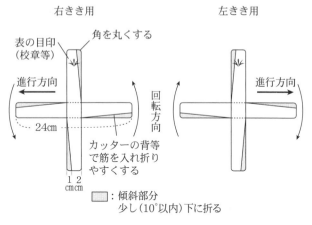

図1 ブーメランのつくりかた

● 「簡単なブーメラン」のつくり方

図1のように，板目紙厚紙を 3 cm×24 cm 程度に 2 枚切り取って，十文字にして両面テープなどでとめる．そして，カッターで軽く筋を入れて図の傾斜部分を下に少し折れば完成である．

ここで注意することは，折り過ぎないことで，折る角度は 10°以内

にする．また，用いる厚紙は反ったり歪んだりしていてはいけない．
紙の角は，危険防止のため丸くしておく．

●ブーメランの投げ方

図1の左右の矢印は，ブーメランの
回転方向を示す．ブーメランには表裏
があるので，校章などを書いて表の目
印にする．この表と裏を間違えると戻
ってこない．投げ方は図1のブーメラ
ンを右手で縦にして校章が見えるよう
に持ち(写真参照)，スナップをきかせ
て回転を与えながら右斜め前に投げる．

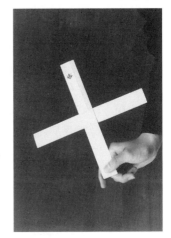

左ききの人は，図1の左きき用を参
考にして作製し，左斜め前に投げる．
この場合，回転方向は逆になる．

ブーメランを水平に投げ出す人がい
るが，これは正しくない．

よく戻ってくるようになったら，4枚の羽根の外側に布製のガムテ
ープを羽根からはみ出さないように，ていねいに貼って投げると，遠
くまで飛ばすことができる．

また，何度も投げていると，紙が弱くなり，ときには思わぬ方向に
飛んでいくこともある．投げる前に，羽根が下に折ったところ以外ま
っすぐになっているか，全体的に反ったり歪んだりしていないかを確
認しよう．さらに人のいない室内で投げるように心がけたい．

●ブーメランが戻ってくるわけ

なぜブーメランは戻ってくるのだろう？　その原理は飛行機が空を
飛ぶのと同じである．ブーメランの羽根は，厚紙を折り曲げたので飛
行機の翼に似た断面になっている．それが風を切ると，飛行機の翼な
ら空気を下に押しやるので，その反作用として上向きの力をうける．

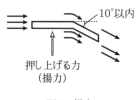

押し上げる力
（揚力）

図2　揚力

そのおかげで飛行機は落ちない（図2）.
ブーメランはタテにして投げるので，この力 **F** はブーメランに水平方向にはたらき，水平面内で円運動をさせる．だから，グルッと回って戻ってくるのである.

　ブーメランが戻る原理は，数百年も前から多くの人々が考えてきた．1968年にもオランダのF.ヘスという人が詳しい実験をして学位論文にしている.

　なお普通，ブーメランというと「へ」の字形の2枚羽根を考えるが，これも戻ってくる原理は4枚羽根と同じで，羽根の断面に鍵がある（図3）.「へ」の字形になっているのは，投げるとき回転を与えやすくするためにすぎない.

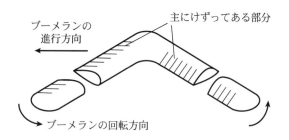

ブーメランの
進行方向

主にけずってある部分

ブーメランの回転方向

図3　一般のブーメランの断面

　紙でつくる場合，軽いので羽根を3枚以上にしないと戻ってこない．羽根の数を増せば増すほどブーメランの軌道半径は小さくなる．羽根にガムテープを貼ると遠くまで飛ぶのは，質量が増し，しかし向心力の大きさは同じだから，軌道半径が増すことになるからである．正確に言えば，理想的にはブーメランの軌道半径は，面密度に比例する.

[片桐　泉]

32-自転車はなぜ倒れないのか

　自転車は，乗れるようになったばかりの人の場合，左右にジグザクしながら進む．慣れた人の場合にも，まっすぐに進んでいるようで，よく見ると小さくジグザグしている．自転車が左右に傾くと小さくハンドルをきって，それで安定を保つ．乗り手が判断してハンドルを操作するというより，ほとんど無意識にそうしている．いや，自転車自身が自動的にそれをするようにできているのだ．それは両手放しでも走れることから明らかである．自転車の，この自己安定性は一体どんな仕組みによるのだろう？

●前輪の重心がハンドルの軸より前にあるから……という説
　手許にある2, 3の本を見ると，どれにも次のように書いてある．

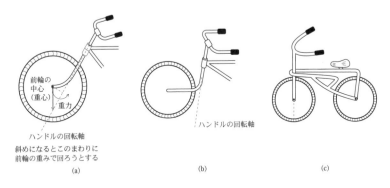

図1　ハンドルの回転軸と前輪の重心

　普通の自転車では，ハンドルのついているフォークが図1(a)のように曲がっていて，ハンドルの回転軸より前輪の重心が前に（前側に）でている．そのために，もし自転車が左に傾くと前輪の重さでハンド

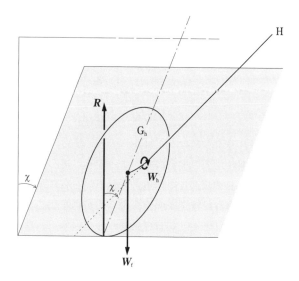

図2　自転車が左に角 χ だけ傾くと

ルは自然に左に切れるのだと（図2）．

　ハンドルが左に切れると，前輪の接地点が左に変位し，前後の車輪の接地点を結ぶ直線（前後輪接地線）より「自転車＋乗り手」の重心Gが右にでる．その結果，Gにはたらく重力は「自転車＋乗り手」を前後輪接地線のまわりに右まわりに回そうとする．これは，左に倒れかけた自転車を引き起こそうとする方向である．

　こうして，自転車の自己安定性の鍵は自転車が左に（右に）倒れかけると(1)前輪が左に（右に）向きを変え，(2)前後輪接地線を重心Gの真下からはずすところにある．そして，(1)も(2)も，ハンドルの回転軸より前輪の重心が図1(a)のように前にでているおかげで起こる，というわけだ．

　なるほど，初期の自転車に見られた図1(c)のような形では安定性は得られないだろう．

　本によっては，ハンドルの回転軸より前輪の重心が前にでていることを強調するため，図1(b)がつけてあった．これは椅子や給食運搬車についているキャスターを連想させる．付け根のまわりに自由に首

を振る図3のような車である．でも，椅子や運搬車が傾くわけではないから，自転車の安定性と直接には結びつかない．それでも強いて自転車と比べるのなら，両手放し走行の場合をとることになる．

そのとき，図1(b)の自転車を走らせるのは図3の台車を左に押す場合にあたり，キャスターはクルっと向きを変えてしまうだろう．自転車の前輪でも同じことがおこり，つまり走れない．

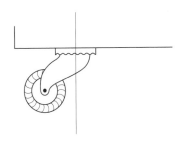

図3　キャスター

上の説とは別に，自転車が倒れないのは車輪が回転しているためのジャイロ効果によるという説もある．しかし，少なくとも自転車が低速で走っている場合，これは説明にならない．

●**実際の自転車の寸法**

低速というのはいくら以下かなど，話を定量的にするには自転車のサイズを知らなければならない．

図4を見よ．a_1 はフォーク・オフセット(fork offset)とよばれ，$a_1 > 0$ は前節で述べた「前輪の重心がハンドルの回転軸の前側にあること」を表わす．a_2 はトレール(trail)とよばれる．ハンドルの回転軸が斜めになっていて($\theta < 90°$)，しかも a_1 があまり大きくないなら $a_2 > 0$ となり，前輪の接地点はハンドルの回転軸の後ろ側にくる．

図1(b)の構造では，反対に，前輪の接地点はハンドルの回転軸の前側にきている．

自転車のサイズの一例をあげる(表1)．

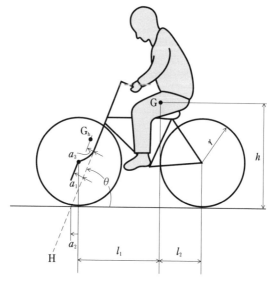

図4 自転車のサイズ．G：乗り手も含めた全体の重心，G_h：ハンドル系の重心，H：ハンドルの回転軸，a_1：フォーク・オフセット，a_2：トレール，a_3：G_hとHとの距離．

表1　自転車のサイズ（26インチ実用車）

全重量	W	86.1 kgf（人の重さ58 kgf を含む）
ハンドル系の重さ	W_h	7.0 kgf
全体の重心の位置	l_1	0.60 m
	l_2	0.51 m
	h	0.84 m
フォーク・オフセット	a_1	0.081 m
トレール	a_2	0.049 m
ハンドル系の重心の位置	a_3	0.050 m
キャスター角	θ	67.5°
車輪の半径	r	0.33 m
車輪の慣性モーメント	I	0.22 kg·m²（回転軸まわり）

●ハンドル系

　前節では，ハンドルの回転軸のまわりに前輪が回転するといっているが，そのときハンドルもフォークも一緒に回転するのである．

　車輪の，自身の軸のまわりの回転は別に考慮しよう．そうきめれば

「前輪＋ハンドル＋フォーク」の全体（ハンドル系とよぶ）が一つの剛体としてハンドルの回転軸のまわりに回転することになる.

このハンドル系は，自転車の他の部分に蝶番のようにしてつながっているが，この蝶番はマサツが小さく自由に回転できる.

話を簡単にするために，両手放し走行の場合を考える.

この限りでは，ハンドル系の回転は自転車の他の部分と切り離して考えてよい. それにはたらく力とその回転を運動の法則に照らして考えることができる.

そこで，自転車の自己安定性の仕組みだが，図1(a)の説のうち

命題A 自転車が左に（右に）倒れかけると，前輪が左に（右に）向きを変える

が正しければ，その結果として前輪の接地点が左に変位し，前後の車輪の接地点を結ぶ直線（前後輪接地線）より「自転車＋乗り手」の重心Gが右に（左に）でる」ことは間違いない.

そして，その結果として，Gにはたらく重力は「自転車＋乗り手」を前後輪接地線のまわりに右まわりに（左回りに）回そうとするが，これは，左に（右に）倒れかけた自転車を引き起こそうとする方向である. これも間違いない.

こうして，命題Aが正しければ自転車の自己安定性が得られる. そこで，命題Aが成り立つための条件をさがそう.

それを明らかにすることが，そもそもの設問である「なぜ」自転車は倒れにくいかにも答えることになるであろう.

●前輪の向きを変えるトルク

いま，自転車が角 χ だけ左に傾いたとしよう（図5）. このとき，前輪を左に向けるトルクはどのようにして生じ，どれだけの大きさになるか？　ただし，トルクというのは力のモーメントのことで

（力のベクトルの，回転軸と力の作用点を含む平面

に垂直な成分）×（回転軸から力の作用点までの距離）

である，と定義される. これが大きいほど大きな回転角加速度をひき

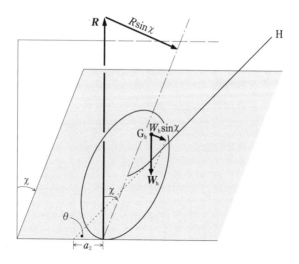

図5 自転車が鉛直面から角 χ だけ左に傾いた場合

おこす.

ハンドル系を回転させるトルクを求めるには，この系にはたらく外力のトルクを数え上げればよい．まず，外力を数え上げれば表2の4つがある.

表2 ハンドル系にはたらく外力

力	作用点	大きさ	方向・向き
(1) ハンドル系にはたらく重力	G_h	W_h	鉛直下向き
(2) 地面からの垂直抗力	前輪の接地点	R	鉛直上向き
(3) 地面からのマサツ力	前輪の接地点	F	水平・接地線に垂直
(4) ハンドル軸の軸受けからの力	軸受け		前輪の面内

このうち，(4)の力は，軸受けが前輪の自由な回転を許すようにできているので，前輪を回転させるトルクには寄与しない．しかし，ハンドル系の並進運動を考える際には重要である.

これから(1), (2), (3)の力がそれぞれ前輪を左に回すトルクを見積もって，前節の命題Aが成り立つための条件をさがそう.

それぞれの力の大きさを見積もることからはじめよう.

力の大きさ

(1)　ハンドル系にはたらく重力の大きさは，表1から

$$W_\mathrm{h} = 7.0\,\mathrm{kgf}. \tag{1}$$

(2)　地面からの垂直抗力は，自転車の前輪，後輪にはたらくものを合計すれば，乗り手も含めた自転車の全重量 $W = 86.1\,\mathrm{kgf}$ に等しい．それが前輪と後輪に図4の長さ l_1, l_2 の逆比で按分される．したがって，前輪にはたらく分は

$$R = \frac{l_2}{l_1 + l_2}W = \frac{0.51\,\mathrm{m}}{0.60\,\mathrm{m} + 0.51\,\mathrm{m}} \times 86\,\mathrm{kgf} = 40\,\mathrm{kgf}. \tag{2}$$

(3)　マサツ力の大きさは，推定しなければならない．剛体の運動は回転と並進に分けられるという定理をもとに次のように考えてみた．

自転車が鉛直面から傾いて行く途中を想像してみるのである．ただし，自転車と乗り手を合わせて剛体とみなす．このとき表2の(4)の力は内力となり，考慮する必要がなくなる．

その剛体が図5のように傾くと重心Gにはたらく重力 W が車輪の接地線をはずれ，さらに傾きを増すトルクが増える．こうして傾きは加速度的に増すことになるが，これは——車輪の接地点で滑りが起らないとしての話だが——重心Gがほぼ水平に加速度をもって動くことを意味する．よって剛体には水平方向に外力がはたらいているはずで，この力こそ2つの車輪に接地点ではたらくマサツ力にほかならない．

自転車が左に傾く場合なら，そのマサツ力も左向きになる．そして，前輪の接地点ではたらくマサツ力 F はハンドルの回転軸のまわりにハンドル系を回すトルクを生ずる．回す向きは，図4のように接地点がハンドルの回転軸の後ろ側にある場合，(1), (2)の力が回す向きとは反対である．

さて，マサツ力 F の大きさを見積もろう．それにはまず，自転車の傾き角 χ が増してゆく様子を調べなければならない．自転車の傾きを増すのは，自転車にはたらく重力 W と地面からの抗力からなる偶力で，そのトルクは

$$N = Wh\sin\chi$$

である．自転車＋乗り手の接地線まわりの慣性モーメントの見積りは表のデータだけではできない．仮に質量 W/g，長さ $2h$ の棒として考えれば，接地線まわりの慣性モーメントは

$$I = \frac{4}{3}\frac{W}{g}h^2$$

で与えられる．自転車の回転の運動方程式は

$$I\frac{d^2\chi}{dt^2} = Wh\sin\chi \tag{3}$$

となる．χ が小さい場合に限って，$\sin\chi \sim \chi$ と近似すれば

$$\frac{d^2\chi}{dt^2} = \frac{Wh}{I}\chi = \frac{3}{4}\frac{g}{h}\chi$$

が得られる．この微分方程式の一般解は

$$\chi(t) = Ae^{\alpha t} + Be^{-\alpha t}$$

である．ここに

$$\alpha = \sqrt{\frac{3}{4}\frac{g}{h}}, \qquad A, B \text{ は任意定数．}$$

たとえば，

$$\text{時刻 } t = 0 \text{ に } \chi = 0, \quad \frac{d\chi}{dt} = \dot{\chi}_0$$

だったとすれば

$$\chi(t) = \frac{\dot{\chi}_0}{2\alpha}(e^{\alpha t} - e^{-\alpha t}) \tag{4}$$

となる．

$\chi(t)$ が目立って変わる時間は $1/\alpha$ である．表１の数値を入れてみると

$$\frac{1}{\alpha} = \sqrt{\frac{4h}{3g}} = \sqrt{\frac{4\cdot(0.84\text{ m})}{3\cdot(9.8\text{ m/s}^2)}} = 0.34\text{ s} \tag{5}$$

という値が得られる．

実際には，自転車が傾くと前輪が向きを変えて傾きを修復しようとする．だから(4)のように傾きが際限なく増加することはない．傾きの力学は，そのことまで考えるべきだが，いまは差し控える．

　実測によれば，自転車は，走っているとき $\nu = 0.5\,\mathrm{Hz}$ くらいの振動数で左右に揺れているという(図6).[1] その周期は $1/\nu = 2\,\mathrm{s}$ で，χ が0から最大値になるまでに $0.5\,\mathrm{s}$ かかることになる．この値が上の見積り(5)とほぼ一致しているのは興味ぶかい．

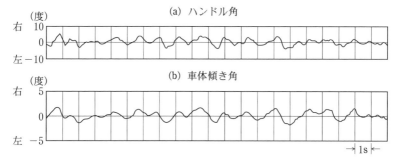

(a) ハンドル角

(b) 車体傾き角

→ 1s ←

図6　自転車の走行中の揺れ，車速 $10\,\mathrm{km/h}$ の場合の一例．車体の傾き角よりハンドルの回転角の方が $0.1\,\mathrm{s}$ ほど遅れている．乗り手の反応の遅れか？

　図6から傾き角 χ の振動の振幅は $2°$ くらいだから，大雑把に

$$\chi(t) = 2° \sin[2\pi\nu t] \tag{6}$$

とおいてみよう．そうすると，重心が水平方向にもつ加速度は

$$\frac{d^2}{dt^2}h\frac{\pi}{180°}2° \sin[2\pi\nu t] = -(2\pi\nu)^2(0.035h)\sin[2\pi\nu t]$$

となる．$(\pi/180°)\times 2° = 0.035$ は $2°$ をラジアン単位に直したのだ．

　交流の場合にならって，加速度の大きさを実効値で代表させれば

$$\text{G の加速度の実効値} = \frac{1}{\sqrt{2}}(2\pi\nu)^2(0.035h)$$

$$= \frac{1}{\sqrt{2}}\cdot(2\pi\cdot 0.5\,\mathrm{s}^{-1})^2\cdot(0.035\cdot 0.84\,\mathrm{m})$$

$$= 0.20\,\mathrm{m/s}^2$$

となる．これに(自転車＋乗り手)の質量をかければマサツ力の受け持つべき力の実効値がでる．それを前輪と後輪が受け持つので，前輪の分は，(2)と同様にして

$$F = \frac{l_2}{l_1 + l_2} \times (86\,\mathrm{kg} \cdot 0.20\,\mathrm{m/s^2}) = 8.0\,\mathrm{N} = 0.82\,\mathrm{kgf} \tag{7}$$

を得る．これが前輪にはたらくマサツ力の見積りである．

こうして，表2のすべての力の大きさが見積もられた．

ハンドル系の向きを変えるトルク

自転車が鉛直面から角 χ だけ傾いたとき，上の (1), (2), (3) の力それぞれが前輪の向きを変えようとするトルクを求めよう．数値は χ = 2° として出す．

(1) ハンドル系にはたらく重力は鉛直下向きに W_h であるが，前輪の向きを変えようとするのは前輪の面に垂直な成分 $W_\mathrm{h} \sin \chi$ である．それがハンドルの回転軸から前に a_3 だけ離れた $\mathrm{G_h}$ に作用するので，前輪を左に回そうとするトルクは

$$N_1 = W_\mathrm{h} a_3 \sin \chi \tag{8}$$

となる．表1の数値を入れると，χ = 2° のとき

$$N_1 = (7.0\,\mathrm{kgf}) \cdot (0.05\,\mathrm{m}) \cdot \sin 2° = 0.0122\,\mathrm{kgf \cdot m} \tag{9}$$

を得る．$\sin 2° = 2\pi/180 = 0.035$ を用いた．

(2) 地面からの垂直抗力は，鉛直上向きに R であって，前輪の向きを変えようとするのは前輪の面に垂直な成分 $R \sin \chi$ である．その作用点はハンドルの軸から後ろに $a_2 \sin \theta$ だけ離れているので，前輪を左に回そうとするトルクは

$$N_2 = R a_2 \sin \chi \sin \theta \tag{10}$$

となる．表1と (2) の数値を入れると，χ = 2° のとき

$$N_2 = (40\,\mathrm{kgf}) \cdot (0.049\,\mathrm{m}) \cdot \sin 2° \sin 67.5° = 0.063\,\mathrm{kgf \cdot m} \tag{11}$$

を得る．$\sin 67.5° = 0.92$ を用いた．

ここで，次の注意をしておこう．キャスター角 θ を変えたときトルク N_2 がどう変わるかを見るには (10) は適していない．図4から分かるように θ を変えると a_2 も変わるからである．それを考慮して

$$a_2 \sin \theta = r \cos \theta - a_1$$

としなければならない．そこで

$$N_2 = R(r \cos \theta - a_1) \sin \chi \tag{12}$$

となる．特に $\theta = 90°$ である図 1 (b) の場合には $N_2 < 0$ が目に見えて明らかであり

$$N_1 + N_2 = (W_h a_3 - R a_1) \sin \chi \qquad (\theta = 90°) \tag{13}$$

は負にもなり得る．実際，表 1 と (2) の数値を代入すると

$$N_1 + N_2 = \{ (7.0 \,\text{kgf}) \cdot (0.050 \,\text{m}) - 40 \,\text{kgf} \cdot (0.081 \,\text{m}) \} \cdot \sin 2°$$

$$= -0.101 \,\text{kgf·m} \qquad (\theta = 90°) \tag{14}$$

となる．

(3) マサツ力は水平にはたらき，作用点は (2) の垂直抗力と同じである．これがハンドル軸のまわりに前輪を左に回そうとするトルクは負であって

$$N_3 = -F a_2 \sin \theta \cos \chi \tag{15}$$

となり

$$N_3 = -(0.82 \,\text{kgf}) \cdot (0.049 \,\text{m}) \cdot \sin 67.5° \cdot \cos 2°$$

$$= -0.037 \,\text{kgf·m} \tag{16}$$

を得る．

こうして，自転車が左に $\chi = 2°$ だけ傾いたとき前輪を左に向けようとするトルクは，合計

$$N_1 + N_2 + N_3 = (0.0122 + 0.063 - 0.037) \text{kgf·m} \tag{17}$$

と見積もられる．表 1 の垂直抗力による N_2 が他を圧して大きい．

●ハンドル系の回転運動

自転車が走っているときには，車輪が自身の軸のまわりに回転しており，その角運動量ベクトル **L** は車輪の面に垂直で進行左向きに向いている．**L** の存在は，これまで考えてこなかったが，車輪を傾けることは **L** を傾けることでもあり，その変化をおこすためにトルクを必要とする．

車輪の角運動量

いま，自転車は傾きなしに走っているとしよう．ハンドルの回転軸の方向・上向きに z 軸，前輪の回転軸の方向・進行左向きに y 軸，そして両者に垂直・進行の向きに x 軸をとる（図 7 ）．

車輪が，自身の回転軸のまわりにもつ慣性モーメントは，表1から $I_y = 0.22$ kg·m² である．車輪の回転角速度は，車輪の半径が表から $r = 0.33$ m だから，自転車が速さ 10 km/h で走っているとすれば

$$\omega_y = \frac{10\ \text{km}/(60 \times 60\ \text{s})}{0.33\ \text{m}}$$

$$= 8.4\ \text{rad/s} \qquad (18)$$

となる．したがって，車輪は角運動量 $\boldsymbol{L} = (0, L_y, 0)$ をもつ．ここに

$$L_y = I_y \omega_y$$

$$= (0.22\ \text{kg·m}^2) \cdot (8.4\ \text{rad/s})$$

$$= 1.85\ \text{kg·m}^2/\text{s} \qquad (19)$$

である．

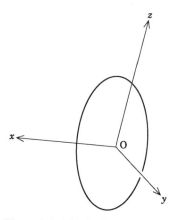

図7 直交座標系．軸は鉛直面内にある．x 軸は，キャスター角が $0 < \theta < 90°$ の場合，進行方向より上を向く．

自転車が傾くと……

自転車が左に傾いて行く過程を考えよう．その角速度 ω_x は，前にも触れた図6(a) の揺らぎに対してなら，およそ——というのは x 軸が水平ではないからだが——

$$\omega_x = -\frac{0.035\ \text{rad}}{0.5\ \text{s}} = -0.070\ \text{rad/s} \qquad (20)$$

であって，それに伴う角運動量は z 成分を

$$L_y \omega_x = -(1.85\ \text{kg·m}^2) \cdot (-0.07\ \text{rad/s}) = 0.13\ \text{kg·m}^2/\text{s}$$

$$= 0.013\ \text{kgf·m} \qquad (21)$$

の速さで増すことになる．ついては，それだけのトルクが z 方向にはたらいているはずであるが，これはハンドル軸のまわりに回すトルクにほかならず，すべて前々節に計算されている．その総量 (17) ——ただし $\chi = 2°$ のとき ——から (21) を使った残りの

$$N_1 + N_2 + N_3 - L_y \omega_x$$

$$= (0.0122 + 0.063 - 0.037 - 0.0130) \text{kgf·m} \qquad (22)$$

が前輪をハンドル軸のまわりに左に回すトルクになる．前輪の角運動量の変化は正の寄与をしているが，その大きさにおいて N_2 にかなわない．自転車の速さを増せば $-L_y\omega_x$ は大きくなるだろうが，図6に相当するデータがないので定量的な議論はできない．

自己安定性の条件

前々節で自転車の自己安定性は命題Aの成否にかかっていることを確認した．上の研究によれば，命題Aが成り立つことは，自転車が左に傾いた場合でいうと (22) の $N_1+N_2+N_3-L_y\omega_x$ が正になることと同じである．表1のデータに基づく上の計算では，これは確かに正になった．

自転車が右に傾いた場合も，ほぼ同様である．

4つの項のうち N_2 が特に大きいので，これが正だったことが決定的だが，それは (10) で $a_2 > 0$ だったことによる．a_2 はトレールで，図4に見るとおり

「前輪の接地点」から「ハンドルの回転軸の延長が地面と交わる点」にいたる(向きつきの)距離

であって，これが正であることは

安定条件：「ハンドルの回転軸の延長が地面と交わる点」が「前輪の接地点」より前にあること

を意味している．これが自転車の自己安定性の条件である──と言っても，(22) の4項のうち絶対値において N_2 が他を圧しているとしての話だが．

これまで，自転車が左または右に傾いた場合のことだけ考えてきた．しかし，図1(b)と図3について注意したとおり，自転車が傾いていなくても，キャスターのように車輪がクルリと向きを変える可能性も考えておかなければならない．ここでも上の安定条件が成り立っていればキャスター式の「クルリ」は起らないことが分かる．

そこで，改めて図4を見ると，自転車の自己安定性のために「フォークが前に曲がっている」必要はないことに気づく．

事実，最近は真直なフォークもよく見かける．

154

フォークが反対に後ろ向きに曲がっている場合でも安定条件はみたされ得ると考えていたところ，実際そのような自転車が販売されていた！（図8）

図8　フォークが後ろ向きに曲がっている
（撮影／近田 茂，資料提供／『BE-PAL』編集部）

*

財団法人・自転車産業振興協会・生産技術部の山根昭光氏，同協会技術研究指導部の林 博明氏には文献や貴重な資料を見せていただき，アドヴァイスもいただいた．記して感謝する．

●参考文献⋯⋯⋯⋯⋯⋯⋯⋯
1）　自動車産業振興協会『自転車実用便覧』，第5版(1993)，第2章 自転車論．
2）　大矢多喜雄「自転車の安定走行の力学」，自転車技術情報．
3）　大矢多喜雄「自転車に関する運動力学について」，*ibid.*
4）　横巻教茂「二輪車はなぜ走る」，自転車生産技術，31 号，1956．

［岡本正有・上條隆志・江沢 洋］

33−スキーの回転はなぜできるか

　スキー板のような長いもので，なぜ曲がっていける（ターンできる）のだろうか？　その不思議さ故にいろいろな説明がなされている．

●間違いだらけの通説

　しかしながら，現在，一般に広く語られている説明はほとんど誤っている．以下，代表的なものを紹介しておこう．

1．サイドカーブで曲がる

　スキー板を上から見ると図1のように，中央部がせまくなっている．スキーの側面が雪面に接して切れこむので，このカーブにそって曲がる，というものである．しかしながら，この半径はたいへん大きく，現実のターンがこれより小さい半径で，しかもさまざまな，そして複雑に変化する曲率で行なわれていることを説明できない．さらに決定的なのは，中央部が太いスキー板が現実に存在し（西沢製），それを使ってもまったく同じようにターンできることである．これは私自身が試乗させてもらって確めた．

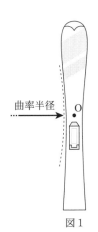

曲率半径

図1

2．たわみにそって曲がる

　板の前方に人の重心をもっていくと板がたわむ．それを雪面に押しつけるので，その切れこみのカーブにそって曲がっていく，というものであり，この説明を信じている人が多い．しかしこれも，実際のターンの半径はたわみの曲率半径よりも小さいことが多く（図2），かつ，ターンのたびに弧の外側に雪煙が飛ぶ事実を説明できない．カービングターンといえども，それは小さいながら横ずれをともなうターンな

のである．

３．遠心力で曲がる

ターンするから遠心力が生まれるのであって，遠心力が先にあるのではない．

４．靴の位置がうしろなので曲がる

スキー靴は板の中央ではなく，少し後ろの方についている．すると，左のエッジを立てたとき，スキーにはたらく力は，雪面からの抵抗力と人からの力だが，それぞれは図３のようになり，トルクが生じて板に回転がおこるというのである．しかし，この説も，後ろ向きにプルークボーゲンが実際にできることやバインディングの位置を動かして板の前半部に靴の位置をもって

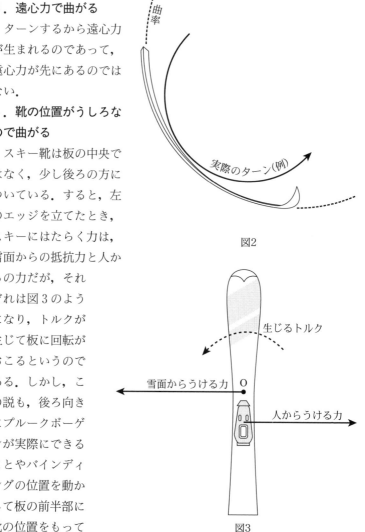

図2

図3

きてもターンができること（これらの事実も私自身で確かめた）を説明できない．また，ターンを止める仕組みも説明できない．

● **では，正しい説明は**

　スキー板は長い1本の物体であり，ターンはその運動であるから，力学法則に完全に従う．力学を素直に適用していけば正しく解明できるはずである．事柄を単純にするために平地でのターンをとりあげ，順に述べていこう．

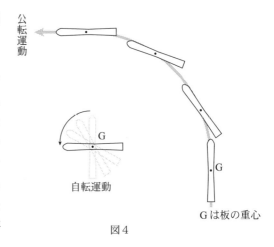

図4

1．**スキーのターン**は図4のように，重心の運動である公転運動と重心のまわりに板自身が回る自転運動との組合せである．この2つの運動がどのような仕組みで行われるのか，を示せばよいのである．

2．**直進しているスキーヤー**がターンするためには，その人の重心を内側にもってくる（図5）．するとさらに倒れようとして雪を横に削る．そのとき雪面から抵抗力（削雪抵抗）をうけるので，この力がある程度以上の大きさなら転倒を止める作用をし，かつそれは内向きの力なので円運動に必要な向心力のような役わりを果たし，図でいえば左に曲がっていくことができる．このように，雪を横に削りながら曲がっていく，というのがスキー独特のものである．

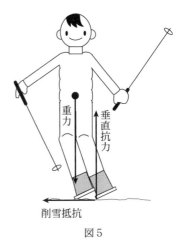

図5

3．ここで，**横に削りながら**抵抗をうけるのであったら，やがて外向きの速度はなくなって結局は倒れてしまうのではないか，という疑

問がおきよう．しかし，このとき，スキー板は縦方向に滑っているのであり，横ずれにともなって自転運動が連続的に起るならば，板は進行方向に対して角度（これを迎え角という）をもつようになり，ひきつづき外側横向きの速度と回転中心に向いた削雪抵抗を得ることができるのである．

4．では，**自転は**どのようにしておきるのであろうか？　そのために人体と板を別々に切りはなして考えてみる．まず，人体の重心を前方にもっていく（前傾する）と，板が人からうける力は図6のようになり，その結果，板がたわむ．

5．**次いで，この人の重心が**横に移動すると，そのたわみに応じて雪を削る．このとき板が受ける抵抗力は削る深さが深いほど大きいから，板の各部位がうける力の分布は図7のようになり，その結果，合力の作用点も前にくる．スキー板は中央が厚いため，その点は人の重心よりも前になる．一方，板が人からうける力も作用し，それはちょうど重心の位置になる．この2つの力によるトルクの大小で，どちら回りに自転が起されるのかが決まる．普通にエッジを立てれば，削雪抵抗は大きいので，板のトップが内側に回りこ

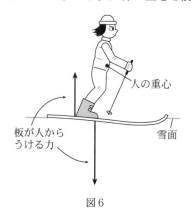

人の重心

板が人からうける力

雪面

図6

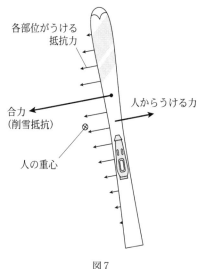

各部位がうける抵抗力

人からうける力

合力（削雪抵抗）

人の重心

図7

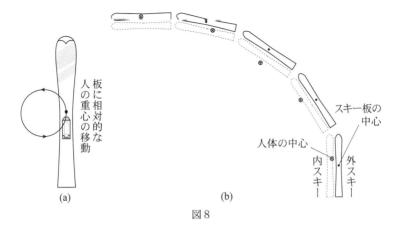

図8

む自転が生じることになる.

　6．こうして，**ターン始動時**には前傾して重心を前に出し，終結時には後傾して重心を後方に移動させる「前後動」と，重心を内側に移動させる「内傾」(普通のスキーの本では良くないフォームの例とされることが多いが)とを組み合わせて，図8(a)のように適切に重心を移動させてゆけば，それだけで図8(b)のようにターンができるのである(ターン終結時には自転を止めるために逆向きのトルクが必要).

●参考文献‥‥‥‥‥‥‥‥‥‥‥‥‥

木下是雄『スキーの科学』，中公新書，中央公論社，1973，p.162-219.

浦辺悦夫「ターンの力学的解明」，日本スキー学会誌，第5巻第1号，1995.7，p.59-66.

　　　　　　　　　　　　　　　　　　　　　　　　　　　　　　　［浦辺悦夫］

【コラム 6】

試験勉強は人を欺くもの
仁科芳雄の手紙———

仁科芳雄博士は，1890 年に岡山県浅口郡新庄村（いまの里庄町）で生まれた．ヨーロッパに留学し，帰国後，のちにノーベル賞を受賞することになる湯川秀樹・朝永振一郎をはじめ多くの科学者を育て，日本の素粒子物理学を世界的水準に引き上げた第一の功労者である．[1]

仁科博士は 1910 年 3 月，旧制岡山中学校（現岡山朝日高等学校）を卒業し，9 月の第六高等学校受験のために勉強をしていた．その年の 4 月 7 日に，自分の経験をもとに最愛の弟にいかに勉強すべきか手紙を書いている．その手紙が現存する．その要点を『仁科芳雄博士書簡集』より引用する．

「前日に翌日のことを予習して，教室にて注意して聞き，（なるべく教室にて，直ちに憶える様にすべし），帰りては必ず復習す，此三つをすれば，自ら憶えらるべし．而して一週間の後には，全科につきて大略に復習すべし．これは土曜日の晩か，日曜日の朝すれば可なり」

「学校以外の参考書を読むべし．我等が学校で学ぶは，参考書を読み得る様な力を与えて貰うだけなり．参考書を読んで，自ら勉めねばならぬ訳なり．今余が言う参考書というのは，必ず学術の事ばかりを言う物にあらず，人物の修養となるべき本をも言うなり．今昔の偉人傑士の伝を読破するのは，何よりも好い事だ．徒らに学校の学課に追われて，是等の事を怠ったら，学校で成績はよくても，社会に出てから役に立たぬ」

「試験勉強の如きは，殊に大害あり．殊に夜長く起きるは，最も愚の極なり．かくして勉強するも，直ちに忘れて何の用をもなさず．只試験の成績よきのみなり．試験の成績よきとて何にもならず．試験

仁科会館正面（里庄町）

は只よく学力がつきたるか否かを，教師が試すのみなり．我等は，只学力をつける事をなす事が必要なり．試験前に俄勉強をするは，己れの学力なきものを，ある様に教師に見せるものなれば，大なる悪事なり，大詐欺なり，大罪悪なり，教師をだますものなり．かくの如き悪事をなし，加うるに身体を害す，俄勉強は必ずなすべからず．平常より勉強して学力をつける事を注意せよ」

この手紙に述べられた学習態度は現代にも通じる．生家のある町の里庄中学校では『仁科芳雄博士より弟にあてた手紙』，母校岡山朝日高等学校では『勧学』と題した冊子に収録し配布している．科学振興仁科財団（里庄町）によりまとめられた『仁科芳雄博士書簡集』は，これ以外にも残っている数多くの手紙がおさめられ，仁科先生の人となりや心の動きがわかる資料である．

●参考文献……………………
1) 王木英彦・江沢洋編『仁科芳雄——日本の原子科学の曙』，みすず書房，1991.
   江沢洋「仁科芳雄——原子物理学」，新収：『新らしい科学／技術を開いたひとびと』，岩波講座・科学／技術と人間，岡田節人ほか編，岩波書店，1999.
2) 『仁科芳雄博士書簡集（少年時代篇）』，科学振興仁科財団，1993.

［田中初四郎］

34—体を上下させるだけでなぜブランコを前後に漕げるのか(実験編)

●ブランコは外から力を加えなくても振れ続けることができる

ブランコは,一種の振り子である.振り子は一度大きく揺らせると,往復運動を続けるが,しばらくすると止まってしまう.これは摩擦や空気抵抗があるからだ.ブランコも,自分で漕げない年齢の小さい子どもを乗せているときは,揺れ続けさせるためには常に誰かが押してやらなければならない.それをやめればやがて止まってしまう.

しかしブランコは,乗っている人が上下に動くだけで,止まらずに揺れ続けるばかりでなく振れを大きくすることさえできる.外からとくに押してもらわないのに(外から何もエネルギーの供給をうけていないのに)振れが大きくなる,これは不思議なことだ.

ブランコが単なる振り子と異なるのは,振られている自分自身が身体を動かせることだ.自分の筋肉の伸縮によって自分の身体を動かしてエネルギーを供給している.ブランコを漕ぐときは基本的に体を上下させている.脚を伸ばして立ち上がると,自分の重心を持ち上げることになり,そのときに身体は仕事をしてブランコはエネルギーを得る.

しかし,止まっているときにいくら身体を上下させても,ブランコは揺れない.それは単なる体の上下ではエネルギーの収支は0であることからも明らかだ.問題は,ブランコが揺れているとき,どのタイミングで身体を上下させるか,にある.

●ブランコを漕ぐのに有効な動作はどのように考えられてきたか

このテーマは物理学者の関心の的にもなっていて,文献に2つの説を見つけた.これらの説と筆者の説とをあげて検討してみよう.

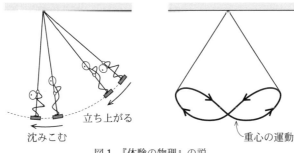

図1 『体験の物理』の説

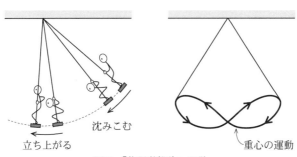

図2 『物理学総論』の説

振れが最大の点で立ち上がり，最下点でしゃがむ

　これは，中村清二『体験の物理(中)』[1]にある方法で，図1に示した[*]．

　ところが，同じ物理学者でも全く逆の説もあった．

振れが最大の点でしゃがみこみ，最下点で立ち上がる

　図2に示したもので，これは，堀　健夫・大野陽朗著『物理学総論(上)』[2]にある方法である．

筆者が考えて行っていた(と思った)方法

　図3のように，最高点から最下点に向かうときに徐々にしゃがみ，

---

[*]　ただし中村清二は上下の運動だけでなく，体を前後に突き出すことも含めているが，ここでは上下運動に限って話をすすめよう．

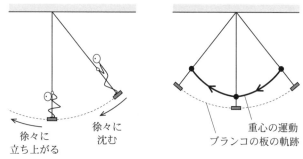

図3　筆者の考えていた説

登って行くときに徐々に身
体を持ち上げていく，とい
う方法である．

　これらははっきり異なっ
ている．はたして，いずれ
の方法が効果的にブランコ
を漕ぐことができるのだろ
うか？

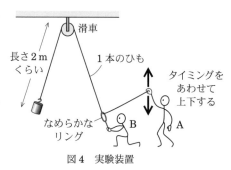

図4　実験装置

●実験してみる

　ブランコでの人間の立ち上がり沈み込みは，結局は重心を上下する
ことである．そこで，長さを変えられる振り子をつくり，揺れに合わ
せてそれをコントロールして上下することで実験を行った[*]．

　図4に，使った装置を示す．天井に滑車を吊し，おもりにひもをつ
けた長い振り子を滑車にかけて吊した．ひもの片方の端を手で引っ
張って上下させて長さを変え，おもりを上下させる．上下させる役の
Aにとって，おもりを上げるときに手を上げるようにした方が感覚的
にやりやすいので，なめらかなリングにひもを通し，図のようにBが
支えることにした．長い振り子にしたのはもちろんゆっくり振らせる

[*]　筆者の勤務していた都立小石川高校で，高校生の研究発表（2007.3.16）の機
会があり，数人の高校生と一緒にこのテーマを追究したときに，協力してこの実験
を行った．

ためである.

結果は明らかだった. 堀・大野説が正しく, 見事にたちまちのうちに揺れが大きくなった. 中村説は逆に, すぐ止まってしまった. 物理学者でも間違える, ということが面白かった. また, 筆者の方法も全くダメで, 「子供のころ, ブランコが下手だったと思われます」と発表した高校生に言われてしまった.

ブランコ上で立たずに「座り漕ぎ」する場合もあるが, これも全く同じである. この場合は足だけを上げ下げするが, 最高点で足を下ろして重心を下げ, 最下点で足を上げて重心を上げる.

実際に, ブランコを漕ぐ子供たちは, このような動作をしているのだろうか. 小石川高校の近くの六義園の傍の公園のブランコを, 高校生と一緒に訪ねた. 上手な子を教えてもらい, 本人の了解を得て漕いでもらってビデオ撮影したところ, 立ち漕ぎも座り漕ぎも全く我々の実験どおりの動作であった. 上手な方法とは, 自然法則にかなう方法である.

ふと思いついて, 重心を効果的に持ち上げるには, 立ち上がるのに加えて, 片脚を振り上げれば良いと考え, 実際に自分でやってみると, 大人なので重心が高く(それは振り子のひもが短くなったことに相当する), そのため振動の周期が短く, 動作のタイミングを合わせるのが難しい. また, 最下点にきたときに片脚で立ち上がるということは大きな負担がかかる(大きな力がいる)ということが分かった. しっかり鎖を握っていないと落ちそうになり, たいへん危険であった. この方法は実際的でないと同時に, このときに大きく力を使って仕事をしていることを認識できた.

●理論的な説明を試みる

なぜ堀・大野方式が優れているのか, 二通りの見方で説明してみよう. 実験でそうしたように, ブランコの鎖と板と人体とを一つの物体と考え, その重心の運動は, ひもに吊るしたオモリの運動と同じであるとして扱う.

角運動量保存則と力学的エネルギー保存則を用いた説明

1. 初め，しゃがんだ状態で，重心が点A(鉛直からの角 θ_0，最下点からの高さ h)から初速0で揺れ始めるとする．最下点Bにきたときの重心の速さを v_B とする(図5)．この過程でA点での位置エネルギーがB点での運動エネルギーに変わる．

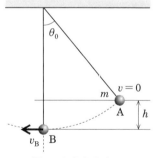

図5　AからBまで

2. B点で急に立ち上がる．このとき，重心が a だけ上がったとすると，これは急にひもが a だけ短くなったことに相当する(図6)．この動作のとき，重力は鉛直下向きだから，短い時間でこれが行われれば，持ち上げる力はひもの方向とほぼ等しく，ひもを引っ張りあげる力が系を回転させる力のモーメントも0と見てよい．したがって角運動量保存則(フィギュア・スケートの選手のスピンのように，腕を縮めて回転半径を小さくすると，回転速度が増えるという法則)が成り立つと考えることができる．すると，C点での速さ v_C は v_B より大きくなる．

3. そのまま揺れて，反対側の最高点に達したときの位置をDとする(図7)．C点での運動エネルギーが全て位置エネルギーに変わるのがD点だから，C点とD点との高さの差 h' は，ひもが最下点で短

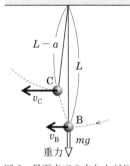

図6　最下点での立ち上がり

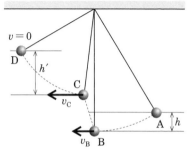

図7　反対側の最高点

くなったことで，v_h が v_B よりも大きくなっていることにより，はじめの h よりはずっと大きくなる．

4. 振れの最大の点 D で，身体を急に沈める．これは，ひもをもとの長さに戻すことに相当する．これがほとんど瞬間的に起こるとすれば，元の長さにもどるとき体の重心が下がってその分のエネルギーは減少するが，B で立ち上がったときのエネルギーの増加の分の方が大きい（増補 3 の式(1)と(10)参照）ので，初めの A 点と同じ高さに戻ってきたときには，最初の A のときとは違って，位置エネルギー以外に運動エネルギーを持っている．したがって A よりも高く上がり，次に最下点 B まで下りてくるときの速さ v'_B は初めの v_B より大きくなる．ここから再び先ほどと同じ動作（最下点で立ち上がる，つまり振り子のひもを短くする）を行えば，次の最高点の高さはさらに高くなる．こうして，揺れは大きくなっていくことができる．

力の向きに注目して説明する

　ブランコの重心の運動は，図 8 のような，曲面（の谷間）上の往復運動とは異なる．曲面上の場合は，物体が受ける面からの抗力（摩擦力はないとすれば）は常に面と垂直であり（図 8），物体に対してエネルギーは供給されない．すなわち保存力である重力以外に運動方向の力はないので，重力以外の力で加速減速されていない．

　しかし，ブランコの場合，最下点付近で立ち上がるときの運動を詳しく見てみれば，重心が受ける力は図 9 のように進行方向に対して成分を持ち，それは重心を加速させる働きとなっている．

　振れが最大の点で沈みこむ場合は，ひもの張力を 0 にしてのばすとすれば，速さは 0 なので，おもりは自由落下するだろう（図 10）．この場合にはたらく重力は，支点に関して振り子の速さを増加させる向きのモーメントを持った力である．落下した分のエネルギーは下向きの速さになる．落下を停止するためにひも

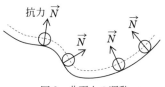

図 8　曲面上の運動

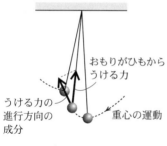

図9 立ち上がるときの力：
力が進行方向に成分を持つ

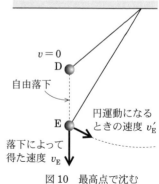

図10 最高点で沈む

から受ける力で沈み込みで得た速度は減速し，ひもに垂直な速度に変わっていくが，短い時間であれば損失は大きくなく，最下点でひもを短くするときの加速の効果の方が大きいので，ブランコの振れは大きくなる．

謝辞

一緒に問題に取り組み，この研究を公開研究会で発表してくれたのは，当時，小石川高校2年生の白石郁美，鈴木裕貴，高橋智恵，宮澤晴香のみなさんである．楽しい共同研究ができたことを感謝したい．

●参考文献……………………
1) 中村清二『体験の物理(中)』，河出書房(1951)．
2) 堀 健夫・大野陽朗『物理学総論(上)』，学術図書出版社(1957)．

［浦辺悦夫］

35−体を上下させるだけでなぜブランコを 前後に漕げるのか(理論編)

●ブランコを漕ぐ運動をモデル化する

　ブランコを漕ぐには，乗っている人が身体の重心を──実験編で述べたように──∞ の字の形に上下するのだが，ここでは，その理論をつくるために次のような扱いやすいモデルをとる(図1)．人が重心を ∞ の字の形に上下する代わりに，あるときに急に上にあげたり，下にさげたりするのである．このモデルなら，ブランコの運動は，長さ一定の振り子の運動とほとんど同じように扱うことができる．

　こうするのだ：ブランコの支点 O から人の重心 G までの距離を l として，これをブランコの長さというが

1. 長さ $l=L$ で，振れ角 $\theta = \alpha_0$ から速度 0 で振れ始める．
2. 角 $\theta = 0$ まで振れたとき，人が踏ん張って重心を持ち上げ支点 O から重心 G までの長さを急に(瞬時に)$l = L-a$ に縮める．
3. そして，そのまま振れ続け，最大の振れ角にきたとき，急に長さを $l=L$ に戻す．
4. その長さ $l=L$ のまま，振れ戻して $\theta = 0$ にきたとき，人が重心を持ち上げ急に長さを $l=L-a$ に縮める．
5. その長さ $l=L-a$ で振れ続け，最大の振れ角にきたとき急に長さを $l=L$ にもどす．

　これで 1 周期が終わり，ブランコの振幅は増えている．それは，$\theta = 0$ で支点から人の重心までの長さ l を縮めるとき遠

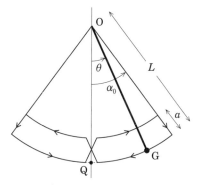

図1　ブランコの簡単化したモデル．支点 O から人の重心 G までの長さを急に変える

心力と重力に抗して人が踏ん張って重心を持ち上げる仕事をする(エネルギーを注入する)からである．ブランコの長さを延ばすときにはブランコのエネルギーは減少するが，長さを縮めるときのエネルギーの増加の方が勝つ．

●エネルギーの変化

ブランコのエネルギーが，運動につれてどう変化するかを計算で示そう．

振れはじめのエネルギー

支点 O から人の重心 G までの長さ $l=L$ で 振れ角 $\theta = \alpha_0$ から速度 $v_0 = 0$ で振れ始める．

ブランコのエネルギーは重心 G の位置のエネルギーで(その基準点は長さ $l=L$ のブランコが鉛直に垂れ下がったときの重心の位置 Q にとり，鉛直上向きを正とする)

$$E_0 = mgL(1-\cos \alpha_0). \tag{1}$$

である．

最下点で立ち上がる

$\theta = 0$ まで振れる．そのときの重心 G の速さ v_0 は，エネルギーの保存 $\frac{1}{2} mv_0^2 = E_0$ から

$$v_0^2 = 2gL(1-\cos \alpha_0) \tag{2}$$

になる．そこで，急に長さを $l = L-a$ に縮める．

このとき，重心 G にはたらく力(人が踏ん張る力と重力)は吊紐の方向にあるので，支点 O のまわりの角運動量は保存される．したがって，重心の速さは

$$v_1 = \frac{L}{L-a}v_0 \tag{3}$$

になる．重心の運動エネルギーは，人の質量を m として

$$K_1 = \frac{1}{2} mv_0^2 \left(\frac{L}{L-a}\right)^2 = mgL(1-\cos \alpha_0)\left(\frac{L}{L-a}\right)^2 \tag{4}$$

となり，位置のエネルギーは

$$V_1 = mga \tag{5}$$

となる．したがって，全エネルギーは

$$E_1 = \frac{1}{2}mv_0^2 \left(\frac{L}{L-a}\right)^2 + mga$$

$$= mgL(1-\cos \alpha_0)\left(\frac{L}{L-a}\right)^2 + mga \tag{6}$$

となる．

このときのブランコのエネルギーの増加

$$\Delta E = E_1 - E_0 = \frac{1}{2}mv_0^2 \left(\frac{L}{L-a}\right)^2 + mga - \frac{1}{2}mv_0^2$$

$$= \frac{1}{2}mv_0^2 \frac{2aL-a^2}{(L-a)^2} + mga \tag{7}$$

は，支点 O から人の重心 G までの長さを，遠心力と重力に抗して，人が踏ん張って a だけ縮める仕事（重心を持ち上げる仕事）

$$W_1 = \int_L^{L-a} \left[m\frac{1}{l}\left(\frac{L}{l}v_0\right)^2 + mg \right](-dl)$$

$$= \frac{1}{2}mv_0^2 \left(\frac{L^2}{(L-a)^2} - 1\right) + mga$$

$$= \frac{1}{2}mv_0^2 \frac{2aL-a^2}{(L-a)^2} + mga \tag{8}$$

に等しい．ここの計算には大切な注意がある．しかし，長くなるので，この項の最後に［注意1］として述べることにする．

最大の角まで振れたところでしゃがみ込む

長さ $l = L-a$ で角 $\theta = -\alpha_2$ まで振れるとすると，エネルギー保存

$$mg(L-a)(1-\cos \alpha_2) + mga$$

$$= E_1 = mgL\left(\frac{L}{L-a}\right)^2 (1-\cos \alpha_0) + mga$$

から

$$1-\cos \alpha_2 = \left(\frac{L}{L-a}\right)^3 (1-\cos \alpha_0). \tag{9}$$

この式で α_2 がきまる．もちろん，$\alpha_2 > \alpha_0$ となる．

次に，支点 O から重心 G までの長さを短時間 $\varDelta t$ の間に a だけ延ば
し，L にもどす．このときにも，この項の最後の［注意 2］に述べる
ように，ブランコのエネルギーは，重心の高さが低くなることによる
位置エネルギーの減少 $-mga\cos\alpha_2$ があるのみで

$$E_2 = E_1 - mga\cos\alpha_2 = mgL(1-\cos\alpha_2)$$
$$= mgL\left(\frac{L}{L-a}\right)^3(1-\cos\alpha_0) \tag{10}$$

となる．

再び最下点までもどったところで立ち上がる

$\theta = 0$ まで振れ戻ると，重心の速さは

$$v_3^2 = 2gL\left(\frac{L}{L-a}\right)^3(1-\cos\alpha_0)$$

になる．そこで急に支点 O から重心 G までの長さを $l = L-a$ に縮め
る．運動エネルギーは(4)と同様に

$$K_3 = \frac{1}{2}mv_3^2\left(\frac{L}{L-a}\right)^2$$
$$= mgL\left(\frac{L}{L-a}\right)^5(1-\cos\alpha_0) \tag{11}$$

に変わり，位置のエネルギーは

$$V_3 = mga \tag{12}$$

に変わる．したがって，全エネルギーは

$$E_3 = mgL\left(\frac{L}{L-a}\right)^5(1-\cos\alpha_0)+mga. \tag{13}$$

最大の角まで振れたところでしゃがみ 1 周期を終える

このエネルギーで，長さ $l = L-a$ のブランコが次の式を満たす角
$\theta = \alpha_4$ まで振れる．

$$mg\{L-(L-a)\cos\alpha_4\} = E_3 \tag{14}$$

そこで，支点 O から重心 G までの長さを $l = L$ にもどす．このとき，

ブランコの位置のエネルギーは重心の高さが減っただけ減り

$$E_4 = E_3 - mga\cos\alpha_4 = mgL(1-\cos\alpha_4) \tag{15}$$

となる．(14)から

$$\cos\alpha_4 = \frac{mgL - E_3}{mg(L-a)}$$

であるが，(13)から

$$mgL - E_3 = mg(L-a) - mgL\left(\frac{L}{L-a}\right)^5(1-\cos\alpha_0)$$

であるから

$$\cos\alpha_4 = 1 - \left(\frac{L}{L-a}\right)^6(1-\cos\alpha_0)$$

となる．したがって，(15)から

$$E_4 = mgL(1-\cos\alpha_0)\cdot\left(\frac{L}{L-a}\right)^6. \tag{16}$$

よって，この1周期でブランコのエネルギーは(1)の E_0 から(16)に増えた．$\left(\frac{L}{L-a}\right)^6$ 倍に増えたのである．

エネルギーはどんどん増えていく

同様に，次の1周期の後にはブランコのエネルギーは

$$E_8 = \left(\frac{L}{L-a}\right)^{12}E_0 \tag{17}$$

になり，以下同様に，ブランコのエネルギーは人が漕ぐことによってどんどん増えてゆく．しかし，周期を重ねるごとに重心を持ち上げる人の仕事もどんどん大きくなってゆくのである．

●仕事の計算に関する注意
[注意1] 立ち上がるときの仕事

式(8)の計算は，重心 G に－(遠心力＋重力)の力を加えるとして行なっている．この類のことは仕事の計算では普通に行なわれているが，実はその力より「わずかに」大きな力を加えると考えているのである．それでも仕事をし終わるまでに長い時間がかかる．普通は，その時間

はいとわないとするのだが，いまは，これでは困る．ブランコの長さ
を急に（瞬時に）a だけ縮めるのだからである．

　ブランコの長さ OG を瞬時に縮める場合でも，必要な仕事は (8) です
むだろうか？　これは確かめなければならない．

　そこで，重心 G に

　　　　　時刻 $t = 0$ から Δt までは　$-$（遠心力 + 重力）$+ m\beta$,
　　　　　時刻 $t = \Delta t$ から $2\Delta t$ までは　$-$（遠心力 + 重力）$- m\beta$, 　(18)

の力 $f(t)$ をくわえて G を持ち上げることにしよう（上向きを正とす
るので遠心力も重力も負である）．重心 G の加速度は

　　　　　時刻 $t = 0$ から Δt までは　β,
　　　　　時刻 $t = \Delta t$ から $2\Delta t$ までは　$-\beta$, 　(19)

となり，速度 $v(t)$ は

　　　　　時刻 $t = 0$ から Δt までは　βt,
　　　　　時刻 $t = \Delta t$ から $2\Delta t$ までは　$2\beta\Delta t - \beta t$, 　(20)

となる．時刻 $2\Delta t$ には $v(2\Delta t) = 0$ でピタリと止まる．進む距離 $x(t)$
は

　　　　　時刻 $t = 0$ から Δt までは　$\dfrac{1}{2}\beta t^2$,
　　　　　時刻 $t = \Delta t$ から $2\Delta t$ までは　$-\dfrac{1}{2}\beta t^2 + 2\beta(\Delta t)t - \beta(\Delta t)^2$ 　(21)

となる．$t = 2\Delta t$ までに進む距離は

$$x(2\Delta t) = \beta(\Delta t)^2 \tag{22}$$

である．

　この力 $f(t)$ が時刻 $2\Delta t$ までにする仕事 $W(2\Delta t)$ は

$$W(2\Delta t) = \int_0^{\Delta t} f(t)v(t)dt$$

であるが，$-$（遠心力＋重力）のする仕事は，$v(t)\,dt = dl$ であること
に注意すれば，(8) で計算したものに等しい．残りの力がする仕事は

$$\begin{aligned} W_1(2\Delta t) &= m\beta \int_0^{\Delta t} \beta t\,dt - ma \int_{\Delta t}^{2\Delta t} (2\beta\Delta t - \beta t)\,dt \\ &= 0 \end{aligned} \tag{23}$$

である！　こうして，ブランコの長さを時間 $2\Delta t$ の間に a だけ縮める
仕事は (8) で正しく与えられることが分かった．ただし，時間 $2\Delta t$ の間

に G の進む距離(22)は u であるから，G の加速度は

$$\beta = \frac{a}{(\Delta t)^2} \tag{24}$$

であって，ブランコの長さを瞬時 $\Delta t \to 0$ に a だけ縮めるためには G の加速度は $\beta \to \infty$ でなければならない．

[注意２] しゃがみ込むときの仕事

　ブランコの長さ OG を延ばす場合も同様である．ブランコが $\theta = -\alpha_2$ まで振れた(9)の場合でいうと，短時間の間に延ばすので，その間にブランコの吊紐の角度 θ は変わらないとしてよい．その方向に，重心 G に

$$f(t) = \begin{cases} -mg\cos\alpha_2 + m\beta & (0 \le t < \Delta t) \\ -mg\cos\alpha_2 - m\beta & (\Delta t \le t \le 2\Delta t) \end{cases} \tag{25}$$

の力を加えてブランコの長さ OG を延ばすと考えれば，［注意１］とまったく同様に人のする仕事は重力に抗してする仕事 $-mga\cos\alpha_2$ に等しいことが分かる．

●角運動量が保存する？

　(3)のところで角運動量の保存を用いた．しかし，人が踏ん張って重心 G を持ち上げ吊り紐の長さを縮めるのだから，角運動量が保存されるためには，紐に垂直な方向の重心 G の運動量 $p_\perp$ が増さねばならない．しかし，G にはたらく紐の張力も G を持ち上げる力も紐に沿っていて，紐に垂直な運動量成分を変えないし，重力は $p_\perp$ の大きさを減らすばかりである．どうして紐に垂直な運動量成分が増加し得ようか．

　それは，こういうことである．紐の長さを瞬時に縮めるといっても多少の時間はかかる．その間に紐は縮んで，重心 G は図２の曲線 AB を描く．重心が G の位置にある瞬間を考えると，G における軌道 AB の接線 GC は紐 OG と角 $\varphi < \pi/2$ をなす．したがって，紐の張力や重力の紐の方向の成分，人が重心を持ち上げる際の慣性力をひっくるめて T_* とすれば，それは紐に沿い，G の軌道の接線方向に成分を持つ．つまり，その力は紐に沿ってはいるが G を軌道に沿って加速するのであ

る.

その加速の力は，軌道の接線方向への T_* の射影で，図の角 φ を使えば $T_* \cos \varphi$ である．軌道の接線 GC と O を中心とする半径 OG の円の G における接線 GD とがなす角を θ とすれば，それは $T_* \sin \theta$ となる．いま，θ は小さいとし，$\sin \theta \cong \theta$，$\cos \theta \cong 1$ とする．

ところが，時間 Δt の間に G が進む距離 $\overline{GC}$ は $p_\perp \Delta t / m$ で

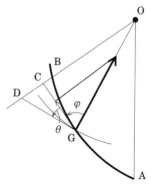

図2 人が踏ん張って重心 G を持ち上げひもが縮むときの G の軌道．時間 Δt の間に G が進む距離 GC，その間のひもの縮み GD の長さは誇張して描いてある

あり，その間に紐の長さは $\overline{CD} = -(dl/dt)\Delta t$ だけ縮み，θ と

$$\theta = \frac{-(dl/dt)\Delta t}{(p_\perp/m)\Delta t} = -\frac{dl/dt}{p_\perp/m}$$

の関係がある．G を軌道に沿って加速する力は，したがって

$$\frac{dp_\perp}{dt} = T_* \sin \theta = T_* \theta = -T_* \frac{dl/dt}{p_\perp/m} \tag{26}$$

となる．

他方，T_* は G にはたらく遠心力とつりあうはずだから

$$T_* = \frac{1}{m}\frac{p_\perp^2}{l}.$$

これを(26)に代入すれば

$$\frac{dp_\perp}{dt} = -\frac{1}{m}\frac{p_\perp^2}{l}\cdot\frac{dl/dt}{p_\perp/m} = -\frac{p_\perp}{l}\frac{dl}{dt} \tag{27}$$

となるが，整理すれば

$$l\frac{dp_\perp}{dt} + \frac{dl}{dt}p_\perp = 0 \tag{28}$$

となる．これは，角運動量 $lp_\perp$ の保存

$$\frac{d}{dt}(lp_\perp) = 0$$

にほかならない.

実は，G が O の真下にないときには重力が $p_\perp$ を変える成分を持つので(27)の右辺にその効果が加わり，角運動量は保存しない．しかし，(3)の計算では G の持ち上げは，G が O の真下にあるとき瞬時に行なうとしたので，その際，角運動量は保存されるのである．

というのは，重力の角運動量を変える成分はブランコの鉛直線からの触れ角 φ に比例する．たとえ G を持ち上げるのに多少の時間 Δt がかかって φ が 0 でないとしても，角運動量の変化は φ のオーダーで，$\Delta t \to 0$ とともに 0 になってしまうのである．

[江沢 洋]

36—人工衛星は軌道上を東向きに回る ことが多いのはなぜか

●人工衛星はどんな運動をしているのか

　人工衛星を作るにはどうしたらよいか．「22-なぜ月は落ちてこないか」の項で述べたように，空気抵抗を考えなければ，地球上で水平方向に7.9 km/sで投げ出されたボールは円軌道を描いて地球を一周するようになる(第1宇宙速度)．常に落下しているのだけれど水平に動いているので丸い地球を回ってしまうわけだ．初速が7.9 km/sより大きくなるとボールは楕円軌道を描く．初速が増えるほど地球から離れた軌道を取り，初速11.2 km/sを超えるとついにボールは地球の重力圏を脱出する(第2宇宙速度)．

　以下の話をすすめるために，我々はどんな座標系で人工衛星を見ているかを明らかにしておこう．我々は地球の中心と一緒に，座標軸の向きは変えずに運動している座標系を考えている．地球の自転軸をz軸とし，赤道面にx, y軸をとることにしておく(図4参照)．そうすると地球の自転と地球の中心をまわる人工衛星の運動を静止している座標系から見たように考えることができる．

　この座標系は，太陽を中心とする円軌道(半径$a = 1.50 \times 10^{11}$ m)をものすごい速さ($v = 3.0 \times 10^4$ m/s)で回っている非慣性系だから，その影響を考える必要があるのでは？と思うかもしれない．確かに，地球の重心における遠心加速度は

$$\frac{v^2}{a} = 6.0 \times 10^{-3} \quad \text{m/s}^2$$

で，これは地表における重力加速度$g = 9.8$ m/s^{2}に比べれば小さいが，人工衛星の感じる地球の重力の加速度(人工衛星の軌道半径R_sを地球の半径の8倍とすれば，$g_s = g/8^2 = 0.15$ m/s^2)に比べれば小さくはない．しかし，そこには太陽の重力場もある．地球の軌道運動によ

る遠心力は，地球の重心の位置では太陽の重力によってちょうど相殺される．太陽の質量を M，重力定数を G として

$$G\frac{M}{a^2}-\frac{v^2}{a}=0$$

である（これは加速度を表す式で，力の相殺を表すには全体を人工衛星の質量 m_s 倍すればよい）．人工衛星の位置では，その力 F は地球の半径を R_E，人工衛星の公転半径を $R_s=8R_E$ として，

$$G\frac{M}{(a+R_s)^2}-\frac{v^2}{a+R_s}=-G\frac{2MR_s}{a^3}+\frac{R_sv^2}{a^2}=-\frac{8R_Ev^2}{a^2}$$

$$=-6.0\times10^{-3}\frac{8R_E}{a}\quad\text{m/s}^2\quad\text{（反対側）}$$

$$G\frac{M}{(a-R_s)^2}-\frac{v^2}{a-R_s}=+6.0\times10^{-3}\frac{8R_E}{a}\quad\text{m/s}^2\quad\text{（同じ側）}$$

の m_s 倍である．同じ側，反対とは衛星が地球の太陽側，反対の側にいるときを意味する．ここでも，かなりの相殺がある（「15-潮汐力はむずかしくない」の項を参照）．さきに「人工衛星の地球まわりの運動を静止している座標系から見たように考えることができる」といったのは，そのためである．

●地球自転の速さを利用すれば有利になる

　この座標系で見たとき，上に計算した力 F は地球が人工衛星におよぼす重力に比べて無視できるから[*]，軌道半径 R_s の円軌道にある人工衛星は接線方向（地球重心を中心とした円の接線方向）に速さ $v=\sqrt{\frac{GM_E}{R_s}}$ で回っている．ここで重力定数 $G=6.67\times10^{-11}$ Nm²/kg²，地球の質量 $M_E=6.0\times10^{24}$ kg である．この式で軌道半径 R_s を地球の半径とすると，地表面すれすれの人工衛星の速さになり，はじめにあげた第1宇宙速度になる．

　ところで人工衛星（をのせたロケット）は地上の宇宙基地から発射さ

---

[*] 人工衛星に働く地球の重力が向心力を与える．すなわち衛星の質量を m とすれば $\frac{GM_Em_s}{R_s^2}=\frac{m_sv^2}{R_s}$．この力は $\frac{v^2}{R_s}=\frac{v^2}{a}\frac{R_E}{a}\frac{a}{R_s}\frac{a}{R_E}\gg\frac{v^2}{a}\frac{R_E}{a}$ だから F よりははるかに大きい．

れる．地球半径は 6400 km で地球は 1
日 1 回自転をしているから， 1 周の道
のりは赤道上なら約 4 万 km，北緯 30°
の種子島宇宙センターなら cos 30° 倍
で約 3.5 万 km だ(図 1)．だから赤道
上での自転速度は約 465 m/s，種子島
なら約 400 m/s にもなる．したがって
基地にあるロケットは発射時に既にこ

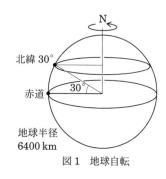

図 1　地球自転

の西から東への速度を持っているので，人工衛星を軌道に投入するた
めにこの速度を利用する，つまり人工衛星を東回りにするのがエネル
ギーの節約になって便利だ．空気抵抗や障害物を無視するというもっ
とも単純な状況を仮定して，赤道上でボールを水平に投げて，地表す
れすれの人工衛星をつくるとすると，東に向かって投げるときは
7.90−0.47 ＝ 7.43 km/s で投げればよいが，西に向かって投げて人工
衛星にするには 8.37 km/s で投げなければいけないことになる．

●ツィオルコフスキーの公式

　ボールを投げてこれだけの速さを生み出すことはできないのでロ
ケットが開発されてきた．ロケットの基本的な運動はどんなものだろ
うか．ロケットは，自分の持っている推進剤を燃やしてガスとして高
速で排出して加速する．今，質量 m のロケットが質量 Δm のガスを排
出して初速 V_0 から V_1 に加速するものとする(図 2)．運動量保存則が
成り立っているので，右向きを正として

$$mV_0 = \Delta m(-u+V_1) + (m-\Delta m)\,V_1$$

ここに $-u$ はガス噴射後のロケットから見たガスの速度である．マイ
ナスをつけたのはガスは後ろ向きに噴射されるからだ．整理すると

$$m(V_1-V_0) = u\Delta m$$

あるいは，噴射によるロケットの速度の増加を $V_1-V_0 = \Delta V$ と書い
て

$$m\Delta V = u\Delta m$$

いま，Δm は噴射したガスの質量としたので，ロケットの質量の変化は

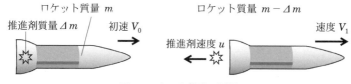

ロケット質量 m

推進剤質量 Δm　初速 V_0

ロケット質量 $m - \Delta m$

推進剤速度 u　速度 V_1

図2　ロケット推進の原理

$-\Delta m$ である．このことに注意して微分形式に書き改めると

$$m\, dV = -u\, dm \quad \text{すなわち} \quad dV = -u\frac{dm}{m}$$

となる．

このような噴射を続けて行うとして，両辺を積分しよう．初期条件を $V = V_0,\ m = m_0$ とし，ロケットの最終速度を V_f，最終質量を m_f とすれば

$$\int_{V_0}^{V_f} dV = -u \int_{m_0}^{m_f} \frac{dm}{m}.$$

したがって

$$V_f - V_0 = -u \ln \frac{m_f}{m_0} = u \ln \frac{m_0}{m_f}$$

となる．ln は自然対数である．m_0/m_f はロケットの(軌道投入初期の質量)/(最終質量)である．

重力や空気抵抗などの外力を抜きにして，ロケットの推進力だけで最終速度を求めるこの式はツィオルコフスキーの公式と呼ばれ，ロケットの基本となる重要な式である．

この式を使って，前節のような最も単純な場合，すなわち地表の赤道上の場所から，空気抵抗も障害もなく，1段ロケットで東西の水平方向に発射して，ロケットを人工衛星にする場合を考える．はじめの質量は同じ m_0 で，最終段階の質量を東向き m_f，西向き m_f' とする．目標とする最終速度 $V_f = 7.90\ \text{km/s}$ は共通とし，赤道上の自転速度を v_E とすると

$$\text{東向き} \qquad V_f - v_E = -u \ln \frac{m_f}{m_0} \qquad (1)$$

$$\text{西向き} \qquad V_f - (-v_E) = -u \ln \frac{m'_f}{m_0} \tag{2}$$

となり，辺々引いて

$$-2v_E = u \ln \frac{m_f}{m_0} \frac{m_0}{m'_f} \tag{3}$$

よって

$$-\frac{2v_E}{u} = \ln \frac{m'_f}{m_f} \tag{4}$$

となり

$$\frac{m'_f}{m_f} = e^{-\frac{2v_E}{u}} \tag{5}$$

となる．自転速度 $v_E \approx 465\,\mathrm{m/s}$ を代入し，ロケット・エンジンのガス排出速度を $u \approx 2500\,\mathrm{m/s}$ とおくと

$$\frac{m'_f}{m_f} = e^{-\frac{2 \times 465}{2500}} = e^{-0.37} \approx 0.69 \tag{6}$$

つまり，西向きに軌道投入するときは，東向きに比べて約 0.69 倍の質量しか運べないということになる．ガス排出速度はロケットの推進剤によって変わる．固体ロケットなら $u \approx 2500\,\mathrm{m/s}$，液体ロケットの四酸化二窒素/ヒドラジン系なら $u \approx 3000\,\mathrm{m/s}$，液体酸素/液体水素系なら $u \approx 4000\,\mathrm{m/s}$ である[2]．

　しかしこれはあくまで非常に単純化した場合の見積もりにすぎない．

●実際の人工衛星の打ち上げ

　実際には空気抵抗があると人工衛星はどんどん遅くなるので，大気圏外へ打ち上げてから軌道にのせなければならない．そのため人工衛星を搭載したロケットは鉛直上向きに打ち上げられ[*]，徐々に頭を傾けて，最高点に達したとき水平に向き，速度も水平になるようにして，

---

[*] 最近のロケットは大型化していることもあって発射台に鉛直に立てて保持し，真上に打ち上げるのが普通だが，小型のロケットは，始めから東向きに傾けて打ち上げることもある．

一気に加速して軌道を回るのに必要な速度に達したところで衛星を分離放出する。また，実際のロケットは多段式であり，途中でブースターや下の段のロケットを切り離しながら飛ぶ。

図3はHⅡ-5Fロケットの種子島からの飛行計画である。垂直に打ち上げられたロケットはもともと種子島基地の東向きの自転速度400 m/sを初速として持っているので斜めに投げ上げられたことになり，重力によって速度は水平方向に傾いていく（これは重力ターンと呼ばれる[4]。この間もロケットは進行方向を向くようにコントロールされて燃焼ガスを射出し加速していく。図3の飛行は，打ち上げ後いったんパーキング軌道に投入され，その後さらにロケットを燃焼させてホーマン軌道という遷移のための楕円軌道に入り，そこで衛星を分離放出し，最終的にホーマン軌道上で衛星自身のロケット噴射で加速し，目的の静止軌道にのるという飛行である。ちょうど図の⑦で第2段ロケットを燃焼し衛星になるのに十分な速度を得て⑧で燃焼を停止し，ロケット自身がこのパーキング軌道の衛星になる（もし衛星を分離放出するならこの加速後の段階で行う）。⑨⑩の間の加速はつぎのホーマン軌道にのるための速度に加速する区間である。これらの加速の間は，もしいつも水平方向に加速していたら，まだ十分な速度ではないので下に落ちてしまうだろうから，ロケットはやや上向きに加速するはずである。

もしロケットを真上に打ち上げた後，西向きに進めようとしたら？自転の速度を打ち消してさらに西向きの速度を与えてやらなければ，重力ターンで水平にし，さらに人工衛星に十分な速度を与えることができない。それはずっと大変だ。

(6)では，実際の人工衛星の打ち上げの状況に対して計算するのは複雑なので（文献4参照。しかし，まだ簡単化している），ロケットが地球表面すれすれにまわる場合をとったが，JAXA（宇宙航空開発機構）のウェブページには「真西に打ち上げた場合の人工衛星の質量は，真東に打ち上げる場合のほぼ1/2までにしかできない」と書かれている。われわれの計算(6)では（人工衛星を含む）ロケットの質量を比べたのに対し，JAXAは人工衛星の質量を比べているという違いには注意しな

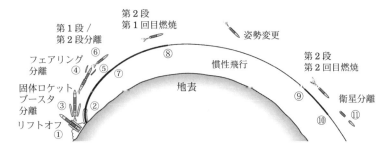

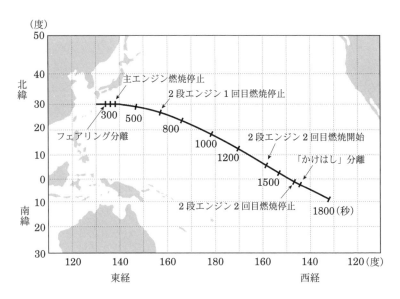

図3　HⅡ-5F ロケットの飛行計画（文献3, p. 42）. この飛行では ⑧ でパーキング
軌道に入り, ⑩で静止軌道への遷移のためのホーマン軌道に入っている

けれればならない.

　このようにロケットを打ち上げ
後，東向きに速度を与えてやる方
がずっと有利である．日本の種子
島宇宙センターで打ち上げたロ
ケットも東に向けて飛んでいる．
図3の地図を見ると分かるが，軌
道の中心は地球の中心で，人工衛
星は地球の中心を通る平面上を運
動するので種子島から真東に回る

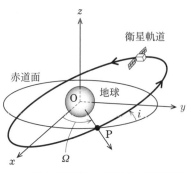

図4　原点が地球と一緒に動く座標系で
見た軌道と傾斜角 i

軌道はもちろんない．衛星を投入するのは東向きにできるだけ近い軌
道が有利ということになる．アメリカのケネディ宇宙センターでも東
向き，韓国や朝鮮民主主義人民共和国(北朝鮮)が開発するロケットも
東に向いて日本の上空を通過している.世界に 26 あるロケット発射場
を打ち上げ後の進行方向ごとに数え上げると，東方(もしくは東を含
む)19，南 1，北 3，南北 1，西 1，不明 1 である．また宇宙基地はその
国の事情が許すかぎり南に位置する方が自転の速度が大きいので有利
といえる．

　飛行過程では重力，空気抵抗があり，また姿勢や軌道を制御するた
めのエネルギーが必要である．それらによる速度損失は重力損失
ΔV_g，抗力損失 ΔV_d，制御損失 ΔV_m とよばれる．速度損失の和は例え
ば H II-A ロケットなら最初に入るパーキング軌道までにおよそ
1.7〜1.9 km/s と見積もられている.

●人工衛星のいろいろな軌道

　ところで東回りばかりでなく，南北を指す軌道にも打ち上げている
のはなぜだろう．種子島でも南へ向けて打ち上げている衛星がある.

　衛星軌道の変数のうち，軌道傾斜角 i に注目する．図 4 で，P は赤道
面を衛星が南から北へ抜ける点で，i は地球の赤道面と人工衛星の軌
道面のなす角である．また図の Ω は x 軸と OP のなす角を指す．$i<$
90°の軌道は地球自転と同じ東回りをしていて，$i>$90°なら西回りと

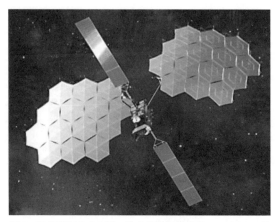

図5　通信衛星きく8号．静止衛星軌道高度 36000 km，軌道傾斜角 0，軌道周期 24 時間（JAXA 提供）

いえるだろう．

　i はいろいろな値をとりうるが以下に代表的な 3 つの軌道を取りあげよう．

$i = 0$ の軌道

　$i = 0$ の軌道でよく利用されるのは静止衛星の軌道である．通信衛星や気象衛星などに活用されている静止衛星は，周期が地球の自転と同じ 24 時間で，いつも地表の同じ地点の上空にあるように，軌道傾斜角 $i = 0$ で東回

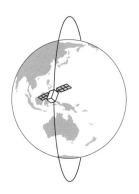

図6　極軌道

りの軌道である．この周期の条件から地表からの軌道高度 36000 km に限られる．

$i = 90°$，極軌道

　軌道傾斜角 $i \approx 90°$ の軌道は地球の北極・南極を通って南北に回る（図 6）．地球はその間に自転するので，数日間で地球全体を観測できる．うまく地球自転と人工衛星の公転周期を調節すれば，毎日同じ地点を観測することもできる．ただし次に述べるような摂動があるので

うまく i を調節する必要が出てく
る.

地球が扁平なことによる摂動と
太陽同期軌道

　地球が正確な球であるなら衛星
軌道面は常に一定になる. しかし
正確には地球は赤道方向に膨らん
で扁平になっている. その結果図
7 に示すように, 地球の重力 f は
地球の中心に向かわず, わずかに
赤道面への成分を持つ. これは人
工衛星の角運動量 L に対して, 地
球の中心まわりにトルク $N = r \times f$ を持つ. r は衛星の地球の中
心からの位置ベクトルである. 運
動方程式

$$\frac{d}{dt}L = N \qquad (7)$$

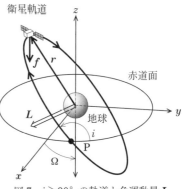

図7　$i > 90°$ の軌道と角運動量 L

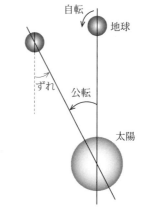

図8　自転と公転のずれ（紙面上が北）

から図 7 のように $i > 90°$ のとき
にはこのトルクは, 角運動量の回
転軸がみそすり運動で向きを変え, 赤道面と軌道面の交点 P が東に移
動するように働く.

　これは困ることだが, これを積極的に利用したのが太陽同期性軌道
だ. ここで地球の公転の影響を改めて考えることになる.

　地球の公転周期は 365.2422 日なので 1 日に $\frac{360°}{365.2422} = 0.9856°$ ず
つ回る. したがって地球と太陽を結ぶ方向は 1 日でこれだけ東へずれ
る（図 8）. したがって衛星の軌道面もこれと同じだけずれれば太陽と
同じ方向になる. ここでさきほどの地球の扁平さによるずれが $i > 90°$
の場合に軌道面が東にずれていくことを用いてちょうど同じだけずれ
るように軌道を選んでやればよい. これが太陽同期性軌道である. い

つも同じ角度で日の当たる地表が観測できるというわけだ．太陽同期性と準回帰性（1日ではなく数日後に同じ地点の上空に来るように合わせたときを準回帰という）を同時に実現することもできて，それにより地球探査衛星の観測が向上している．

●社会情勢も影響する

　軌道傾斜角の大きい極軌道や太陽同期性軌道に投入するには，高緯度の発射場から南北方向に打ち出すのが適している．南北どちらでも良いが，種子島では南の海上が空いているので南へ向けて打ち出している．

　逆に軌道傾斜角の小さい軌道に高緯度の発射場は適さない．実際にこんなエピソードがある．国際宇宙ステーションには後からロシアが参加することが決まったが，ロシアの発射場はいずれも高緯度にあったので，軌道傾斜角の小さい国際宇宙ステーションの軌道に投入するには不便だった．結局，国際宇宙ステーションの軌道傾斜角の方を当初計画の $28.5°$ から $51.6°$ に変更することになった．

　まったく異なる事情で発射方位を決めているのがイスラエルだ．東側には過去に何度も戦争をした国があり，西側には地中海が広がっている．この政治的・地理的条件により，世界中でイスラエルだけがロケットを西に向けて打ち上げている．一方，例えば南北朝鮮のような西も東も他の国があるところではどちらかを選ばざるを得ないだろう．残念なことだが，政治的条件が合理性の邪魔をすることはいまだにある．だからこそ国同士の平和的交流で不合理を正す努力が必要になる．

●参考文献……………………

1) 日本航空宇宙学会編『航空宇宙工学便覧』，丸善．
2) 冨田信之『宇宙システム入門』，東京大学出版(1993)．
3) 小林繁夫『宇宙工学概論』，丸善(2001)．
4) 江沢 洋・中村孔一・山本義隆『演習詳解 力学［第2版］』問題5-4，日本評論社(2011)．

［鴨下智英］

37—弾道ミサイルを迎撃するのは
なぜ困難か

●弾道ミサイル防衛とは何か

弾道ミサイル(Ballistic Missile)の Ballistic は，ギリシア語の「投げる」に語源を持つ Ballista からきている．弾道ミサイルはまずロケット・エンジンで推進加速するが，燃料を燃やし尽くした後は投げた石かボールのように慣性で，重力と空気抵抗だけを受けながら，ほぼ放物線(正確には地球の重心をひとつの焦点とする楕円)を描いて飛び続け目標に向かう．そのほとんどは空気抵抗の少ない大気圏外を飛行する．なかでも大陸間弾道弾 ICBM(Inter-Continental Ballistic Missile) は，射程が 5500 km 以上(地球のひとまわりは 40000 km)で大陸から大陸へと攻撃することが可能な，多くは核弾頭を搭載するミサイルである．

弾道ミサイル防衛 BMD(Ballistic Missile Defense)とは，この弾道ミサイル(主として ICBM)の攻撃を防ぐために飛行中にそれを迎撃破壊するシステムである．用いる手段は今のところ，迎撃ミサイル(interceptor)か，レーザーである．これは，いわば弾丸を弾丸で撃ち落とすようなものである．アメリカ(と日本)は多額の予算[*]をこの弾道ミサイル防衛計画(BMD)に，現在あてている．この BMD の実現性について，アメリカ物理学会(APS)の科学者が政府・軍とは独立に技術的問題を評価し，提言している．本項ではアメリカ物理学会誌 Physics Today に載った 2 つの論文 1), 2)を紹介し，これに沿って BMD を考察する．

このように，自主独立な立場の物理学者が科学的に検討した結果が

---

[*] ミサイル防衛にこれまででアメリカで 10 兆円以上，日本でも 1 兆円近い税金が使われているといわれている．

オープンにされていることは社会にとって非常に重要である．また私たちの税金が正しく意味あることに使われているかを客観的に分析して意見を述べるのは科学者の重要な役割といえる．日本ではまだこのような発言の機会は少なく，また審議会などが非公開で行われることが多い．

なお日本も現在このミサイル防衛計画に参加しているが，そのシステムは基本的にはアメリカのシステムの中にある(地理的にもロシア，中国，朝鮮からアメリカに向かってミサイルが発射されたときそれを途中で打ち落とすのに便利な位置にあり，その任務を負おうとしている)ので，本項の議論はそのまま通用する．

●弾道ミサイルの飛行の段階の区分

弾道弾の飛行は次の3段階に分けられる(例えば文献3)などを参照)．

1. 初期噴射段階(boost phase)

ロケット・エンジンを燃やし続け加速上昇していく段階．通常多段ロケットなのでブースターや各段を切り離しながら燃料を燃やし尽くして大気圏外に飛び出す．この段階は3分から5分続き，ICBMでは発射から加速していき，秒速7km程度に達する．

2. 中間飛行段階(midcourse phase)

ロケット・エンジンの燃焼が終わった後，大気圏外のほぼ真空中を放物運動を行う段階．ICBMなら秒速7km近い高速で地球を1/4周程度飛ぶ(人工衛星の速度に近い．第1宇宙速度は7.9km/sである)．この間に弾頭やおとりを射出する．上昇，下降し20分から30分くらい続く．

3. 最終段階(terminal phase)

ミサイル弾頭が大気圏に再突入してから着弾または爆発するまでの段階．秒速900m以上のスピードで数十秒である．

迎撃システムはこの飛行の3段階それぞれについて検討された．技術的に検討され配備された歴史順で見ていこう．

●最終段階(Terminal-phase)での迎撃

　この段階での迎撃は最後の手段になる．まず落ちてくる弾頭を地上からすれ違いで撃つ困難が伴う．また自国の頭上で行うので，迎撃時に核爆発が起こったり，広範囲に散乱する危険性がある．現代ではICBM の多弾頭化は常識になっており，特に細菌兵器などの場合は後述のようにすでに大気圏外で非常に多くの小弾頭に分かれている可能性があり，迎撃は難しい．小型旧式な弾道ミサイルと弾頭なら効果はある程度期待できると考えられる．

　現在この段階で用いられているのは，PAC-3 という迎撃ミサイルである．アメリカの他にイスラエルやドイツなど多くの国で採用されており，湾岸戦争などの実戦で使用されてきたパトリオット・ミサイルの名で知られる PAC-2 を発展させたもので，小型で車両に積み込み移動展開することができるが，射程距離は約 20 km と短く，その範囲しか守れない，拠点防御用である．

　湾岸戦争ではイラクがスカッド・ミサイルをイスラエルとサウジアラビアに撃ち込んだ．このとき迎撃した PAC-2 の効果はその当時の米軍発表は華々しいものであったが，その後大した効果はなかったという調査結果も出て論争が続いている．アメリカ空軍機を誤って撃墜した事件もあった．

●中間段階(Midcourse-phase)での迎撃

　現在一番有望視され，実験が繰り返されているのが中間飛行段階の迎撃である．これは大気圏外の迎撃になる．

　中間段階での検討は文献1)に詳しい．この報告は MIT(マサチューセッツ工科大)の安全問題検討グループの科学者によって書かれた．見出しは「現在計画しているシステムは，簡単な対抗手段で無効化できる．このシステムの採用は高いコストにつく」である．その理由を見よう．

衝突破壊機 EKV

　中間段階での迎撃は，弾道ミサイルの軌道近くに打ち上げた迎撃ミ

図1　EKV（*Physics Today*, vol 53, no.12, 2000）

サイルから EKV（Exoatomospheric Kill Vehicle）（図1）を放出し，
EKV は自身が爆発するのではなく，体当たり衝突で弾頭を破壊する．
目標を捕捉するには，EKV は赤外線センサーで弾道ミサイルの出す
赤外線を感知し，小さな噴射ロケットで進路を調整する．

　この EKV を載せて迎撃するロケットには地上からのミサイルと艦
上からのミサイルがある．

弾道ミサイル発射の探知から迎撃までのシステム

　まず静止軌道上の早期警戒衛星（DSP また最近は SBIRS-High）
が，地上の弾道ミサイル発射の火煙が出す赤外線をセンサーで感知し，
予想される近似的な軌道を決める．地上のレーダーは2種類で，数カ
所にある早期警戒レーダー—UEWR や，現在はアラスカにある（海に浮
かぶ台上の）X バンド・レーダーで追跡する．X バンド・レーダーは周
波数 10 GHz の高周波数で，高解像度であり，必要な識別をする．早期
警戒レーダーは解像度は劣るが最新のソフトを持ち，迎撃ミサイルを
誘導するのに適している．さらに高度が低い軌道の早期警戒衛星
SBIRS-Low も追跡する．データはコロラドのシャイアン山にある
NMD 司令部に送られ，そこから目標の計算された位置と対応の決定
が，地上発射ミサイルの基地（現在はアラスカのフォート・グリーリー
とカリフォルニアのヴァンデンバーグにある）とイージス艦に送られ
迎撃ミサイルを発射．さらに情報が発射されたミサイルおよび EKV

に送られ誘導する．最後の段階では EKV が自分で標的を感知し体当たりする．

弾道ミサイル側の対抗手段

　この迎撃の目をかすめるため，弾道ミサイル側はさまざまな手段を取る．実は，エンジン燃焼もなく慣性で飛行する大気圏外の中間段階では，その取り得る対抗手段は迎撃する側よりもはるかに単純で安上がりになる．2000 年に，「MIT の安全問題研究プログラム」と「心配する科学者グループ(Union of Concerned Scientists)」によって作られた，11 人の科学者技術者で構成され，アメリカ物理学会の前委員長が議長を務める委員会が評価した結果，次のような 3 つの対抗手段が簡単な技術で費用も安く可能であるとした．

1. 生物兵器を小爆弾でばらまく

　　ブースト段階が終わったらすぐに致死性の生物などの兵器を 100 以上の小爆弾に分けて放出する．目標が多すぎてまず迎撃は不可能になる．また攻撃側は広く撒くことでより効果的になる．小爆弾を拡散するときや大気圏再突入の際の熱で中の細菌などが死なないだろうか？　研究者達は，技術的検討をした結果，大した困難はないことを実証した．直径 10 cm の小爆弾に 2.5 cm の厚さの防熱板をつけるだけで内部の温度上昇は 20 K 以下と計算されたので，生物でも死なずに目標に到達可能であることが分かった．

2. おとり風船

　　核爆弾をアルミでコーティングした風船に入れ，たくさんの空の風船と一緒に放出する．これは弾頭をたくさん作るより簡単で安上がりな方法である．重い弾頭と軽い風船では差ができるのではないか？　実は大気圏外であるから爆弾を入れた重い風船も空の風船も同じ速さで進むことになる．軽いのでいくらでも数多く膨らませてつくることができる．中に弾頭があるかないかで生じる温度の違いを感知できるのではないかとも考えられたが，委員会は，熱放射の違うコーティングの各種を用いて風船を蔽う，また小さな電池のヒーターで暖めることで，風船にいろいろ異なる温度を作り出せ，

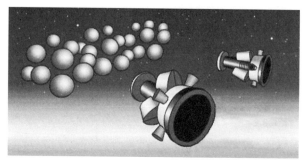

図2 おとり風船と EKV (*Physics Today*, vol 53, no.12, 2000)

簡単に赤外探知を混乱させることができることを確かめた。そうなるとすべての風船を迎撃しなければならない。

3. 外側を冷却する

　　核弾頭のまわりを液体窒素を入れた二重壁で蔽う。外側を 77 K（液体窒素）まで冷やすことで，弾頭が出す赤外放射（熱放射全体ではなく，赤外線センサーが感じる特定の波長の放射）を百万分の 1 に減らせる。X レーダーには見えるだろうが，赤外線を受信してねらいを定める EKV は対象を見失ってしまう。

　委員会はこれら 3 つの手段は完全に防衛を無力化でき，かつどの国の技術でも可能であると結論した。現在までに，複数のおとり弾頭を用いた迎撃実験はされているものの，実戦で想定されるこれらの手段に対する実験および有効な反証はいまだになされていない。

　論文 1) は，したがって現段階では中間段階での迎撃は有効といえず，初期噴射段階の迎撃がむしろ可能性があるとしている。

地上ミサイルの最近の実験結果

　補足としてこの中間段階での迎撃実験の結果を述べる。2010 年に 2 回行われた地上ミサイルの迎撃実験はいずれも失敗であった。

　2010 年 1 月に，太平洋西部のマーシャル群島クヮゼリン環礁のミサイル実験場から 3 時 40 分に打ち上げた標的の中距離弾道ミサイルを，カリフォルニアのヴァンデンバーグ空軍基地から 6 分後に打ち上げた迎撃ミサイルで迎撃したが，X バンド・レーダーの不具合で失敗した。

さらに 2010 年の 12 月 15 日に同じくクッゼリン環礁のミサイル実験場からに打ち上げた中距離弾道ミサイルを，ヴァンデンバーグ空軍基地から打ち上げた迎撃ミサイルで迎撃し，EKV を発射したが失敗した．原因は不明で現在究明に当たっており，明らかになったところで，実験を再開する予定．結局 2010 年は 2 回とも失敗したことになる．

艦上ミサイル SM-3 の実験結果

アメリカ政府が最も期待をかけている，SM-3(standard missile 3) はイージス艦に搭載されている．アメリカ国防省(ペンタゴン)は SM-3 は過去の実験で目標の 84% を迎撃することができたとしている．

しかし『ニューヨーク・タイムズ(New York Times)』紙[4]などが，実は成功率は 10〜20%という，MIT とコーネル大学で発表された衝撃的批判を報道した．T. A. Postol(元ペンタゴンのサイエンス・アドバイザー) と G. N. Lewis が実験結果を調べて批判したものである．

SM-3 は EKV を放出し，直接衝突して相手を破壊する．したがって弾頭に直接衝突しなければ，弾頭は破壊されず，やがて地上に降って来て，核爆弾が爆発する可能性があるので，迎撃が成功したとは言えない．弾頭が落下する場所を変えることはできるだろうが，かえってどこに落ちるか分からなくなると Postol はいう．2 人の物理学者が調べた 10 回の迎撃実験の結果は，1 回が確実に命中，もう 1 回が多分命中だが，他はすべて弾頭以外のミサイル本体などにあたっていることを写真で示した(図 3)．

アメリカ国防省のスポークスマンは，SM-3 は必要な成績を獲得していると反論したが，その後この 10 回の実験のうち 4 回は模擬弾頭はまったく搭載せずに実験を行ったことを認めた．

日本の自衛艦の実験

2007 年 12 月 18 日に，ハワイのカウアイ島の実験場から 0 時 5 分に打ち上げられた中距離ミサイルを，数百 km 離れた海上に待機したイージス艦「こんごう」が 0 時 9 分に SM-3 を発射，0 時 12 分に命中させた．米軍関係者は「今回の実験は発射と場所を明示しかなり初歩

196

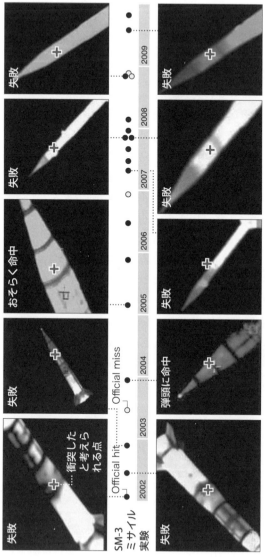

図 3　迎撃実験の検証（*New York Times*, May 17, 2010）

的」といったと伝えられる．この実験の費用は 60 億円という．

この実験に News for the People Japan(NPJ)編集部が米国ミサイル防衛省に質問状を出しその回答が来た．誰にでも聞かれるときちんと回答するのはアメリカの良さだ．

1. ターゲット・ミサイルの大きさは公開できない．射程 1000〜3000 km の中距離ロケットで弾頭は分離してから迎撃された．

2. ターゲットの速度は 3 km/h(これは間違いで 3 km/s と考えられる)

3. 迎撃は高さ 160 km，カウアイ島北西 320 km のところでなされた．

4. SM-3 は射程 3000 km 以下の弾道ミサイル用だが 5500 km 以下の弾道ミサイルも迎撃する能力があり，ミッド・コースで迎撃する．

5. (同時に複数 5 つ以上の弾頭に対して実験したことはあるかという問に)2007 年 11 月に 2 つの弾頭を 2 つの SM-3 で迎撃したことはあるが，同時に 5 つ以上のターゲットの迎撃実験はしたことはない．

●初期噴射段階(Boost phase)でのミサイル防衛

最終段階，中間段階いずれも難しいという分析から，議論は初期噴射段階の迎撃が可能かに移っていった．アメリカ物理学会は国家がベストな選択をするための助言委員会を組織し，さらに科学者・技術者 12 人の研究グループを作り政府への提言を行った．その報告が文献 2) である．この分析を見ていこう．

初期噴射段階が迎撃しやすい理由の第一は，この段階ではまだ速さも小さく，燃料を燃やしながら上昇していくので赤外線が強く，捕捉・追尾が容易であるということにある．さらにこの段階は弾頭とブースターが分離される前であるから，被害を防ぐことになり，また弾頭を切り離す前で目標の大きさも大きい．

発射何秒後に迎撃ミサイルは発射可能になるか

この段階は短いので，成功の鍵になるのは時間である．弾道ミサイルの発射を発見するのは前述の静止軌道上の防衛支援監視衛星 DSP

で，発射の熱を赤外線で感知する．熱いものは他にもたくさんあるので，間違いを避けるためロケットが高さ 10 km になって感知するようになっている．現在（2000 年）の衛星は 10 s おきに観測するので，それでは初期噴射段階防衛追跡には粗すぎて適していない．これにかわって 1 s に 1 回感知する，新しい静止軌道上の早期警戒衛星 SBIRS-High が配備される予定．それにしてもロケットが厚い雲から出てくるまでは赤外線で十分感知できない．一般に高度 7 km 以上は雲が少ないので，我々はこの高度に弾道ミサイルが達したとき検知できる．しかしジェット機や大火災も同じことはあるので，ミサイルかどうかは水平に高速度で動くことで判定することになる．現在の感知システムと ICBM の性能をシミュレートした結果，研究グループの結論は，決定などにかかる時間を無視すると，液体ロケット ICBM の場合に発射後 65 s で迎撃ミサイル発射が判断可能になる．燃焼の速い固体ロケット ICBM の場合 45 s 後から迎撃発射が可能である．

何秒後までに KV が迎撃しなければならないか

迎撃が成功しても，進路が少しずれるだけでそのまま弾道を飛び続ける可能性がある（SM-3 の実験結果参照）．したがって ICBM が弾頭に予定進路を進むのに十分な速度を与える前にヒットする必要がある．この時刻は ICBM とそのプログラムによって異なり，詳細は明らかではない．研究グループはこの時刻をシミュレートして予想し，発射可能時刻と合わせれば，固体燃料 ICBM では 45〜120 s，液体燃料で 65〜240 s の間がブースト段階迎撃が行われるべき時間と結論した．いずれにしても非常に限られた時間になる．

地上発射迎撃ミサイルは ICBM より大きくなる

迎撃ミサイルは 2 段または 3 段のブースター・ロケットにロケット推進の KV（Kill Vehicle，体当たりで破壊する EKV と基本的に同じ）を積んだものになる．ブースター・ロケットは ICBM 基地から 400〜500 km のところで KV をその弾道に置くことになる．自分より 45〜95 s くらい前に発射した弾道ミサイルに追いつくためには相手よ

り急な加速が必要である.

　研究グループは最終的に図
4に描かれたような迎撃ミサ
イルについて検討した．右端
のミニットマンは目標となる
ICBM の例である．I-2は
イージス艦から垂直に打ち上
げるのに適している．最も可
能性のあると評価したI-5は
ミニットマンの5倍の加速を
持ち，最終速度は 1.5 倍であ
る．結局ミニットマンより長
く，質量も2倍になってしま
う．迎撃する方が大きい！

	I-2	I-4	I-5	ミニットマンⅢ
flyout	5km/s	6.5km/s	10km/s	6.7km/s
質量	2.3 t	16.9 t	65.6 t	32.2 t
直径	0.53 m	1.6 m	3 m	1.7 m
長さ	6.4 m	15.5 m	20 m	18 m

図 4　迎撃ミサイル
(*Physics Today*, vol 57, no.1, 2004)

地上からの迎撃ミサイルは可能か

　この論文の時点では，当初
ロシアを仮想敵とした BMD
は，イランと朝鮮民主主義人
民共和国(北朝鮮)からのミサ
イルへの対応へ重点を移して
いた．北朝鮮を考えた場合，
アメリカ東海岸に向かうコー
スが地球を北に大回りするた
め，内陸に入っていて最も難
しい．図5はa点から発射さ
れた弾道ミサイルは，この
コースのときはb点で迎撃

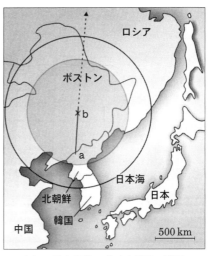

図 5　地上迎撃ミサイル基地の範囲
(*Physics Today*, vol 57, no.1, 2004)

する必要があるが，そのために迎撃ミサイルの基地がどの範囲になけ
ればならないかを示した図である．固体燃料 ICBM に対し 10 km/s

の迎撃ミサイルで迎撃する場合，感知確認後直ちに迎撃ミサイルを発射するとすれば外側の円内の範囲の基地から発射すれば間に合うが，さらに決定まで30秒の余裕をみると基地は内側の円の内部になければならない．この図はかなり理想化した場合なので，実際的には北朝鮮とイランからの固体ミサイルに対してアメリカ全土を防衛するのはまず不可能というのが研究グループの結論だ．液体燃料ミサイルを迎撃する場合は可能性が残る．しかしb点で迎撃したら残骸はどこに落ちるのだろう．

　迎撃ミサイルのブースターが燃え尽きるとKVが放たれる．KVがまだ標的に遠いときは赤外線でロケットの炎を追跡できるが，近くなると小さく温度の低いミサイルの弾頭を他の部分と区別して照準しなくてはならない．それは難しい．研究グループはKVのセンサーだけでは正確な決定は難しく，適当な光かレーダーのシステムで追跡情報を供給する必要があるとした．また相手のICBMは加速やいろいろな手段でコースを変化させることがあるので，KVはICBMの進路変化を100 msより短い時間で判断する必要があり，ぶつかる数秒間は15 g の加速とトータルで2 km/sの速度変化ができることが必要と結論した．

衛星からの迎撃

　地上・艦上ミサイルが難しければ，低い軌道の衛星から迎撃するのはどうか．問題となる時間と距離は衛星の数と軌道の高度によっても変わる．速い迎撃ミサイルを発射できれば衛星数は少なくてよいが，それだけ重くなる．もし大気の抵抗がなければ地上200 kmくらいの高さが理想的だが，そこでは空気の抵抗が大きくなるので，結局衛星高度300 kmくらいが妥当になる．

　いろいろな条件を考慮すると，固体ミサイルを迎撃するには，KVはトータルで2.5 km/sの速度変化が必要になり，質量は136 kgになる．これを載せる迎撃ミサイルは10 g の加速度と最終速度4 km/sが必要で，燃料を入れて質量820 kgになり，衛星は300 kmの高度に1600個必要になる．結局軌道上に2000 tもの質量が必要で，現在のア

メリカの打ち上げ能力の 5 倍から 10 倍である．当然無理である．液体ミサイルなら衛星 700 個でよいことになるが，これからは固体ロケットが主流になる．

空中レーザー

ミサイルを用いない方法として，飛行機に乗せたメガワット級レーザーをあてて熱しミサイルの能力を弱める方法が検討された．光速で攻撃ができる．単位面積あたり必要なエネルギーはミサイルにより，液体燃料ミサイルの外皮は薄く弱いが，固体燃料ミサイルの外殻は燃焼室も兼ねるので高温高圧に耐える．液体燃料の場合の 8 倍の単位面積あたりのエネルギーが必要になる．

研究グループの結論は直径 1.2 m のビーム内に 3 MW のパワーを集中し 20 s 照らすことが必要で，目的を遂げるのに有効な距離は液体燃料ミサイルの場合で 600 km であり，地理的には朝鮮では実現可能性があるがイランは難しいとした．固体ミサイルでは距離は 300 km 以内になり，これはどちらの場合も無理になる．

研究グループのブースト段階の結論

研究グループによるブースト段階での BMD の可能性の検討結果は次のようである．

1. 北朝鮮からの液体燃料弾道ミサイルからアメリカを防衛するのは，技術的進歩があれば可能性がある．イランからの場合はずっと難しい．

2. すべての要素を考えると，北朝鮮とイランからの固体燃料ミサイルからアメリカを防衛するのは現実的に無理である．

3. 何層もの迎撃態勢をとるうちの 1 つとしては貢献できる可能性がある．

4. 相手側が有効な対抗手段を取ることはこの段階も可能である．

5. アメリカの沿岸から敵の船がミサイル発射するときは，こちらの船が 40 km 以内にいれば防衛できる可能性がある．

非常に具体的である．国による違いは，必要な位置に発射基地を置け

るかどうかという政治的問題と思われる.

● BMD が引き起こす危険性

　実は 1972 年にはアメリカと旧ソ連(現在はロシア)は国全体を覆うミサイル防衛を禁じる ABM 条約に調印している.ミサイル防衛を無効にするために大量のミサイルを持とうという考えを生み,またミサイル防衛ができれば「安心して相手を核攻撃できる」という危険性を持つからである.これによりその後 10 年間は検討されることはなかった.

　ところが 1983 年になってレーガン大統領が SDI 計画を発表する.これはソ連のミサイル攻撃を地上と宇宙から防衛する計画である.スターウォーズと呼ばれた.このときアメリカ物理学会(APS)は,その中心となるレーザーや粒子線兵器は非現実的であるという検討結果を発表している.

　1993 年に就任したクリントン大統領は実用化にはまだ遠いと判断して技術研究に重心を移した.しかし,1995 年に共和党が議会多数を占めると,大統領と対立して再びミサイル防衛を 2000 年までに確立して 2003 年までに配備するよう圧力をかけるようになる.1998 年の 2 つの出来事,脅威を強調しミサイル防衛を推進するラムズフェルド報告書と,日本を飛び越えた朝鮮民主主義人民共和国のロケットがその後押しをした[*].1999 年にアメリカ政府は 2000 年までにミサイル防衛を採用する決定をした.その後現在に至っている.

　ミサイル防衛の問題点はここで取りあげた 2 つのレポートのように未だ解決されない.それにもかかわらずなぜ巨費が投じられているかという問題については,参加する軍需産業の利益を保証するためという指摘がなされている.

---

[*]　このとき北朝鮮は公式に「人工衛星を運搬するロケットを発射する」と予告し,日本政府は「通常は領域内に落下することはない」が万一破片が落下することもあるからという理由で地上からのミサイル迎撃態勢をとった.その後,韓国の人工衛星ロケットも日本の上を通過したが,そのときは迎撃態勢をとったという報道はない.

海に浮かぶ X バンドレーダーの巨大基地 SBX を訪問したジャーナリスト，ジャック・ヒットは，SBX の内部には軍人は一人もいず，全員が企業に雇われていること(警備も)，巨大なレーダーはレイセオン社(イラク戦争で有名な)，主要部品はボーイング社，その他広範な企業が関わっていることを報告している．また参加したミサイル防衛会議では「惑星間防衛」というタイトルの講演までもあり，常に対象を探してこの事業を維持しようとしていることに批判を投げかけている[5]．

2009 年にはロシアのプーチン大統領がミサイル防衛による軍拡の危険性を警告し，ロシアは金のかかる防衛システムは開発せず，防衛を無力化する武器の開発をおこなうと明言した．ロシア側は情報を共有してバランスを回復しようとアメリカに呼びかけている(ロイター)．

●参考文献……………………

1) L. Gronlund, G. N. Lewis, and D. C. Wright, The Continuing Debate on National Missile Defenses, *Physics Today* vol. 53, no. 12, December, 2000, pp 36-42.

2) D. Kleppner, F. K. Lamb, and D. E. Mosher, Boost-Phase Defense Against Intercontinental Ballistic Missiles, *Physics Today* vol. 57, no. 1, January, 2004, 3330-35.

3) D. クリーガー，C. オン編，梅林宏道，黒崎 輝訳『ミサイル防衛』，高文研(2002)．

4) *New York Times*, May, 17, 2010 または *International Herald Tribune*, May, 19, 2010.

5) 『ローリングストーン(日本版)』，2008 年 1 月号，pp.84-91.

[田代卓哉]

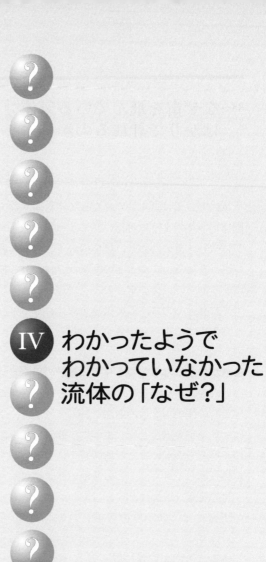

IV わかったようで
わかっていなかった
流体の「なぜ?」

38—なぜ宙を飛んでいる気体分子の重さが
はかりで計れるのか

　気体の分子はばらばらになって宙を勝手な方向に飛び回っている．固体や液体のように容器の底にすべての分子が重みをかけているわけではない．そのかわり，気体の分子は容器の底や壁にぶつかっては跳ね返っている．このときの衝撃は，はかりの皿を押し下げるように作用するから，気体の重さのように現われる．しかし，こうして重さのように見える力は，その気体が液体になったり，固体になったりしたときの重さと本当に一致するのだろうか．

●君が分子になったつもりで体重計の思考実験を

　ここで，君に分子になってもらって思考実験をやろう．体重計に乗って君の体重を2つの方法で計ってみよう．まず最初は固体の分子がはかりに乗る場合と同じように，静かに乗って重さをじっくり体重計にかけてもらう．次に気体の分子になったつもりで体重計の上で跳躍を繰り返してもらう．この2つの測定結果が一致するだろうか．

　君の質量を m（40 kg）としよう．じっと乗った場合には，はかりの目盛には君の体重(40 kgw)が示されるはずだ(これは地球の重力 mg と体重計の面から君に働く力 N が釣り合い，その力の反作用として，君が体重計の面を押す力 R が目盛に現われ，それが君の体重を示すのだ)．

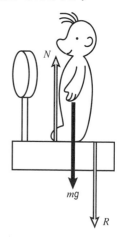

　さて，君が体重計の上で跳躍運動を始めるとしよう(本当にやると体重計を壊す恐れあり，要注意！)．はかりの針は激しく振動するだろう．平均するとどうなるか考えてみよう．そう

だ．これが君が気体の分子になって容器の底面にぶつかる場合を考えることにあたる．君が跳び上がるときの速度を V_0 とする．重力加速度 g に逆らって上昇する君の速さは時間 t とともに $V_0 - gt$ に変わっていき（落下するときは 1 s ごとに g（地球上では $9.8\,\mathrm{m/s^2}$）ずつ加速し，上昇するときは g ずつ減速する），時間が $t = \dfrac{V_0}{g}$ 経ったとき速さが 0 になって最高点に達し，落下し始め，上昇と同じ時間 $\dfrac{V_0}{g}$ 経つと最初と同じ大きさ（向きは逆）の速さ V_0 で体重計の面に衝突する．そして，その面にドシンと衝撃（撃力）を与え（その面からは足に撃力を受け），上向きに V_0 の速さで再び跳び上がる．このときの撃力の大きさを力積 = 力×時間で表わすと，それは君の運動量の変化に等しいから

$$mV_0 - (-mV_0) = 2mV_0$$

となる．こうしたドシン，ドシンの運動を繰り返す（図 1）．

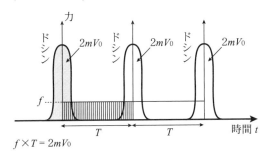

$f \times T = 2mV_0$

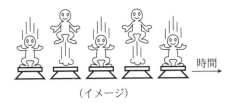

（イメージ）

図 1

　このドシンをならして，面に平均して作用し続けるとどんな力になるかを考えてみよう．

　気体分子からみたら君はガリバーもいいところだ．君の体重は 40 kg くらいだろうか？　気体分子，たとえば酸素の分子 O_2 だったら，

分子量が 32 なので，1 モルすなわち 6.02×10^{23} 個が 32 g ということになり，

$$\text{O}_2 \text{ 分子 1 個の質量} = \frac{32\,\text{g}}{6.02 \times 10^{23}} = 5.3 \times 10^{-23}\,\text{g}$$

である．なんと君の体重(正確には体質量！)の 10^{27} 分の 1 しかない．

でも，気体分子は速い．まあ，速いのも遅いのもあるが，平均でいって，室温の酸素なら 400 m/s くらいだ．これに対して，君がはかりの面に衝突する速さは，仮に $h = 1$ m まで跳び上がって落ちてきたとしても

$$\sqrt{2gh} = \sqrt{2 \times (9.8\,\text{m/s}^2) \times (1\,\text{m})} = 4.4\,\text{m/s}$$

くらいのものだ．

問題は，運動量だった．気体分子は軽いけれど速い．ガリバーは重いけれど遅い．運動量の大きさにしたら，どちらが勝つか？　計算してみよう．

	気体分子	ガリバー
質量 (kg)	5.3×10^{-26}	40
速さ (m/s)	400	4.4
運動量 (kg m/s)	2×10^{-23}	180

やはり，ガリバー，いや君の勝ち．圧倒的な勝ちである．

では，運動量がこんなに小さい気体分子ははかりに感じないかというと，さにあらず．はかりの面に衝突してくる気体分子の数が非常に多いからだ．ひとつの分子が衝突して，わずかにもせよはかりの面を押し下げると，すぐ次の分子が衝突してくる．また次，また次，……．面がもとの位置にもどる暇もあらばこそ，である．

そういえば，そうだ．気体を入れた容器をはかりに載せればはかりの針は一定の重さを指して止まっている．本当は分子が衝突するたびにピクピク動いているのだろう．でも，そんな細かな速い動きは人間の眼では分からないということなのだろう．

だから，気体分子になり代わりたいなら，巨大な君は動きの鈍い

かりに乗らなければならない．跳び上がって落ちてくることを多数回繰り返す間，はかりの台が下がりっぱなしで戻ってこないような鈍重なはかりである．

そのようなはかりの皿に，時間 T の間に君が加える力積は，皿を支えるバネが加える力——もし皿がピクピク動くことが気になるなら，それを均した，平均の力　　の力積に釣り合っているわけだ．いいかえれば，時間 T の間に，君が皿に与える運動量は，バネが与える運動量で打ち消されている．

君が1回の衝突で皿に与える運動量は $2mV$，時間 T の間の衝突回数は $\dfrac{T}{\left(\dfrac{2V}{g}\right)} = \dfrac{gT}{2V}$ だから

（時間 T の間に君が皿に与える運動量）$= 2mV \cdot \dfrac{gT}{2V} = mgT$

他方，はかりのバネが皿を押している力の大きさを F とすれば

（時間 T の間にバネが皿に与える運動量）$= -FT$

ただし，下向きを正と決めてマイナス符号をつけた．この運動量は上向きだから．そこで，運動量の打ち消し合いから

$mgT - FT = 0$，すなわち $F = mg$

はかりのバネがこれだけの力を出しているということは，はかりの指針が質量 m を指すことにほかならない．どうやら気体の重さについても安心してよさそうだ．

●本当の気体分子の場合には——容器の上面にも底面にも衝撃が

気体の分子の場合も同じように考えればいい．気体分子1個の質量を m，気体分子の総数を N としよう（図2）．さて，まず，最初に分子1個が，容器の底面から垂直上向きに V_0 の速さで上昇し始めたときを考えよう．君が跳び上がった場合と同様に速さは時間とともに $V_0 - gt$ で変化する．今度は容器の高さ L だけ上昇して容器の上面に速さ v_L で衝突し（$v_L = V_0 - gt$），運動量が上向き mv_L から下向き mv_L と $2mv_L$ 変化することで上面に撃力（上向きのドシン）を与える．今度は逆に下向きに初速 v_L から時間とともに速さ $v_L + gt$ で運動し，

L だけ落下して，最初と同じ大きさで向きが逆な速さ V_0 で底面にぶつかり，底に衝撃（下向きのドシン）を与え，再び垂直方向に速さ V_0 で運動を始める．結局，分子は上面に $2mv_L$，底面に $2mV_0$ の力積を与えるからこの衝撃を平均して働く力に置き換えたそれぞれの力の差がこの分子1個の「重さ」になるはずだ．

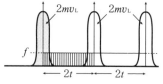

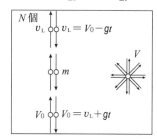

さて上面に与える平均の力を f とすると

$$f \times 2t = 2mv_L$$

底面に与える平均の力を F とすると

$$F \times 2t = 2mV_0$$

これより

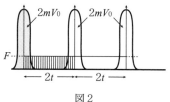

図2

$$F - f = \frac{(mV_0 - mv_L)}{t}$$

$$= \frac{m(V_0 - v_L)}{t}$$

$$= \frac{m(gt)}{t} = mg$$

　気体分子の場合には体重計での跳躍とは違って，分子の速さはすばらしく速いから衝撃と衝撃の間隔は非常に短く，ドシン，ドシンではなくドドド……となって，平均の力が実際に目盛に現われると考えていいだろう．こうして，上下方向に運動する質量 m の分子の容器に与える力は分子の速さに関係なくこの分子の重さに等しいことがわかった．N 個の分子になればドドド……の平均効果はもっと著しいはずで，全分子の重みが安定して計れるのだと結論したい．しかし，ちょっと気になることがある．分子は勝手な向きに飛び回っているはずではないか．それを全部が上下方向に運動しているように考えたのでは，実態とは違いすぎるのではないか．高校の教科書で，気体の圧力

の説明をしているところでは，気体の運動を X, Y, Z の 3 方向に分けて説明している．そうだとすると，上下方向（Z 方向としよう）に運動しているのは分子総数の $\frac{1}{3}$ としたほうが合理的である．すると底面に平行な X 軸，Y 軸方向のあとの $\frac{2}{3}$ の分子は気体の重さに関係なくなってしまうのだろうか．結論は心配しなくていいということになる．水平方向に運動する分子にも重力は間違いなく働くから，必ず垂直方向への落下運動と底面に衝突したあとの上昇運動が水平の運動と独立に生じていて，結局上面，底面に力を与える上下方向の運動が生ずることになる．

●参考文献‥‥‥‥‥‥‥‥‥

江沢 洋『だれが原子をみたか』，岩波書店，1976.

[小島昌夫]

39—気体分子と音はどちらが速い？

音はいろいろなものを伝わる．音の伝わる速さは空気中では $15°C$ で 340 m/s という値が有名だが，一般に気温が $t°C$ のときには $331.5 + 0.6t$ m/s となる．これは絶対温度 T を用いた $2.005\sqrt{T}$ m/s の近似式である．水の中の音速は 1450 m/s，鉄では 6000 m/s にもなる．音の速さは音の高さには関係しない．そうでないとオーケストラで高さの違う音の伝わってくる時間が違ってバラバラに聞こえてしまう．

普通に聞く音を伝えるのは空気である．気体は飛びまわる分子からできている．この分子の運動と音の伝わる速さは関係があるのだろうか？　ひとつ比べてみよう．空気は酸素，窒素などいくつかの種類の分子で構成されている．気体の種類ごとに音速も違う．

	0°C での分子の速さ	0°C，1 気圧での音の速さ
窒素	490 m/s	337 m/s
酸素	460	317.2
ヘリウム	1304	970

気体の中を飛びまわる分子の速さは大小いろいろだ．この表では，速さの代表として「分子の速さ v の 2 乗の平均 $\overline{v^2}$ の平方根 $\sqrt{\overline{v^2}}$ 」をとった（$\overline{A}$ で量 A の平均を表わす）．気体分子運動論によれば，質量 m の分子からなる気体が絶対温度 T の平衡状態にあるとき

$$\frac{1}{2}m\overline{v^2} = \frac{3}{2}kT \quad \text{がなりたつので} \quad \sqrt{\overline{v^2}} = \sqrt{\frac{3kT}{m}}$$

が得られる．ここに $k = 1.381 \times 10^{-23}$ J/K はボルツマン定数．

表を見ると分子の速さと音速は一致こそしないが，かなり近い．質量の小さい分子の方が速いが，音も速い．分子の質量が小さいヘリウムを吸い込むとアヒルの声になるのはそのせいだ．これは温度を同じ

(0℃)としての比較である．では，同じ気体で温度が違う場合を比べたら，どうか．高温ほど分子は速いが音も速い．どちらの比較でも気体分子が速い場合ほど音は速く伝わる！

●なぜ音速と分子の速さは関係するのだろう？

音はどのようにして伝わるのか？　音を出す物体が振動すると，周囲の気体を急速に圧縮し密度を高める．隣の部分との間に密度の差ができると，分子は密度の高い方から低い方に流れ込む方が多く，密度の高い部分は隣へ移動してゆくだろう．この分子の移動が音を伝えるとしたら，その方向の分子の速度が音速になるのではないか？　さきの表で分子の速さとした値は，分子運動の向きを特定せず速さの2乗を平均して平方根に開いたものだった．いま，x 方向だけ見るとしたら

$$\overline{v^2} = \overline{v_x^2} + \overline{v_y^2} + \overline{v_z^2} \quad かつ \quad \overline{v_x^2} = \overline{v_y^2} = \overline{v_z^2}. \quad よって \quad \overline{v_x^2} = \frac{1}{3}\overline{v^2}$$

となるので，音波の速さはさきの表の値の $\frac{1}{\sqrt{3}}$ 倍にむしろ近いのではないかと考えられる．それを計算してみると

窒素　283 m/s　　酸素　266 m/s　　ヘリウム　753 m/s

となり，音速に少し近づくが下回ってしまう．やはり，分子の速さとマクロな波の速さとを直接に結びつけることには無理があるのだろう（固体の中を伝わる音の場合には，はっきり無理だ）．しかし，この値はニュートンが波動の力学から求めた音速に一致しているのである．

●音は気体の疎密波だ

気体が圧縮されると圧力が上がって膨張に転じ，すると慣性で膨張しすぎて圧力が下がるから収縮に転じ，これも慣性で行き過ぎて……，という次第で収縮と膨張をくりかえす．この振動が波として伝わる．

ニュートンは，気体が圧縮され，あるいは膨張するときの圧力変化を，温度 T を一定とした理想気体の状態方程式 $pV = RT$ から計算した．気体をバネにたとえていえば1モルあたりのバネ定数は RT となるから，気体の密度を1モル当たりの質量でいって ρ とすれば

$$(音速)_{ニュートン} = \sqrt{\frac{RT}{\rho}}$$

となる．これがニュートンの考えの概略である．

アヴォガドロ数を N とすれば気体の 1 モルあたりの質量 ρ は分子の質量 m の N 倍であり，R/N はボルツマン定数 k に等しいので

$$(音速)_{ニュートン} = \sqrt{\frac{RT}{Nm}} = \sqrt{\frac{kT}{m}}$$

となる．これは $\frac{\sqrt{\overline{v^2}}}{\sqrt{3}}$ に等しく，上に見たとおり実測値に合わない．

●実際の音速

実は，音は急速に圧縮，膨張をくりかえすので，圧縮のとき周囲から仕事をされ，膨張のとき周囲に仕事をしても，それに伴う熱の周囲とのやりとりが追いつかない．そのため圧縮すれば温度が上がり，膨張させれば温度が下がるから圧力は体積に――温度一定の場合にくらべて――より敏感に反応する．いいかえれば，空気のバネ定数が温度一定の場合より大きくなるのである．その結果として，ニュートンの式は次のように修正されることをラプラスが示した：

$$(音速)_{ラプラス} = \sqrt{\gamma \frac{kT}{m}}.$$

ここに，γ は気体の $\dfrac{(定圧比熱)}{(定積比熱)}$ という比（比熱比）であって，ヘリウムのような単原子分子気体では 5/3，窒素や酸素のような 2 原子分子気体では 7/5 である．ラプラスの音速は，前ページの $\dfrac{\sqrt{\overline{v^2}}}{\sqrt{3}}$ の $\sqrt{\gamma}$ 倍で

窒素　335 m/s　　酸素　315 m/s　　ヘリウム　972 m/s

となる．これは p. 212 に示した音速の実測値によく合っている！

音速と気体分子の速さは気体の状態方程式を媒介にしてつながっていたのである．分子レヴェルの運動を積み上げてマクロの状態方程式を出し，それをもとに物質のマクロの性質（いまは音速）を論じる．これは物性論で使われる研究方法の典型的な例である．　　　　[小幡順子]

40－圧力は「力÷面積」ではない

●オランダを救った少年

　オランダは海水面より低い土地が多く，全土の $\frac{1}{4}$ 以上を占めるという．そのため，海水の侵入を防ぐべく巨大な堤防が築かれている．いや，そのような堤防をつくりながらオランダは土地を増やしてきたのだ．「神は世界をつくったが，オランダはオランダ人がつくった」という言葉がある．

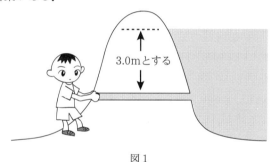

3.0mとする

図1

　あるとき，少年がその土手の下を歩いていると，小さな孔から海水がもれてきたのを見つけた．とっさに少年は，この孔が大きくなれば堤防が決壊してしまう，と判断し，その孔に手をつっこんで水を止め，他の人が来るのを何時間も待ちつづけた……．こうして彼はオランダを救った，という有名な話がある．

　いま，孔の位置が海面下 3 m だったとしよう(オランダの最も低い土地は海面下 6 m にもなるという)．そのような深さでは水圧もかなりのものだが，それでも水を止められるのだろうか？　水面下 3.0 m の圧力は約 $0.3\,\mathrm{kgf/cm^2}$ であり，子どもの手のひらほどの面積なら $10\,\mathrm{cm^2}$ とすれば，このときの力は 3 kgf となる．このくらいの力なら子どもでも十分支えられる．もしも孔の断面積がサッカーボールほ

どのもの（400 cm²）になったら，その力は 120 kgf／cm²にもなり，も うとても大人でも止められるものではない．

●圧力の本質

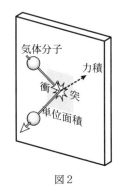

ここで大切なことがわかる．このような場合，水深によって圧力が決まり，それに面積がかけられて力が決まる．教科書のように先に力があって，それを面積で割って圧力が決まるのではない，ということである．どうして，そのようなことになるのだろうか？

圧力の原因は，液体や気体の分子が，分子運動によってほかの物体に衝突するところにある．1回の衝突で，小さな部分に力積をおよぼすが，単位面積あたりの，それらの断続的な衝突を時間的に平均したものが，その場所における圧力なのである．

図2

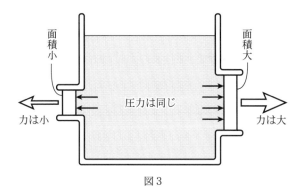

図3

液体や気体では，せまい範囲ならどこの場所でもほぼ同じように分子が衝突しているので，ある面がうける力は，その圧力を面積倍する（圧力に面積を掛ける）ことで得られる（図3）．

また，分子は，もともとさまざまの方向から衝突してくるのだから，図4のように面をどのように傾けても，その面に垂直に作用するのである．オランダの少年の場合は圧力は横向きであった．

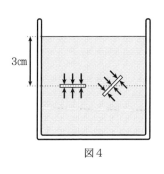

(a) 物体が手から
うける力

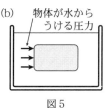

(b) 物体が水から
うける圧力

図4

図5

このため，その圧力の矢印の書き方もちがってくる．ふつうの力は図5(a)のように，力が実際に作用する場所を明らかにして，そこから矢印を書くのであろうが，圧力の場合は図5(b)のように，その場所に矢印の頭がぶつかるように書くのも許されるだろう．いや，そのように書いた方がむしろ「力」と「圧力」のちがいを明らかに示しているのでよいと思う．

●パスカルの原理のふしぎ

液体や気体は，1ヶ所の圧力を増やすと，すべての場所について，その分だけ圧力が増加する（図6）．これを「パスカルの原理」というが，これこそ液体や気体に独特の，そして圧力というものの性質を典型的に表わしたものである．1ヶ

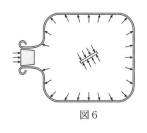

図6

所を押し縮めれば，それは全体に及び，その分子の衝突の激しさはどこも同じになるので，この原理のようになるのであるが，考えるほどに不思議なことではある．

●固体の場合とは区別しよう

圧力に面積をかけると力になることから，圧力を，力÷面積とし，固体の場合の例で説明しようとする例がしばしば見うけられるが，そ

れは混乱を生みやすい.

　たとえば，図7のように，同じ体重の人にハイヒールで踏まれた場合と普通の靴でふまれた場合とでは，1 cm²あたりの力でくらべるとハイヒールの方が10倍になるから痛い，というのだが，この場合，ふつうの靴の方では，60 kgf の力を1 cm²ずつ10に分けてうけとめている，とみるべきなのである.

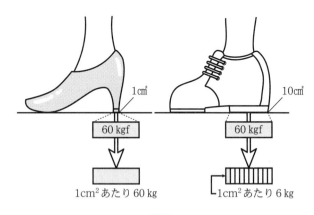

1cm²

10cm²

60 kgf

60 kgf

1cm²あたり60 kg

1cm²あたり6 kg

図7

　それに対して，水の場合は，図8のように，同じ深さであることから圧力が等しいことが先に決まり，そのあと面積に応じて物体のうける力の大小がきまるのである．力／面積として圧力を定義することは，以上のような固体と液体の違いを混同することになろう.

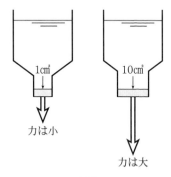

1cm²

10cm²

力は小

力は大

図8

●練習問題

　図9のように，同じ形をした固体と液体が両側から力をうけてつりあっている例を考えてみよう.

　固体の場合は左右から同じ力でないとつりあわず，その力を面積で

割った値は左右で
異なる．つまりこ
れは力を分けてい
るのだ，と考えれ
ばよくわかる．

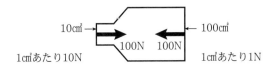

　液体の場合は，
力の値がちがう状
態でつりあう．つ
まり「圧力が等し
い」ということが

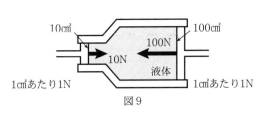

図9

先にあり，それを面積分あつめたのが力なので，力の大小のちがいが
生じるのである．ただし，液体ないし気体の場合は左右のピストンが
自由に動けるようになっているということが重要である．

　そこで，**問題**　なぜ 100 N
の力と 10 N の力とでつりあ
えるのだろうか？

　それは図 10 のように，左
側の壁（図で斜めになってい
る）のところで液体分子が衝
突し，その反作用の力をうけ

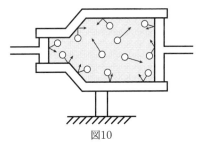

図10

ているからである．その壁からの力が 90 N 分あって力のつりあいも
保たれている，というわけである．でも，これでつりあっているのは
液体である．容器と液体をひとまとめにして見ると，液体と容器とが
およぼしあう力（内力）は作用と反作用の法則から総和が 0 となる．液
体と容器の全体に外からはたらいている力は，左向きに 100 N，右向
きに 10 N なので，これだけではつりあわない．容器が外部から支え
られていないと全体はつりあうことができないのである．

[浦辺悦夫]

41−屋根の下にいても
屋根の上の空気の重さを感じるだろうか

●空気にも重さがある

　地球大気は，約78％の窒素，20％の酸素，そして微量のアルゴン，炭酸ガスなどからできている．これらの分子は質量をもつから，当然，空気も質量(重さ)をもつ．計算してみると，窒素 N_2 の分子量28，酸素 O_2 の分子量32として平均した「空気分子」の分子量は29になる．つまり0℃1気圧の空気1モル＝22.4ℓあたり29g，だから1 m^3 あたり1.29kgもある．たとえば学校の教室(10×10×3 m)の中の空気の重さは387kgになる．なかなかの量だ．

　大気の圧力の強さは，1 m^2 あたりで表わすとき，底面積1 m^2，高さは地面から大気の上端までの巨大な空気柱が地表面を押す力の大きさである．「ヘクトパスカル」という単位は天気予報ですっかり定着したが，以前は「気圧」という単位を使っていた．1気圧＝1013hPaであり，h (ヘクト)は 10^2 を示し，1 Pa＝1 N/m^2 だから，1気圧とは約 10^5 N/m^2，つまり，地面1 m^2 あたりに10トン力もの巨大な力が加わっているわけだ(図1)．

　そこで，こんな疑問が生じることになる．

　「屋根の下にいると，屋根より上の空気は屋根が支えてくれるから，家の中にいる人は1 m^2 あたり10トン力という力から解放されて，身体がフンワリ，ラクラクとなるのではないか？」

　答えは……？　もちろんノーである．玄関を

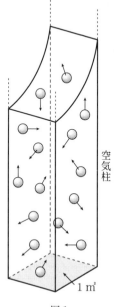

空気柱

1 m^2

図1

出た途端に身体がガクッと重くなるのでは，外出なんかできない．どうなっているのだろうか．

●空気分子は激しく動き回っている

　まず考える必要があるのは，たとえば机の上に置かれた物体(固体)が机を押す力と，水や空気(流体)中の物体が受ける圧力とは，力の性質が異なるということである．

　物体が机を押す力は，物体が地球から引かれる力(重力)を受けて下向きに動こうとするとき，その前面にある机が押されることにより生じる．この力はつねに下向きであることに注意してほしい．このとき，机をつくっている分子の集団は間隔が縮まり，縮むことによって元の間隔，形に戻ろうとする性質，すなわち弾性を示して，上にある物体を押し返す．物体の重さは机が全部引き受けて支えてくれるのである．だから，机の下にもぐりこんでいた犬のポチが，机に置かれた物体の重さを感じることはない．しかし流体中で物体が受ける圧力はどうか．

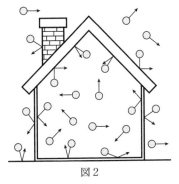

図2

気体を例に考える．普通の状態で気体とは，莫大な数の気体分子が猛烈なスピードでテンデンバラバラに飛び回り，衝突しあっている．容器に閉じ込めておかないとどこかに行ってしまうのは，そのせいだ．容器の壁に衝突するとそこで向きを変えて飛び去る．このとき，壁の単位面積に与える力を時間平均したもの(長時間 T にわたる力積を T で割った値)が圧力である(図2)．

●気体の圧力は上下左右前後どちら向きにも同じように働く

　さて，気体の圧力の要因が容器の壁(容器である必要はない．任意の壁＝板をおいてみても同じことだ)に衝突したときに壁に与える力だとすれば，衝突の向きもテンデンバラバラなのだから，どの向きを向いた壁に対しても圧力は同じだということになる．これは先の例

(机の上の物体)とは大いに異なるところだ.

　さて,力積の大きさは,分子の数密度(単位体積あたりの個数)とその(平均の)速さで決まる.分子の平均の速さで温度が決まるから,結局,圧力は気体の密度と温度で決まる(ボイル・シャルルの法則).人間がふだん生活している範囲の地表面では,空気の密度はどこでもほぼ一定だから,温度さえ同じならば,たとえ屋根の下であろうが地下牢の中であろうが,空気が入り込んでいるところならば,どんな向きにも同じ圧力が働く.考えてみれば,屋根の上にある 1 m² あたり 10 トンもの空気を,屋根や柱の構造だけで支えられるはずがない.屋根の下にも同じ空気があって,上向きにも圧力をおよぼしているから,壊れずにすんでいる.同様に,私たちの身体が空気の重さを感じないのも,身体の内外に同じ圧力を受けているためである.

●参考文献………………………
浅井冨雄・内田英治・河村 武監修『気象の事典』,平凡社,1999.
小倉義光『一般気象学』,東京大学出版会,1999.
国立天文台編『理科年表』,丸善

[桐生昭文]

42—パスカルは実験科学の先駆者？

　大気とは，宙，つまり真空中をとびまわっている無数の分子だということを現代の私たちは知っているが，それまでには，古代の哲学やキリスト教の考え方とたたかって，「真空」の実在を認めさせるための長い時間が必要だった．フランスでこの問題を解決したのは，天才パスカル（Blaise Pascal, 1623-1662）である．彼はトリチェリの理論を借りて，「ガラス管の水銀やポンプの水は，はるか上空から地上まで積み重なっている空気に押し上げられ，連通管でのように釣りあっている．大気圏の上が真空であるように，管の空所も真空である」ことを明快に述べた．

　パスカルは，科学と信仰は別物だから，物理学では実験に従わねばならないと主張した．彼の物理論文には空想実験がたくさん使われているが，その文章があまりにも生き生きとしていたために，本を読んだ人たちは本物の実験だと思いこんだ．その中に，15 m のガラス管に水や赤ぶどう酒を満たしてひっくり返し，10 m より上は真空になることを人々に見せたという実験もある．実際にやってみると，液体が泡立って水位が下がるので，パスカルの数字は理論値だったと理解できる．また，この実験を目撃したと思われてきた人々の証言も，よく読むと，想像して書いたにすぎないことが分かってくる．

　天才の輝きはしばしば周囲の人々の功績を消してしまうものだ．パスカルの場合は，姉婿のペリエが報われない役割をしている．高山の上下で気圧差を確かめるという決定的実験の本当の功労者は，周到な準備，厳密な計測を実行して，結果を義弟に送ったペリエだし，ヨーロッパの 3 都市を結ぶ長期広域気圧観測網を思いつき実行したのも彼なのに，パスカルが指図したことになってしまった．

　パスカルの実験が空想上のものだからと言って，非難するのは当た

らない．これは「思考実験」なのだ．考えを前進させる一つの手段だ．「重い物体ほど速く落下する」というアリストテレスの主張を論破したガリレイの推理(項目20)も，この一種である．パスカルの思考実験の中でも，とりわけ巧みな「真空中の真空実験」を紹介しよう．

　図1がこの実験の原理を示している．大きな真空の部屋を作り，その中でさらに「トリチェリの実験」をおこなえば，内側の水銀は大気圧に押されていないので，まったく上昇しないはずである．「しかし，空気のない部屋では息ができないからこの実験は不可能だ」と言って彼の提案したのが，ガラスの直管と曲管を組み合わせた図2である．レースの袖飾り，こぼれる水銀など，なかなかリアルな絵！　この装置を逆さにしてM端をふさぎ，N端から全体に水銀を満たす．図2は，これを正立にしてN端を開放した場面で，図1と同じ段階である．パスカルの工夫のすばらしさは，次にM端の指を外すところにある．外気が入りこみ，「MNの水銀はのこらず落下し，ABでは逆に上昇する」．ところが残念なことに，実際にはそうはならない．図に誤りがあるからだ．分かるかな？

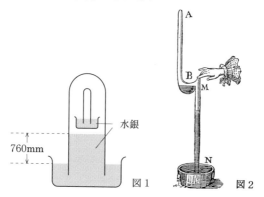

図1　図2

●参考文献⋯⋯⋯⋯⋯⋯⋯⋯
パスカル『科学論文集』，松浪信三郎訳，岩波文庫，1953．
小柳公代『パスカル　直観から断定まで──物理論文完成への道程』，名古屋大学出版会，1992．
小柳公代『パスカルの隠し絵──実験記述にひそむ謎』，中公新書，1999．

[小柳公代]

43−なぜ物は浮くのか

　風呂に入ると体が軽くなる．木片のようなものだったら水面に浮かんでしまう．水だけではなく，空気中にある私たちの体は，空気の浮力で少し軽くなっている．重さ(質量)がなくなることはないのだから(質量保存の法則)，これは空気や水が上に押し上げていることを意味する．この力を浮力と呼ぶ．

●アルキメデスの原理

　「水中の物体は，その物体が押しのけた(つまり水中で占める体積と同じ)水の重さに等しい力で押し上げられる」これが有名なアルキメデスの原理である．どうしてこんな関係が成立するのか．

　こう考えることができる．もし図1のような体積の物体を，薄皮一枚残して，すべて水で置き換えたとしよう．外も内もすべて水である．対流は考えず，水全体が静かに止まった状態とすれば，この置き換えた水に働く地球の重力と周りの水が押し上げる力は釣り合っ

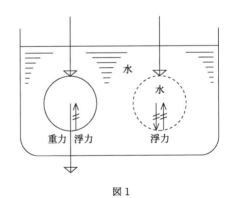

図1

ているはずだ．まわりの水が押し上げる力は──水分子の間の力は(重力などとちがって)短距離力なので──薄膜の中が水でも物体でも同じである．これで浮力の大きさがわかる．

　では，まわりの水や空気が押し上げる力とは何だろうか．水の場合で考えよう．水中では水圧が働くことは知っているだろうか．潜水艇

が深く潜りすぎると圧力でつぶされることだってある．これは水にも重さがあるので，深く潜ればそこより上にある水の重さがかかるからだ．その重さが圧力の原因だ．

図2は深さと水圧の関係を示している．断面積 S，深さ h の水柱を考えると，この水柱の重さは水の密度を ρ としたとき，ρghS である（g は重力加速度）．水柱底部にはこれだけの重さがかかる．

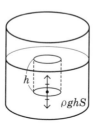

図2

底部の面を考えると，面に下の水から働く力はこの重さと等しく，面の上と下の水はこの大きさの力で押し合っているはずである．下向きの力は重さがあるから分かるが，上向きの力があるのだろうか．それはある．でないとまず力が釣り合わない．また水中の物体を押すのは分子の衝突であり，分子は四方八方に動いているので，水中にある面には圧力はどの方向でもそれと垂直に働く．圧力は単位面積あたりの力で表されるから，水柱底部に働く圧力，すなわち深さ h での水圧は ρgh となる．

いま，ある物質でできた直方体が沈んでいるとする．直方体は六つの面すべてに，水圧を受ける．これらの合力を考える．直方体の側面については，確かに深いところにある面にはそれだけ大きな圧力が働くが，左右前後についてはこれらの合力はゼロである．上面では下向きに単位面積あたり

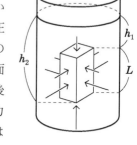

図3

$\rho gh_1 S$ の力を受ける．同様に下面は上向きに $\rho gh_2 S$ の力を受ける．したがって，水中の直方体は上向きに

$$\rho gS(h_2 - h_1) = \rho gSL$$

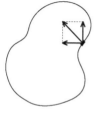

図4

の力を受ける．$V = SL$ であるから，受ける浮力

は $\rho V g$ となり，これはアルキメデスの原理である．空気の場合も同じだ．しかし，直方体では都合が良すぎる．物体が直方体でなく任意の形をしていても，これは成立するのだろうか．面の形によって，それと垂直に働く圧力はいろんな向きをとる．しかしそれらの鉛直成分と水平成分を別々に加え合わせれば，やはり水平成分は 0，鉛直成分は $\rho V g$ となるだろう．それははじめに考えたように水の中にどんな形の水を考えても釣り合うはずだからである．

●圧力の差を分子で考えると

　この，四方八方に働き，深さによる水や空気の圧力の差はどのように生じるのだろうか．空気のような気体と水のような液体と分けて考えてみよう．

　空気の場合，分子はまばらであり，分子同士は衝突以外に相互作用はほとんどしない．したがって圧力は分子がぶつかって押す力であろう．分子の速さは絶対温度と

$$\frac{1}{2}mv^2 = \frac{3}{2}kT$$

という関係で結ばれているので，物体の上下で温度はさほど変わらないとすれば，分子の速さに差があるわけではない．すると下からの圧力が強いというのは，下つまり地球に近いほど分子の密度が高く，ぶつかる分子の数が上より多いということになる．実際，上に行くほど分子の密度は小さい．

　水など液体の場合は分子は動き回れるとはいえ，密度は固体に近い．ここでは分子間力は無視できないだろう．実際にはたくさんの水分子がお互いに分子間力による相互作用をしながら，物体のまわりを動きまわっている．物体は物体の表面近くにある水分子から力を受ける．分子間には相互作用による反力があり接近するほど強く反発する．もちろん液体は分子が自由に動けるので，特定の分子につながるわけではなくオシツオサレツしていることになる．水の中では下にある分子ほど上の部分の重さがかかるので，分子間隔が強く押し縮められ，密度が増えると同時に強い力で反発しあっている．水分子の水面近く

の平均分子間距離は 20℃ で $3.11×10^{-10}$m である．深くなるにつれて自身の重さにより圧縮されていき，10.4 m深くなると(水圧はちょうど1気圧増加するが)分子間距離は先の値の 3.6/100 だけ縮む．水中の物体の底面付近の分子密度は，上面よりも大きいのであたる分子の数も多いが，分子間距離の縮みの復元力で1個あたりの分子の押す力も下の方が大きい．これらの差が浮力となって物体を押し上げるのである．

●下からあたる分子がないと浮かないか

上の理論からして水中でも下から水分子に押されないと当然浮かない．そのことは次のようにして実験できる．パラフィンのかたまりは水に浮くが，これをビーカーなどの底にぴったりくっつけると浮かなくなり底から離れない[1]．パラフィンはろうけつ染めのろうなどが使いやすい．

図5

●浮力で浮いた分，重さはなくなるのか

水の中におもりを吊るすと軽くなる．おもりは底についているわけではないのに，どうして軽くなるかといえば，まわりの水から浮力がはたらくからである．その反作用として，おもりはまわりの水を下向きに押す．そのため，水が容器の底を押す力も増えるのである．実際，水面の高さは物体の体積分だけ増しているから，水が容器の底を押す力は，ちょうど物体の体積に等しい体積の水の重さだけ増す．これは，まさしく浮力の大きさに等しい．

●参考文献……………………
1）　ランドスベルグ編『物理学の基礎』，理論社，1974.

[右近修治]

44─船の安定性はどう決まるのか

みなさんはテレビの映像などで，荒れた海の上で比較的小さな船が波に呑まれそうなほど揺らされているのに，転覆することもなく進むシーンを見たことがあるだろう．そして，「よく沈まないなぁ」なんて感心し，「(船が)うまく作ってあるんだなぁ」なんて思ったことがあるに違いない．では，どう作れば転覆しないか考えてみよう．

例えば，図1のようなA，B2つを比べてどちらの方が安定だろうか．Aが重心が低いから安定といっていいだろうか．机の上ではもちろんそうだが下の部分が水中に入る船ではどうだろうか．

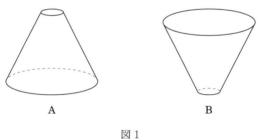

図1

そこで，このことについて考えてみようと思うが，その前に浮いている物体にはどんな力がはたらいているのかを考えなくてはならない．

地球上では物体に重力がはたらく．そしてこの重力は物体の重心という1点にはたらいていると考えてよい．同時に浮いている物体には，重力と同じ大きさの浮力が上向きにはたらき，この2力がつり合い浮いているのである．そして，重力が物体の重心にはたらいていると考えていいように，流体中にある物体にはたらく浮力も，1点にはたらく力として考えてよい．この点が浮心と呼ばれるものである．浮心とは，流体に浸かっている物体の部分を流体に置き換え，その流体の重

心の位置をいう（「なぜ物は浮くのか」参照）．だから，浮いているものにはたらく力は，図2のように物体の1点にはたらく重力と浮力の2力について考えればよいのである．

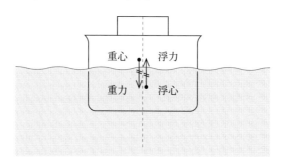

図2

　形は同じだが，重心の位置の違う2物体が同じ角度だけ傾いたことを考えてみよう．物体がどんなに傾いても，その物体の重心の位置は不変で重力による下向きの力は変わらない．しかし，物体が傾いたことによって，浮力はどうだろう．浮心の位置は，物体の流体に浸かっている部分が変化したせいで，まっすぐに立っている場合（図2）とは，変化してしまう（図3）．

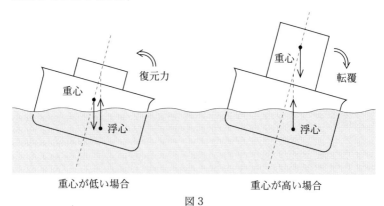

重心が低い場合　　　　　　重心が高い場合

図3

　重心が物体の高い位置にあるのと低い位置にあるのとで比べてみると（図3），重心が低い方は，浮力が物体を元の方向に戻そうとする方向にはたらくが，重心が高い方は，浮力が物体が転んでしまう方向に

はたらくことになるのが分かるであろう．つまり，物体が傾いたとき，浮力の作用線と，物体を対称に2分する線との交点が，重心よりも高い位置にあるときは，浮力は元の向きに戻ろうとする力(復元力)となるのである．

ソブリン・オブ・ザ・シーズ
(池田良穂『新しい船の科学』講談社ブルーバックスより転載)

　では重心の位置が変わらないとしたとき，船の形によって安定性はどう変わるか．船が傾いたときに浮心の位置が大きく外側に移動すれば安定がよい．そうするには幅が広い船にすればよいことになる(図1でいえばAになる)．最近の客船はサービスを考えて客室に余裕をもたせるため重心が高くなりやすいので，かなり極端に幅の広い船体を用いることが多い．かつて大西洋を高速横断していた「フランス」号などが船幅が喫水の3.2倍前後だったのに対し，最近の「ソブリン・オブ・ザ・シーズ」号などでは4倍を越える[1]．ただし復元力は高まるが揺れの問題などがあるようだ．

　なお船が進むときの抵抗(主に船が波を作ることによる造波抵抗)を考えると船の形を細長くスマートにする方がよい．このことと，復元力を両方解決するための方策が細長い船体をふたつ並べた双胴船である．これも最近多く見られる．

●参考文献……………………
1)　池田良穂『新しい船の科学』，講談社ブルーバックス，1994.

[高橋利幸]

45—飛行機はなぜ飛べるのか
よく見られる説明の誤り————

●よく見られる説明

金属や木でできた重い飛行機がなぜ空中を飛べるのだろうか．これについての標準的な説明はこうである．図のように飛行機が左へ進むとき，翼の上と下を空

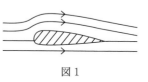

図 1

気が流れて行くが，上面を流れる空気の方が速くなるので，流れの速いところでは圧力が低いというベルヌーイの定理により，上面の方が下面より圧力が小さくなり上へ押される．これを揚力という．飛行機はこの力で落ちずに飛ぶ．なぜ上面の方が速いかというと，左から来て 2 つに分かれた空気の流れは，翼の後ろで一緒にならなければならないが，上面の方が距離が長いからであるというのである．

●この説明には根拠がない

一見もっともらしい，後ろで再び一緒になるという仮定は正しいだろうか．考えればなにも一緒にならなくてもよいのではないか．また右のような薄い翼では，この説では流速が変わらず，揚力は働か

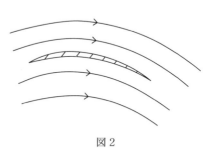

図 2

ないことになる．これは事実と反するだろう．実際，煙風洞で風を送ってとった写真(櫛状に並んだ細管から瞬間的に煙を噴きだし，煙の筋がどう動いていくかを撮ったもの)では明らかに同時到着ではなく，上面を回る空気の方がもっと速いという写真がある．上面側が速いことは確かだが，一緒になるということではなかったのである．

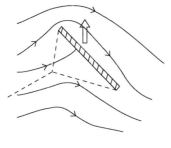

●飛行機は空気を下に押すことによって浮かぶ

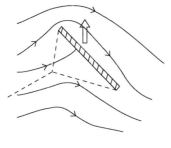

図3

それでは揚力はどのように理解できるか．ベルヌーイの定理も使わずに直観的に分かる説明はないだろうか．例えば凧を考えてみよう．水平に吹いてきて凧に当たった空気は凧の傾き，つまり迎え角によって下向きに変わる．ということは空気は下向きに力（または力積）を受けたのだから，当然その反作用として凧は上向きに力を受ける．これが揚力である．そもそも重さのある物体が浮かぶのだから重力と反対向きの力が空気から及ぼされ，空気は逆に必ず下向きの力を受けるはずだ．そのような空気の流れから飛行機を持ち上げている力を考えることができる．

実際，翼の周りの空気の流れを見てみると前方で上向きだった流れは下向きに変えられている．空気の運動量は上向きから下向きに変化を受けたことになる．これは空気が下向きに力積を受けたことを表わし（力積は力

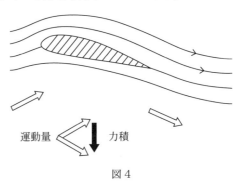

運動量　　力積

図4

と時間の積でつまりはその向きに力を受けている），力を及ぼした物は翼だから翼はその反作用で上向きに力を受けている．揚力の正体はこれだ．つまりそこでは流れの向きが変えられ，物体はそれと反対向きに力を受けるのである．通常の翼の場合，揚力は空気の密度と速度の2乗と翼の面積と揚力係数に比例する．揚力係数は翼の形で決まり，当然ほぼ迎え角（水平に対して上向きである角度）に比例して増える．ただしこれは，ある角度（翼によって異なるが，ある例では16度くらい）で最大に達しその後急速に減少する．この角度を越えると抵抗が

急に増加し飛行機は失速する。これは板を空気の流れに対して立てていけば失速することから想像できよう。

このように考えれば先に示したベルヌーイの定理では説明できなかった、薄い翼の揚力も説明できる。また空気以外の水の流れのような場合も理解できる。したがってより本質的な理解である。

また翼の表面などでは粘性により摩擦があり、また流れが剝離することが生じるので、ベルヌーイの定理はいつも適用できるわけではないことを考えれば、このような説明の方がより全体的にまた直観的に揚力を理解できるだろう。

そういう視点で見てみると飛行機が飛行をしているとき確かに下向きの空気によって、地表の気圧が高まり空気がクッションになっている。ただし地表の圧力は飛行機からの距離が大きいので広範囲に広がる。そのために増えてもごくわずかでしかないので、飛行機の下にいる人が重荷を感じるほどではない。

●ヨットも同じ原理で走る

ヨットは風上に直接向かうことはできないが、風に向かってジグザグに進んで風上に進むことができる。このとき飛行機の翼に当たるのがセール(帆)であるが、セールは一枚の布であるので風と平行に張っただけでは旗のようにたなびくだけになってしまう。そこで、風に対して少し斜めに、セールが曲線を描いて翼のようになるようにしてやる。この揚力だけでは船は風に対して直角にしか動けない。そこで船は横方向の力を船体などで横に動きにくくして打ち消し、前方に進めるようにしている。

●参考文献……………………
今井 功『流体力学』、岩波全書、1970.
友近 晋『流体力学』、初等物理学講座、小山書店、1956.
加藤寛一郎『隠された飛行の技術』、講談社、1994.
ランドスベルク『物理学』、理論社、1974.

[平塚正彦・上條隆志]

46—紙飛行機はどうすればよく飛ぶか

●紙飛行機の力学

紙飛行機はグライダーの一種だ．図1は滑空状態を表している．Lは揚力，Dは抗力，Wは重力を表わし，θを滑空角，αを迎え角，Vを滑空速度，Vの鉛直成分wを沈下速度と呼ぶ．力の釣り合いの式は，

$$L = W \cos \theta \tag{1}$$
$$D = W \sin \theta \tag{2}$$

である．式(1)，(2)より

$$\frac{L}{D} = \frac{1}{\tan \theta} \tag{3}$$

が成り立つ．この$\dfrac{L}{D}$を揚力と抗力の比，すなわち揚抗比と呼ぶ．また沈下速度は，

$$w = V \sin \theta \tag{4}$$

である．

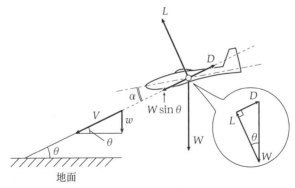

図1　力の釣り合い

図2のように，αがおよそ16°程度までは，Lはほぼαに比例し，Dはほぼα^2に比例する．図3は揚抗比曲線の例で，このように，α

$= 4°$ 前後で $\dfrac{L}{D}$ が最大となる場合が多い(この角度は，主翼の形によって異なる).

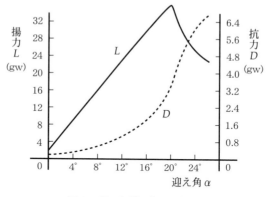

図2　紙飛行機の揚力と抗力

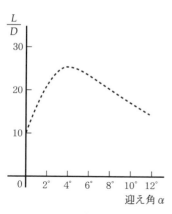

図3　揚抗比曲線

●滑空距離を最大にする

滑空距離を最大にするには，滑空角 θ を最小にすればよい．ある高度 H からの滑空距離 X は，図4より

$$X = \frac{H}{\tan \theta} \qquad (5)$$

式(3)を考えると

$$X = H \cdot \frac{L}{D} \qquad (6)$$

となるから，揚抗比が最大となるような姿勢で滑空するように調整する．具体的には，機首のおもりを少しずつ減らして重心位置を変えながら，水平尾翼の昇降舵で水平安定をとって，滑空距離を調べていく．

●滞空時間を最大にする

滞空時間を最大にするには，沈下速度 w を最小にすればよい．図1より

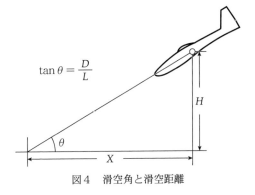

$$\tan \theta = \frac{D}{L}$$

図4　滑空角と滑空距離

$$w = V \sin \theta = V \cdot \frac{D}{W} = V \cdot \frac{D}{\sqrt{L^2 + D^2}}$$

D は L より十分小さいので

$$w = V \cdot \frac{D}{L} \tag{7}$$

としてよい．一方で，揚力 L と抗力 D は，

$$L = \frac{1}{2} \cdot \rho V^2 S C_L \tag{8}$$

$$D = \frac{1}{2} \cdot \rho V^2 S C_D \tag{9}$$

である．ただし，ρ は空気密度，V は滑空速度，S は翼面積で，主翼固有の係数 C_L, C_D をそれぞれ，揚力係数，抗力係数と呼ぶ．

まず，滑空速度 V を考えよう．式 (8), (9) より

$$W = \sqrt{L^2 + D^2} = \frac{1}{2} \rho V^2 S \sqrt{C_L^2 + C_D^2}$$

は，$C_L \gg C_D$ なので

$$W = \frac{1}{2} \rho V^2 S C_L$$

としてよい．これを V について解けば

$$V = \sqrt{\frac{2W}{\rho S C_L}} \tag{10}$$

となる．また，

$$\frac{D}{L} = \frac{C_D}{C_L} \tag{11}$$

である．式 (7), (10), (11) より

$$w = \sqrt{\frac{2W}{\rho S}} \cdot \sqrt{\frac{C_D{}^2}{C_L{}^3}} \tag{12}$$

を得る．式 (12) より，沈下速度 w を最小にするには，$\sqrt{\dfrac{C_D{}^2}{C_L{}^3}}$ を最小にすればよいことがわかる．図5 は $\sqrt{\dfrac{C_D{}^2}{C_L{}^3}}$ と迎え角 α との関係を表すグラフ例である．この例に見られるように，$\sqrt{\dfrac{C_D{}^2}{C_L{}^3}}$ は，迎え角 α が大きくなるとだんだん減少し，ある迎え角 α_0 のとき最小値となる．滞空時間を最大にするには，迎え角が α_0 となる姿勢で滑空させればよい．この角度 α_0 は，揚抗比を最大にする迎え角 α より大きいので，具体的な機体の調整は，前に行なった方法をさらに進めて，より大きな迎え角で滑空させ，その飛行機にとって最良の迎え角 α_0 をみつければよい．

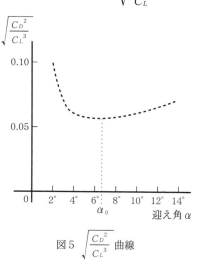

図5 $\sqrt{\dfrac{C_D{}^2}{C_L{}^3}}$ 曲線

●参考文献……………………

牧野光雄『航空力学の基礎』，産業図書，1989．

内藤子生『飛行力学の実際』，日本航空整備協会，1997．

小林昭夫『紙ヒコーキで知る飛行の原理』，講談社ブルーバックス，1988．

［吉倉弘真］

47―霧吹きをベルヌーイの定理で　説明するのは誤りである

●よく見られる霧吹きの原理の説明

多くの本には霧吹きの原理はベルヌーイの定理の応用として次のように説明されている．まず霧吹き自体を現代では知らない人が多いかも知れないが，霧吹きは息の力によって水を吸い上げ霧にして，例えばアイロン前の洗濯物に吹き付けたりする．昔，筆者は模型の塗装をするのに今のエアブラシの代わりに霧吹きを用い，えらく息が疲れたのと，霧吹きをだめにして怒られた思い出がある．

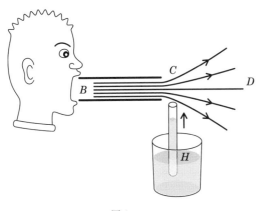

図1

さて，標準的説明はこうだ．左から吹き込まれた息は BCD を図のような気流を作って流れる．そうだとすると，流れる空気の質量は途中でふえたり減ったりしないから（でないと途切れてしまう），密度が変わらないとすれば，断面積の小さいCでの流速はDより速いはずである．さて，流体においては流れの速いところは圧力が低いというベルヌーイの定理があるので，Cの部分はDより圧力が低くなる．水面Hの気圧はDでの気圧と同じなので，下の水を吸い上げる．この水を気流とともに霧として噴射する．

●ベルヌーイの定理とは何か

さて根拠となるベルヌーイの定理とは何か．気体や液体のような流体で圧力を p，密度を ρ，速度を v，単位体積あたりの外力のポテンシャルエネルギーを H としたとき，1つの流れを表わす流線について $p+\frac{1}{2}\rho v^2+H$ が一定の値を保つというもので，これはエネルギー保存の法則に他ならない．それを見てみよう．いま，図のように流体中にパイプのような部分を考えて AB にある部分が $A'B'$ にうつったとすると，このとき AA' の部分がなくなって BB' が加わったと考えてよい．断面 A における断面積，圧力，

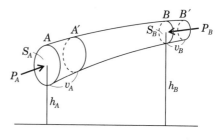

図2

流速を S_A, P_A, v_A，断面 B におけるそれを S_B, P_B, v_B とする．流体 AB の部分に断面 A を通じて力 $P_A S_A$ の力が働き，単位時間当たり $P_A S_A v_A$ の仕事をする．同様に B でされる仕事は $-P_B S_B v_B$ である．結局この部分がされる仕事は $P_A S_A v_A - P_B S_B v_B$ となる．位置エネルギーの変化は，重力だけを考えると，A と B の高さを h_A と h_B，流体の密度を ρ とすれば，$\rho_B g S_B v_B h_B - \rho_A g S_A v_A h_A$，運動エネルギーの増加は $\frac{1}{2}\rho_B S_B v_B v_B{}^2 - \frac{1}{2}\rho_A S_A v_A v_A{}^2$．ここでエネルギー保存と流体が縮まないことから $\rho_A = \rho_B = \rho$，$S_A v_A = S_B v_B = V$ とできて，エネルギー保存の式を書き下せば，

$$(\rho_B V g h_B - \rho_A V g h_A) + (\frac{1}{2}\rho V v_B{}^2 - \frac{1}{2}\rho V v_A{}^2) = P_A V - P_B V$$

となり，これを変形して

$$P_A + \frac{1}{2}\rho v_A{}^2 + \rho g h_A = P_B + \frac{1}{2}\rho v_B{}^2 + \rho g h_B$$

が得られる．これがベルヌーイの定理である．

したがってこれが正しいとすれば，図1のC，Dを比べたとき v が大きいC点では当然D点より圧力 p が小さい．Dが遠方であればそこ

は1気圧になっているであろうからCでは1気圧より小さく，水を吸い上げる．このように，この定理で流体のさまざまな現象を説明することが多い．しかし，それは間違いだ．

●ベルヌーイの定理を適用することの誤り

定理を適用するにはまずそれが成立する条件を確かめなくてはならない．ベルヌーイの定理の条件は

ア．密度が一定である．つまり縮まない．

イ．外部から働く力は，ポテンシャルエネルギーで表わせるような位置だけで決まる保存力であること(例，重力)．粘性があったり摩擦のような力を受けることのない，さらさらな流れであること．

ウ．あくまで1つの流線について1つの定数である．つまり同一流線上での圧力を比較するものであることに注意しよう．

霧吹きの場合はどうか．

あとで述べるように，気流と周囲の大気との間に強い摩擦力が働く．したがってそこでは粘性が利いてくるのでイ.は成立しない．定理の条件がみたされていないことになる．

同時にそもそもおかしいのは，気流はすでに外に出ているのだからCDのどこでもその境界面では大気の圧力(ほぼ1気圧)に等しいはずである(厳密には後に出てくるような効果で圧力はわずかに大気圧より低いが，上のようにベルヌーイの定理を適用できるものとは異なる)．実際，気流の内部でも圧力はほとんど1気圧に等しい．この両方の理由からベルヌーイの定理による上の説明は誤りといえる．よって全体が管のような閉じている場合はベルヌーイの定理が使えるとしても，霧吹きにはそのまま適用できない．

●霧吹きの原理の正しい説明

実際の流れは一見すると広がっているように見えるが，それは粘性により周りの空気を巻き込むからで，Bの部分から先では断面積はほとんど変わっていない．ここでは粘性が大きな役割を果たすので，ベルヌーイの定理を使うことができない．水流で空気を引っ張って抜く

水流ポンプはこのことを応用している．ガスコンロが自然に空気を吸い込むのも同じである．

しかし粘性で空気を引き込む効果ではそれより重い水を吸い上げるには十分ではない．それでは霧吹きのどのような説明が適切か．それは流れの中にパイプが挿入されることによって，生じる流れの変化で説明される．

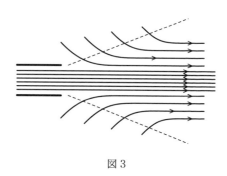

図3

パイプにぶつかった気流は剝離し，そこに渦を作る．そのため，そこの気圧は外部よりずっと小さくなる．そのため外との大きな圧力差が生じ，水を吸い上げることができる．

以上の説明は，強風が家に吹き付けたときの流れの変化による圧力低下で屋根がはがれる現象と同じである．

まとめていえば，この場合は空気の流れにベルヌーイの定理を適用することはできず，流れの中にものを入れたときに初めて圧力変化を生じるのである．

このように実際の空気の流れは粘性の効果を伴ってさまざまな現象を起こすので，それを粘

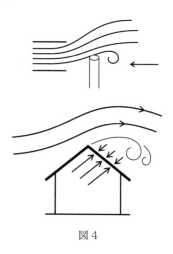

図4

性のないときのベルヌーイの定理ですべて説明しようというのは誤りといえよう．

●参考文献……………………

種子田定俊，「誤解の多い『ベルヌーイの定理』」，日本物理学会誌，**50**(1995)972.

ロゲルギスト『続物理の散歩道』，岩波書店，p. 153，1967.

木田重雄『いまさら流体力学？』，丸善，p. 38，1994.

今井 功・岩岡順三・江沢 洋・木下是雄・小島昌夫・近藤正夫・高見穎郎・林淳一
編『物理B教科書(三訂版)』，実教出版，1972.

［上條隆志］

48−夕立は激しく，霧雨はしとしと降る． なぜ？

　雨は高い空から落ちてくる．あんな高さから落ちたら，すごいスピードで人を傷つけるのではないか？

　まず，空気がないときに地上に達したときの雨の速さを見積もってみよう．雨は 1000 m 上空の雲から降ってくるとしよう．抵抗力がないときの落下運動の公式

$$y = \frac{1}{2} \times gt^2,$$

$$g = 9.8 \text{ m/s}^2$$

から落下時間は約 14.3 秒，そのときの速さは $v = gt$ より秒速 140 m になる．これは時速 500 km になる．新幹線の速さの 2.5 倍だ．これでは地上は大被害を受けるだろう．

　しかし，実際は雨の速さはそんなに大きくならない．それは空気抵抗のおかげだ．雨が重力で加速されると空気抵抗も速さにつれて増えていき，やがて雨に働く重力と空気の抵抗力が等しくなる．力が釣り合うと雨は止ま

表1　水滴の落下速度（気圧 1013 mb, 気温 20℃ の静止大気中）

水滴の直径 (mm)	終端速度 (cm/s)	水滴の質量 (μg)	備考
0.01	0.3	0.000524	雲粒〜霧雨粒
0.02	1.2	0.00419	
0.05	7.5	0.0655	
0.1	27	0.524	
0.2	72	4.19	
0.5	206	65.5	
0.8	327	268	雨滴
1.2	464	905	
1.6	565	2140	
2.0	649	4190	
2.4	727	7240	強い雨の雨滴
2.8	782	11490	
3.2	826	17160	
3.6	860	24400	
4.0	883	33500	
4.4	898	44600	
4.8	907	57900	
5.2	912	73600	
5.6	916	92000	

っでしまうだろうか．いや慣性の法則があった．合力がゼロになれば，そこからは一定の速さで落ちてくる．この速度を終端速度という．実際に測定した終端速度と雨の大きさを表で示そう．地球上のものは大気で守られていることを改めて感じさせられる．

●空気抵抗とレイノルズ数

　雨に働く空気抵抗は，雨粒が遅いときは速さに比例し，速いときは速さの2乗に比例すると教科書には書かれていることが多い．実際にどうなるか検討しよう．まず空気抵抗の性質を調べてみることにしよう．

　一般に物体の周りの流れは，ほとんど平行な整然とした流れである層流と，不規則に変動し多くの渦から成り立つ乱流に分けられる．物体の周りの流れがどちらになるかは何によって判断できるだろうか．このことは1833年にレイノルズ(Osborne Reynolds)によって研究された．彼はタンクの水の中に細いガラス管を入れ，そのガラス管の先端から着色した水を流し，水の速度を変えて流れの様子を調べた．そして，流速がある速さまでは流れが多少乱れても層流に戻るが，その速さを越えると層流を保つことができなくなることを見いだした．彼の実験は多くの人に受け継がれたが，この臨界値は，彼の導入したレイノルズ数で装置や流体が何であるかに関係なく表わすことができた．多くの実験の結果によると臨界値は約2000である．レイノルズ数 R とは次のように定義された量である．$R = \dfrac{Ud}{\nu}$，ただし U は平均流速，d は物体の特徴的長さ，ν は運動粘性率といって流体の粘性率 μ と密度 ρ の比 $\dfrac{\mu}{\rho}$ であり粘性と慣性質量の比と考えられる量である．それぞれの値がいろいろ違ってもレイノルズ数が同じなら流れの性質は同じと考えることができるので大変便利である．

●球状の物質の空気抵抗

　さて，それでは雨を球状の水滴と仮定して考えよう．球が空気中を動くのは，止まっている球に空気の流れが吹きつける場合と同じだろう．1910年代には世界各地で球の受ける抵抗力を測定する実験が数

多く行なわれたが，その値はなかなか一致しなかった．それは主に各装置の気流の乱れ具合が微妙に異なっていたせいらしい．それはさておき，現在得られているデータはおおむね図1のようになっている．

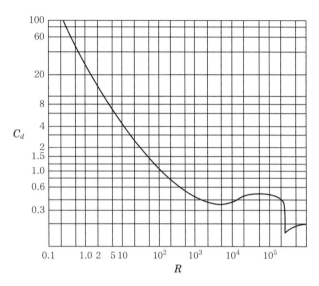

図1 （ランダウ＝リフシッツ『流体力学1』東京図書より転載）

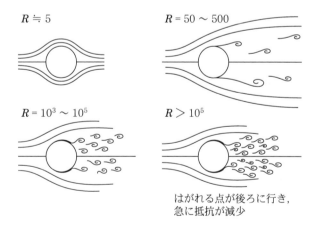

はがれる点が後ろに行き，
急に抵抗が減少

図2 （今井功『流体中の物体の抵抗』
数学セミナー1996年11月号より）

ここからどんなことが分かるだろうか，ただし，抵抗係数 C_d は半径 a の球に対する抵抗力を D としたとき，

$$C_d = \frac{D}{\frac{1}{2}\rho U^2 \pi a^2}$$

で定義されている．

　このグラフの変化は何に対応するのだろうか．実際にレイノルズ数の変化によって球の周りの流れの変化がどうなっているかみてみよう．図 2 のように R が小さいときは層流であるが，R が 5 を越える頃から渦ができはじめ，50 から 500 くらいでは左右にカルマン渦ができる．そしておよそ 1000 を越えるとつねに乱雑な渦の集団が現われている．この部分ではグラフの C_d がほぼ一定になる．ここでは流れの様子はほとんど粘性によらず，抗力もまた粘性によらないのである．さらに R が 2×10^5 付近で境界層が乱流となり，渦がはがれる位置が後方に移動することによって抵抗力は急減する．

●レイノルズ数と空気抵抗の関係

　それぞれのレイノルズ数の領域と空気抵抗の関係を調べよう．グラフからレイノルズ数 R が十分小さいときは C_d は $\frac{1}{R}$ に比例する．よって抵抗力 D は，比例定数を k として

$$C_d = k\frac{1}{R}$$

上式に C_d の定義の式を代入して

$$D = \frac{1}{2}\rho U^2 \cdot \pi a^2 \cdot \frac{k}{R}$$

レイノルズ数 R を定義式にしたがって書きかえると

$$D = \frac{\frac{k}{2}\pi a^2 \rho U^2}{\frac{\rho l U}{\mu}} = \frac{k}{2}\pi a^2 \mu \cdot \frac{1}{2a} U \qquad (l = 2a)$$

$$= \frac{k}{4}\pi \mu a U$$

U に比例する．実際ストークスは $D = 6\pi\mu a U$ という法則を導いて

いる(ストークスの法則，$k = 24$)．したがって，この領域では空気抵抗が速さに比例する．

それでは R が 1000 から 100000 くらいではどうか．グラフからここでは C_d はほぼ一定値となる．その一定値を k' とすると，$C_d = k'$ だから

$$D = \frac{1}{2}\rho U^2 \cdot \pi a^2 \cdot k' = \frac{k'}{2}\rho \cdot \pi a^2 U^2$$

したがって，空気抵抗 D は速さの 2 乗に比例する．これはニュートンの法則といわれる．

●雨粒についてレイノルズ数の見積もり

したがって雨の空気抵抗が速さに比例するか速さの 2 乗に比例するかは，雨の大きさと速さと水の質量と空気の粘性に関係する．はじめの表をもとに雨粒のレイノルズ数を見積もってみよう．

20℃ の空気では：

$$\rho = 1.205 \ \text{kg/m}^3$$

$$\mu = 1.81 \times 10^{-5} \ \text{kg/m} \cdot \text{s}$$

$$\nu = 1.50 \times 10^{-5} \ \text{m}^2/\text{s}$$

したがって，レイノルズ数 $R = \dfrac{2aU}{\nu}$ の値は

$$2a = 0.1 \ \text{mm} \longrightarrow R = 1.80$$

$$2a = 0.8 \ \text{mm} \longrightarrow R = 174$$

$$2a = 2.0 \ \text{mm} \longrightarrow R = 865$$

となる．よって雨粒の直径 2 mm 以上では速さの 2 乗に比例し，0.1 mm 以下では速さに比例することがいえる．

●参考文献………………………

ランダウ・リフシッツ『流体力学 1』，竹内 均訳，ランダウ＝リフシッツ理論物理学教程，東京図書，1972，p.184-188.

今井 功「流体中の物体の抵抗」，数学セミナー，1996 年 11 月号，日本評論社.

友近 晋『流体力学 2』，初等物理学講座，小山書店，p.52-79，1956.

[有元則夫]

【コラム7】

指導要領の拘束性をなくし，物理を自由に

　この本で私たちがいいたかったのは，物理学は真実のみに忠実で，なにものにも拘束されない自由なものだということだ．しかし現実には学校の物理は自由ではない．学習指導要領があるからだ．

　戦前は小学校では国定教科書，中学校では文部省の定める教授要目によっていた．これが戦後の反省から廃止され，学習指導要領が登場した．1947年の初めての学習指導要領一般編（試案）ではその性格をこう述べる．「これまでの教師用書のように一つの動かすことのできない道を決めて，それを示そうとする目的で作られたものではない．新しく児童の要求と社会の要求とに応じて生まれた教育課程をどんなふうに生かして行くかを教師自身が自分で研究して行く手引きとして書かれたものである」

　ところが，1955年の文部広報で「学習指導要領の基準によらない教育課程を編成し，これによる教育を実施することは違法である」となり，1956年度の高校一般編から試案の文字が消される．性格が変わって拘束力をもつようになったと一般にいわれるのは，1958年改定の指導要領を官報告示として発表したときからだ．やがてたとえば，1978年の教育委員会月報では「学習指導要領は，学校教育法の委任によって定められるもので法律を補充するものとして法的拘束力を有する．従って学習指導要領に反する教育を行なうことは許されない」となっていく．

　つまり指導要領はだんだん拘束力をもつものに変えられてきたのである．それでは文部省が根拠としている学校教育法施行規則第25条には何と書いてあるか．「教育課程についてはこの節に定めるもののほか，教育課程の基準として文部大臣が別に公示する学習指導要領によるものとする」．基準とはあくまでも「基礎となる標準」であろう．

もう一度原点に戻ってほしい．そう要求し，指導要領の拘束性を廃し，物理を学ぶ生徒と教師の自主性にまかせようではないか．

［2001 年に文科省は「学習指導要領は最低限を規定したものだ」と言いはじめた．拘束性を速くなくすのが本筋だが，これはこれで物理の学習を活性化するために利用したらどうだろう．］

指導要領は外的な拘束力だけでなく，その中身にも大きな問題がある．いまの指導要領は，何を学ぶかよりも，「意欲・態度・関心」を重視し，「個性重視」「生きる力」「心の教育」をうたうようになっている．どんな自然現象をもとにどのような自然法則を見出すかは重要ではなくて，生徒が自分の関心で意欲を持って活動すれば，内容・結論がどうであろうと教師はそれを「支援」すればよい，という文部科学省（文科省）や教育委員会の「指導」があることが，実際の授業の現場からは報告されている．

指導要領にも「哲学」が隠れている．ここにあるのはいわゆる「ポストモダニズム」あるいは認識的相対主義，つまり科学を人間の認識と独立した実在の法則の反映と見ずに，科学も数ある「物語」「神話」「社会的・言語的構築物」のひとつとしか見ない(今流行の，そしてパラダイム論もそれに属するであろうところの)姿勢である．そこでは科学的論争のどの意見・枠組みも等価とされ，客観的自然に基づいて決着が着くということが否定されている．文科省とポストモダニズムの結びつきがどこから来るのか定かではないが，指導要領の内容からその影響は明らかである．

このポストモダニズムの哲学の流行に対し，物理学者ソーカル(Alan Sokal)とブリクモン(Jean Bricmont)が痛烈な批判を突きつけている．批判されている哲学と指導要領の共通性に驚く．一読を薦めたい．

●参考文献……………………

アラン・ソーカル，ジャン・ブリクモン『知の欺瞞』，田崎晴明・大野克嗣他訳，岩波書店，2000.

［上條隆志］

49—クジラを撃つ銛の頭はとがっていない

　今では，鯨の保護のため，および知能の高い動物を殺すことの残酷さへの非難が高まったことにより，国際条約で捕鯨は商業的には禁止されている．以前は，捕鯨は船団を組んで南氷洋に出かける華々しい漁業であった．そしてその鯨を追って捕える船はキャッチャーボートといわれる小さな船で，船の先に銛を飛ばす台があり，砲手が引き金を引くと綱がついているその銛が飛んでいって鯨にささり，中で爆発させたり電気を通じたりして鯨を仕止め，母船まで引いて行き，そこで解体・加工するようになっていた．そして，そのキャッチャーボートの先端についているのが下の写真に示す平頭銛である．

平頭銛(協力：船の科学館)

　ところで，よく見るとこの銛の先は平らになっていて，尖っていない．実はこの「平ら」であるところに物理学者のアイデアがあったのである．

●釧路港での実験
　この銛が使われる前は，当然のことながら先の尖った銛が使われて

いた．そしてこの尖頭銛での射撃は大へんな熟練を要することで，鯨は体が大きくても水面上に出るのは小さな部分であり，ここに命中させなければならないし，もし鯨をそれると，少し近すぎただけでも銛が水面に当たって跳び上がり鯨をとび越してしまう，という問題があったのである．

　1948年，ロープに関する研究班ができたとき，東大からの数名の参加者の中に，物理学者・平田森三がいた．そこでの捕鯨用ロープの話をきっかけにして彼は上のような問題を聞き，興味をもつ．

　すでに砲弾でもそのようなことがあり，その対策としては尖端を平らに切り落とせばよいことを知っていた平田はその意見を述べたが，捕鯨の実際問題を担当している専門家には受け入れられなかった．「砲手は尖端にヤスリをかけて鋭くすることを心がけている」という現実と「平らな銛ではつきささらないだろう」という思いこみと，「何十年もの間こうしてやってきた」という経験とに，とらわれていたのである．

　1949年，電気銛の実地試験で第1太平丸という試験船に平田は同乗する．このときは自分のテーマの電線入りロープの状況を見るのが目的であったが，実際の捕鯨の場面での銛の反跳の様子を見て，平頭銛の実験を早急に実現しなければならない，という衝動に駆られ，船が台風の余波のため釧路の港に数日間の停泊をしたとき，銛の頭を金鋸で切って応急の平頭銛をつくり，海水面に打ち込む実験を行なった．とにかく平頭銛ならば反跳しないで水中を直進する，という事実を船の人々に納得してもらうことが大切だ，と考えたのである．同乗の学

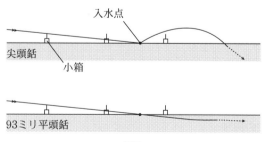

図1

者も船長も乗組員もみな乗り気になり，実験は見事に平田の予想どおりの結果を得た（図1）.

しかし，そこに立ち合っていた大型捕鯨船の砲手たちの感想は「なるほど反跳はしないが，鯨につきささるかどうか疑問だ」ということだった．ここには，貫通力について，日常よく見る「速度が小さいとき」の現象をついつい拡大解釈してしまう人間の傾向があらわれている.

速度が大きいときは別だ，という平田の意見に，研究心のさかんな第1太平丸の人たちは積極的に反応し，電気銛に応用しようと言い出し，釧路港のたもとの旭鉄工所で図2のような応急の銛をつくってもらう．先端の円錐形の部分は取りはずし可能だったので加工がしやすかった.

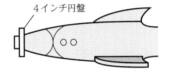

4インチ円盤

図2　電気銛の頭部

9月5日，イワシ鯨を射撃，約2m手前の水面に当たったが水中を直進して命中，9月6日は皮の硬いマッコウ鯨でも成功し，見事にその優秀さが実証された.

その年のうちに火薬銛にも応用したものがつくられ，翌1950年の春から実際の捕鯨に使われるようになったのである.

●なぜまっすぐ進むか

ではなぜ頭に円盤をつけるとまっすぐ進むのか．水の中を平板や棒のまん中を持って引っぱってやると，板も棒も流れに直角の向きになろうとする（図3）．だからその銛の向きが傾くと，頭の平面を進む向きに直角にしようという復元力が働く．それにひきかえ，先端が尖った弾は一度傾きはじめると傾きは

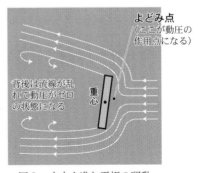

よどみ点
（ここが動圧の
作用点になる）

背後は流線が乱
れて動圧がゼロ
の状態になる

重心

図3　水中を進む平板の運動

図4 尖った弾丸の軌道

ますます大きくなってしまうだろう(図4).水の中でも鯨の体内でも
同じ現象がみられるのである.現在の銛は円盤をつけず,冒頭の写真
のように先端が平らになっているだけなので,上記のような復元性は
弱くなるが,先端が尖った場合に方向選択性が鋭敏になりすぎてしま
うことを防いでいる.

なお,人類史上はじめて人間を乗せて月を周回したアポロ8号につ
いて,朝日新聞(1968年12月25日,夕刊)は地球帰還の際の大気圏
突入の想像図をのせ,姿勢制御して(円錐形の船体の)底部を前にする
と述べていた.これも平頭銛と同じ原理である.

最近,月の内部を調べるため,地震センサーをカプセルに入れて月
面にうちこむ計画が日本にもあるが,ここでも曲がらないようにする
ため,平頭型が使われている.

●参考文献……………………
平田森三『キリンのまだら』,自然選書,中央公論社,1974.
江沢 洋「宇宙船と捕鯨の銛」,自然,1969年3月号,中央公論社.

[浦辺悦夫]

50—スキージャンプの姿勢の力学

　スポーツの物理的な研究が盛んに行なわれるようになった．物理的な研究によって大きく変わっていったものの1つに，スキージャンプの姿勢の問題がある．まだ今のような科学的分析がさかんでなかった頃から，これに取り組んで先駆的成果を上げたのが日本の物理学者たちである．その跡を訪ね，業績を紹介しよう(以下は参考文献による)．

●実験にいたるまで

　スキージャンプの模型実験を風洞(風を吹き付けて空気の流れを調べる装置)ではじめて行なったのはスイスの R. Straumann である．彼は踏切速度が 20 m/s を越えると，空気力が重要な影響をもつので，強い前傾姿勢が有利なことを主張し，当時の名選手たちのジャンプを根拠づけた．ところがその後の技術の展開が必ずしもその理論に沿っ

ていないことに対し，日本工業能率研究所の大森健生の依頼を受けた谷一郎・三石智は，オリンピック代表選手の協力を得て改めて実験を行ない，もっと納得のいくよう詳細な検討と数量化を試みた．

写真1

●測定装置

　彼らの使用した風洞は，単純な吹き出し型で(写真1)，測定断面は 60 cm×60 cm の正方形，風速は 24 m/s，模型は実物の5分の1でスキーの長さ 47 cm，人物の身長 35 cm，スキーは金属製，人物は木製だった．図1のように角度 $\theta, \sigma, \varphi,$

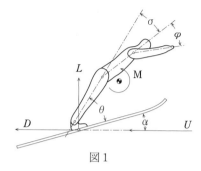

α を定め、これらの角度をいろいろ変えて、模型に働く風の抵抗力 D，上向きに働く揚力 L，重心を通る水平軸の回りのモーメント M を測定した。

図1

●結果

図2は $\theta = 40$ 度，$\sigma = 20$ 度，$\varphi = 30$ 度の場合の測定結果の1例である。ただしグラフの数値は L および D を動圧

$$q = \frac{1}{2}\rho U^2 \qquad U \text{は風速，} \rho \text{は空気密度，}$$

で割り、さらにそれに5の2乗をかけた数値で表わしている。5の2乗をかけるのは模型の5倍の実物の状態に換算するためである。この図の結果を見ると迎角を増せば揚力も抵抗も増加するが、抵抗の増加の方が大きいから、ここでは揚抗比 L/D は迎角10度の付近で最大となり、それより迎角を増せばかえって減少することが分かる。

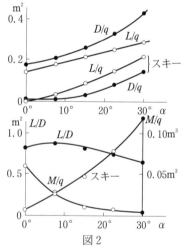

図2

谷と三石は上述の角度をいろいろ変えて実験を行なった。図3は φ を30度に固定して（当時としては代表的なフォーム？）θ を横軸にとり、σ, α をパラメーターとして測定した L/D である。遠くへ飛ぶには抵抗を小さく揚力を大きくしたいだろうからこれが大きい方が有利であろう。彼らの得た結論を示そう。

1. 迎角 α が小さいと人間の揚力が大部分を占め、迎角が大きいとスキーの揚力の割合が大きい。

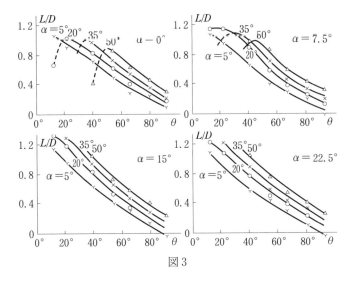

図3

2．揚抗比 L/D は θ が小さいほど大きいが，小さくしすぎると減少する．その限界値は $\theta+\alpha=\sigma$ すなわちほぼ体が風と平行になるところにある．

3．2で述べた限界を超えない限り，揚抗比は θ が小さいほど大きいが，その最大値は $\alpha=15$ 度において $\theta=12$ 度，$\sigma=20$ 度または $\theta=22$ 度，$\sigma=35$ 度の組み合わせで実現している．

その上で彼らは実際に飛行径路の曲線を計算してみている．そこでは上の3は極端な前傾すぎるとして，それに次いで L/D が大きいものとして $\theta=22$ 度，$\sigma=20$ 度(A)を選び，もうひとつ選んだ(B)の場合と比較して，速度 U を変えた飛行径路曲線のいろいろを描いてみた．飛距離は明らかに A が大きい．計算ではこの2つの差は主として抵抗であった(図4)．

2人はこれらによって改めて前傾が有利なこと，またそのことをくわしい実験結果で実証した．

しかしそれ以上のこともこの研究に含まれていたように見える．かれらは上肢角 φ を30度として実験したが，この φ も変えて実験して

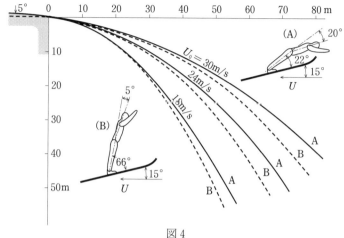

図4

いる（図5）．その結果は明らかに
180度，すなわち手を後ろにするこ
とが有利なことを示している．その
ことは現在のフォームを見れば明ら
かでもあるが，不思議なことにこの
論文では，それに言及していない．
当時は手を前に挙げるフォームが一
般的だったからだろうか．

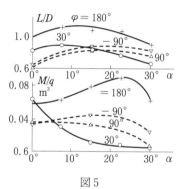

図5

　とにかくこれらの結果が，その後
のスキージャンプの姿勢に大きな影響を与えたことは事実である．日
本の物理学者たちは世界でもはやくからこのような独創的な研究に取
り組んできたのである．

●参考文献……………………
谷一郎・三石智「スキー飛躍の空気力学」，『科学』vol. 21，no.3，岩波書店，
　1951．
　本項の写真1，図1〜図5はすべてこの論文より転載した．

［上條隆志］

【コラム 8】

あるいは物理学の道を
歩まなかったかも知れない
湯川秀樹の話———

　「私は大地震にあう機会を，ちょっとのところで失ったのである」とノーベル賞受賞者湯川秀樹（1907-1981）は書いている．「大正 12 年に私は三高に入学した．その 8 月に野球その他一高との対抗試合が東京で行われるというので，私も応援団の一員として「三」の字を染め抜いた赤旗と太鼓の中に埋もれながら，夜行で上京した．試合が済んで東京をたったのが 8 月 31 日の晩である．京都の家に帰って一息したところへ，弱いが明らかに地震が来た．これが関東の大地震の余波であった」．そして，こう続ける．「もしもう一日東京にいて震災を経験したならば，あるいは私も父の後を継いで地質学でもやっていたかも知れない」と．湯川は物理学の道を歩まなかったかも知れない……？

　湯川秀樹の実父小川琢治は地質学者として著名である．幼いころから多方面に関心を示す人で，一高時代に自分の専攻について迷い，一時は電気工学に志を向けた．しかし，結局，地質学を専攻することとなるについては，2 つの動機があったという．1 つは明治 24 年秋の濃尾の大地震．22 歳，郷里紀州に帰る途中，震災地の酸鼻の状況をまのあたりに見たこと．もう 1 つは，郷土の山河の雄大に触れた熊野旅行．「濃尾の野の地変も，郷土の風物の千状万態も，ともに地質学の研究対象にほかならぬことを思うて，彼の決意はついに定まった」のである．あのとき，湯川がもう 1 日東京にいて関東大地震を直接に

体験していたならば，あるいは，彼は父のように，ほんとうに地質学
に進んでいたかも知れない．

　もっとも湯川はすでに田辺 元，石原 純らの物理学啓蒙書を読み，
そこに書かれた「量子」という言葉に魅力を感じていたというから，
結局は，物理学の道を選びとったには違いないのだろうが．

●参考文献……………………
湯川秀樹『旅人』，講談社学術文庫．
『湯川秀樹著作集』，岩波書店．

[宮村 博]

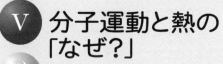

V 分子運動と熱の「なぜ?」

51−氷の温度は 0 度なのか

　冷蔵庫の冷凍室内の氷の温度は，一体何℃だろう？「0℃でしょう．温度目盛りの基準点の 1 つとして，水の凝固点は 0℃と習いました」と答えが返ってくるかもしれない．しかし，考えてみると，冷凍室の中には，アイスクリームなど 0℃で凍らない物も保存できるわけだら，冷凍室内はアイスクリームが融けないだけの低温，おそらく−5℃くらいにはなっているはずだ．つまり，冷凍室内の温度によって，−5℃の氷も，−10℃の氷も存在するはずである．氷だからといって，いつも 0℃というわけではない．

　では，同じ氷でも温度が違うと何が違うのだろうか．氷は水素と酸素でできた水の分子 H_2O が図のように結びついて固体を作っている．各原子は動きまわることこそできないが，自分の位置の周りで振動をしている．ときに大きく振動したり小さく振動したりで，原子によってもさまざまだが，たくさんの原子にわたる振動のエネルギーの

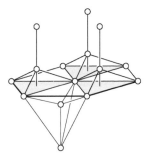

図 1　水分子の反復配列
水素原子の位置は省略. 図2を参照.

平均値は一定で温度に比例している．原子の動きが平均において速くなれば，より高温になったということであり，逆に遅くなることは，より低温になったことである．

　教室の各生徒を原子にたとえてみよう．授業中は自分の席が決められているが，ピクリとも動かないときもあれば，きょろきょろとあっちこっちを見ているときもある．教室が全体として静かな時が温度が低い氷，きょろきょろざわざわ動いているときが 0℃に近い氷ということになる．チャイムが鳴り，席から離れて自由に動くようになると，

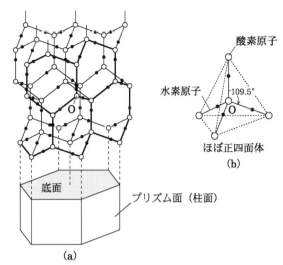

図2　氷の結晶の構造
（黒田登志雄『結晶は生きている』サイエンス社より転載）
氷の結晶格子. 白丸は酸素原子, 黒丸は水素原子.
(a)は六方晶の氷結晶. (b)各酸素原子は, 最近接位置にある
他の四個の酸素原子によって, ほぼ正四面体的に囲まれて
いる. 図(a)の O の位置にある酸素原子を中心においた.

液体に変わったというところか. 温度とはこのように原子や分子運動
の激しさであり, 同じ氷のように見えても中の様子は温度によってい
ろいろである.

　同じように水だっていろいろある. 0℃だからといって氷とも限ら
ない. 私たちが暮らしている1気圧の場所でも, 実は0℃より冷たい
水もあるのだ. 非常に不安定な状態だが, 過冷却状態と呼ばれてい
る. −10℃くらいまでならば, 液体の水として存在させるのもそう難
しくはない. 不純物の少ないきれいな水を, ゆっくりゆっくり, 冷や
すとよい. 不安定なので, わずかなショックで, 例えば, 手で触れた
だけでも, 一瞬にして氷になってしまう. 北国の寒い時期に, 水を張
って戸外に出しっぱなしにしておいた洗面器に, 顔を洗おうとして,
ちょっと水に触れた瞬間, 氷になったという話もある.

　どうしたら過冷却の水を観察することができるのだろうか. 水道水
では不純物が多いので, 蒸留水の方が良い. 一度沸騰させて, 急激に

冷やさないように，まず冷蔵庫で冷やし，充分に冷えてから冷凍庫に入れ，振動を与えないようにする．十数回もやれば1回くらいは，容器を取り出そうとした瞬間，中の水が一瞬のうちに氷に早変わり．ただ，扉を開けるときには注意しよう．静かに開けないと，振動で凍ってしまう．

　もしそれでもダメならば，病院にかかったときに，医者か看護婦から「注射用蒸留水」をわけてもらおう．これだったら百発百中である．もちろんすべて静かに行なうことは必要だが．

　ところで，いつでもどこでも水が0℃と100℃で状態変化を起こすのが普通でもない．今までの話は，皆の暮らしている1気圧での話だった．圧力が変われば，水の凝固点・沸点は変わる．圧力が高くなると押さえつけられているので普通は固体になりやすくなるが，水はちがう．氷の方が密度が小さいので圧縮すると水のままでいやすくなり，凝固点が下がる．水の場合，2000気圧までは凝固点が1気圧につき0.0075℃降下する．氷の上に物を置いておくと，いつの間にか中に入り，外に抜け出てしまう．これは，氷が上から押されることにより，圧力が高くなって凝固点が降下し，液体の状態，つまり水になり，しかし，押している物の脇に水が出ると，今度は上から押されていないので，圧力が元に戻って氷になるのだ．氷がまた氷に戻るので"復氷"という．雪道ではスタッドレス・タイヤは車の重みで氷が解け，薄い水の層の上に乗り，滑り易くなるので，この水を取り除くために，水を入れるための小さな孔を表面につけたり，水をはじく撥水ゴムを使ったりする工夫をしたものである．

　以前はスタッデッド・タイヤといってタイヤの接地面にたくさんの針を植えて滑り止めにした．その針をなしにしたのでスタッドレスというのである．

[内山智幸]

52–温度が上がると，
ものはなぜ膨張するのか

　物体の温度を上げると多くの物質は膨張する．温度が上がるというのは，物体を構成する原子または分子の運動が，全体として激しくなるということである．運動が激しくなるとどうして膨張するのか．

　物体を作っている原子が整然と並んでいるとしよう．温度を上げると運動が激しくなるが，融解して液体になるようなことがなければ，原子はもとの平衡の位置を中心として振動している．したがって運動が激しくなったとはいえ，中心からの変位を平均すれば 0，すなわち原子は平均的には元の位置にいるのと変わらない．いや，それは 1 個の原子だからでたくさんつながっていればオシツオサレツしてひろがるのではないか？　しかし各原子の変位をすべて加えても，それぞれの平均が 0 であればやはり全体も 0 である．

●非対称な相互作用

　膨張の原因を調べるには，物質を構成する原子と原子の関係を考えてみなくてはならない．物質を作る原子同士は相互作用によって結びついている．一般的にいってこの原子と原子の相互作用は遠くでは弱い引力，近くでは強い斥力となる．

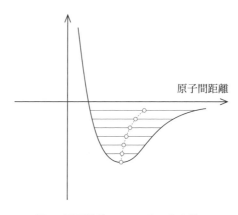

図 1　原子間ポテンシャルエネルギー

原子をうんと近づけると「ぶつかり合って，それ以上は詰められない」ことから近くなったときの強い斥力は予想できる．2つの原子間のポテンシャルエネルギーを図に書けば図1のようになるだろう．

　原子はポテンシャルエネルギーの底にいるときは安定で絶対0度ではその近所に落ち着いている．しかし温度を上げると分子の熱運動が激しくなり，水平線の間を往復する．振動の中心つまり原子間距離の平均値は，エネルギーが上がるにつれ，図のように広がって行く．つまり膨張する．なぜ膨張で収縮でないかというと曲線が左が急で右がなだらかな非対称であるからだ．

●熱収縮するゴム

　熱すると膨張しないで縮む「例外」としては，ゴムがある．ゴムも原子からできているから同じく膨張しそうだが，ゴムは熱すると縮んでしまう．ゴムは高分子できわめて長い分子をしているため，その糸のような分子が縮れて存在する．温度が上がって原子の運動が激しくなれば，上に述べたことから，つながっている原子同士の間隔は伸びるであろうが，分子の細長い糸は運動によってますますちぢれ，全体として長さは短くなる（図2）．

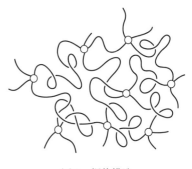

図2　網状構造
（久保亮五『ゴム弾圧』裳華房より転載）

　一般に温度を上げると物体が膨張するなら，物体を無理に引き延ばせば物体の温度は下がる．相反定理と呼ばれる．そこでゴムを無理に引き延ばせばゴムの温度は上がる．輪ゴムの束を引き延ばして唇にあててみよう．

●参考文献……………………
伏見康治「物理学者の描く世界像　物の色3」，科学朝日，1964年3月号，朝日新聞社．
久保亮五『ゴム弾性（復刻版）』，裳華房，1996．

[上條隆志]

53-熱膨張で車軸をはめる

動輪(JR十条駅)

　機関車D51などについている車輪は，いったいどのようにして組み立てられているのだろうか．人の背丈ほどの直径のある車輪を平行に保ち，重い機関車の本体を安定させ，かなりの速度で動くのであるから，しっかりしていなければ危険である．

　車輪と車軸の接合に工夫がある．車軸を取り付ける車輪の孔はそのままでは車軸をはめ込めない少し小さな孔になっている．車輪だけを暖めると膨脹して全体的に大きくなる．孔も大きくなるのである．極端に大きくなるのではないが，冷めないうちに車軸をはめ込む．車輪が冷めると輪が縮んでしっかりと固定されることになる．失敗してのやり直しは効かない．くっついた車輪と車軸を暖めても車軸も一緒に膨張するので離れることはない．輪を熱すると内側も膨張するので孔が小さくなると思うかも知れない．そんなときは細い針金の輪を考えてみよう．熱すれば針金の「長さ」が伸び，輪の半径は大きくなるだろう．車輪の輪も同じように考えられる．

　こういう技法を「焼きばめ」という．機関車の車軸をつくるときだ

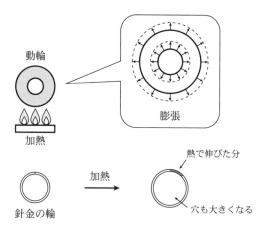

けでなく，現在でも円筒形の物がすり減ったりしたときに，削って細くし，そのまわりに管状のものを焼きばめして補修することがある．外側の管状の物は元の形状に戻らないのであるから，管の周り方向に歪みが生じる．歪みが安全な範囲内となるように，はめる大きさを考えなければならない．

　現在の電車の車輪も機関車の車輪と同じような形状をしているが，焼きばめはしていない．車輪の小さめの孔に油圧の力を利用して軸を押し込んでいるそうである．

　びんの蓋などがなかなか力では開かないとき，熱してやると金属の方がガラスより膨張して簡単に開けることができる．それではこの金属の膨張が形になっている例はないだろうか．

　時代劇で馴染みの深い日本刀は聖徳太子のころはまっすぐな直刀だったが，鎌倉時代以後はゆるやかにカーブしている．これを「反り」というが，これは刀匠が直接曲げたものではない．刀匠は鉄を熱くして15回くらいも折り返した後に，断面がきちんと六角形になるように形を整える．よく「しのぎを削る」というときのしのぎは，図のように刀の横の部分である．形を整えた刀は刃の部分を残して粘土で覆い，真っ赤に熱してからお湯の中に入れる．いわゆる焼き入れである．刃の方は薄いのと，粘土をつけてないせいで速く冷え，マルテンサイトという最も硬い組織になり，粘土をつけた方はゆっくり冷えてトー

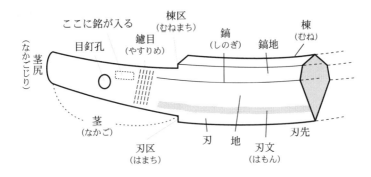

ここに銘が入る
棟区
（むねまち）
鎬
（しのぎ）
棟
（むね）
目釘孔
鑢目
（やすりめ）
鎬地
茎尻
（なかごじり）
茎
（なかご）
刃区
（はまち）
刃
地
刃文
（はもん）
刃先

ルサイトという，中くらいに固い組織となる．それでは，どのように
反りが入るかというと，お湯に入れた瞬間は，刃の方が縮むので鎌の
ように曲がり，その後粘土をつけた方も冷えて，刃の方を引っ張るよ
うにして反るのだそうだ．そのまま反りは固定するように思えるが，
刃を研ぐと反りはさらに深くなり，棟の方を研ぐと反りは浅くなる．

　日本刀は今は美術品として鑑賞するだけだが，何百年もたっている
のに生きているような美しさである．刀の波のような模様は鉄の組織
の違いが表われているのだ．また表面を虫眼鏡で見たときの木目のよ
うな模様は折り返し鍛錬した証拠である．

●参考文献……………………
『日本刀鑑賞の手引』，(財)日本美術刀剣保存協会のパンフレット．

［平塚正彦］

54−アルミ鍋とステンレス鍋では 温まり方が違うのはなぜか

●同じ原子数ならば，比熱は同じ

　金属の場合，同じ原子数であれば，その温度を1℃変化させるのに必要な熱量はほとんど変わらない．原子の数が6.0×10^{23}個のとき，この熱量のことをモル比熱という．アルミニウムでは27gが1モルであり18-8ステンレスは，クロムが18％，ニッケルが8％，そして残りが鉄であるので，55gが1モルになる．これを熱湯の中に入れて100℃に温める．そして，20℃で100gの水の中に入れると，水温は最終的に24.4℃ぐらいになる．これは両者のほかの金属で行なってもほとんど変わらない．

●比熱は同じでも大きく違う熱の伝わりやすさ

　同じ大きさのアルミニウム製の鍋とステンレス製の鍋を準備し，同量の水を入れる．そして，ガスの火口が円形状に並んでいるコンロにかけてみよう．沸騰し始めたときの様子を観察すると，次の図のようになる．

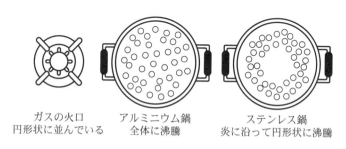

ガスの火口
円形状に並んでいる

アルミニウム鍋
全体に沸騰

ステンレス鍋
炎に沿って円形状に沸騰

　この違いは何が原因なのだろうか．これは熱の伝わりやすさ(熱伝導率)の違いで説明できる．横軸に熱伝導率，縦軸に電流の流れやすさ(電気抵抗の逆数)をとるとグラフのようになる．

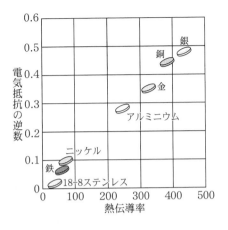

金属の中には自由に動き回れる電子があり，その電子が電気を運び，また，熱の伝導にも関わっているので，電気抵抗と熱伝導は自由電子の動きやすさの度合いによる．グラフから熱伝導率と電気抵抗の逆数はほぼ比例関係にあることが分かる．自由電子が動きやすければ熱が伝わりやすく，また電気も流れやすいということである（ウィーデマン・フランツの法則）．

　熱の伝わりやすいアルミニウムは炎からの熱が全体に伝わるので，全面で沸騰し，伝わりにくいステンレスの場合，炎の近くだけ熱くなるので，ドーナツ状に沸騰することになる．

●誘導加熱方式の炊飯器の内釜

　最近登場するようになった誘導加熱方式(IH)の炊飯器の場合，内釜は外側がステンレスで，内側がアルミニウムの二層構造になっている．誘導加熱方式の場合，金属の抵抗が小さいと発熱量が少ないので実用的でない．アルミニウムだけでは抵抗が小さいので使えないのである．それに対してステンレスは合金であるため，鉄よりもさらに抵抗が大きい．この抵抗の大きいステンレスで発した熱を，アルミニウムが全体にムラなく伝えるので，おこげができにくいのである．

　ちなみに誘導加熱方式の電磁調理器の使用説明書を見ると，使用できるものとして，平らな鉄鋼，ステンレス鍋が，使用できないものとして，アルミ製の鍋があげられている．ただし，アルミ箔のように薄いアルミニウムの場合，電気抵抗が大きいので発熱量も大きく，場合によっては発火するので注意する必要がある．

［喜多　誠］

55–雪の結晶の形の違いはなぜできる？

　冬になると，日本の各地で雪が降る．雪のひと粒をルーペで見てみよう．きれいな雪の結晶が見える．雪の結晶にはさまざまな形のものがある（図1）．雪は空気中で過飽和になっている水蒸気が氷晶核を中心に昇華してつくられるのだが，この成長過程において雪の結晶は気温や水蒸気の量に敏感に反応する．そのために，できあがった結晶は千差万別な形になるのである．降ってくる雪の結晶の形をみると雪がつくられた高空の状態がわかるので，中谷宇吉郎は雪の結晶を「空から送られてきた手紙」といった．

図1　（写真提供／古川義純，
協力／北海道伝統美術工芸村・雪の美術館）

　日本には昔，土井利位という殿様が20数年にわたって雪の結晶を観察し，スケッチした『雪華図説』(1833)がある．それから約100年後の1936年，中谷宇吉郎は実験室で人工的に雪の結晶をつくることに世界で初めて成功した．そして，温度や水蒸気量を変えて雪の結晶をつくる実験をし，それらの条件と結晶の形との関係を示す中谷ダイヤグラムを発表した．雪の結晶に関する研究は進み，1982年，黒田登志雄により結晶成長に対して理論的な解釈がなされた．

　水晶や塩といった結晶は原子や分子が規則正しく配列してできている．規則正しい配列の反映として，結晶の形は平面で囲まれた対称性

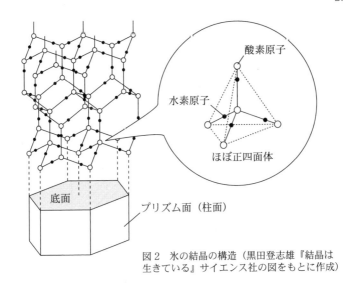

酸素原子

水素原子

ほぼ正四面体

底面

プリズム面（柱面）

図2　氷の結晶の構造（黒田登志雄『結晶は生きている』サイエンス社の図をもとに作成）

の高い多面体になる．雪は水分子が集まって固体となった氷である．水分子の配列は六方対称性をもつので，氷の結晶の形は上下2個の六角形と側面6個の長方形で囲まれた六角プリズムになる（図2）．六角形の面を底面，長方形の面を柱面という．雪の結晶の形は六角プリズムを基本に考えることができる．

　結晶表面に原子や分子が少しずつ取り込まれ，結晶が成長する．原子や分子の取り込まれやすさに差があれば，成長速度の速い面と遅い面がでてくる．初期に現われていた結晶表面に成長速度の差があったとする．この結晶が成長してゆくと，成長速度の速い面は先細りにな

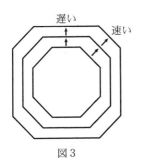

遅い

速い

図3

り，成長速度の遅い面が発達する（図3）．六角プリズムの形をした雪の結晶表面にも成長速度の差がある．底面の成長速度のほうが速いと六角柱状になり（図4右下），柱面の成長速度のほうが速いと六角板状になる（図4左下）．六角柱と六角板のような，結晶表面の相対的な大きさの違いによる形の変化を晶癖変化と呼ぶ．

雪の結晶表面の成長速度の大小関係は，温度を変化させると0℃

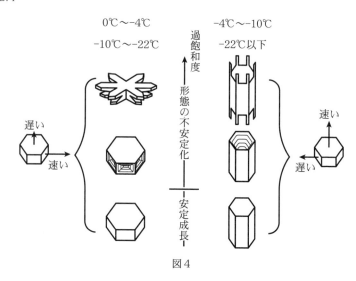

図 4

から−22℃ までの間で 3 回逆転する(雪の結晶が成長しているときの
温度であるから,もちろん 0 ℃以下である).これは,0 ℃付近が雪
にとっては極めて高温なために結晶表面が融解しやすく,底面と柱面
の状態が次のように温度変化するためと考えられている.

温度が−22℃ 以下のときには,底面も柱面も平らな面であり,底
面のほうが成長速度が速い.−22℃ から−10℃ では,柱面は荒れて
くるので,柱面の成長速度のほうが速くなる.−10℃ から− 4 ℃ で
は,底面は荒れた面になり,柱面には液体層ができるため,底面の成
長速度のほうが速くなる.− 4 ℃以上になると,底面にも柱面にも
液体層ができ,柱面の成長速度のほうが速くなる.このような理由で,
雪の結晶には温度に依存する晶癖変化が見られる.

ここまで述べてきた結晶の形の違いは,結晶表面の平面性が維持さ
れる場合に見られるものである.これは水蒸気の量が少ないために結
晶の成長がゆっくりしている状態に限られる.水蒸気の量が多くなる
と,言い替えれば過飽和度が高くなると,結晶表面の平面性が維持さ
れなくなり樹枝状の結晶が現われるようになる(図 4 左上).

結晶は周囲にある水分子を取り込んで成長する.すると,結晶のそ
ばでは水分子が少なくなる.結晶の稜や角は面の中央部より結晶の中

網の濃さが分子の濃度を表す

図5 結晶周囲の水分子の等濃度線

心から離れているので，水分子の濃度が高いところに位置することになる（図5）．水分子の濃度が高ければ，水分子を取り込みやすいので，成長は速くなる．ゆえに，結晶の稜や角は伸びやすい．こうして成長したのが樹枝状結晶である．これは過飽和度が高いときに起こることである．

過飽和度が低いときには，結晶の稜や角と面の中央部での水分子濃度の差が小さいので，稜や角が伸びることはなく樹枝状結晶にはならない．

　雪の結晶は成長したときに通過した大気の温度や過飽和度の微妙な違いにより，さまざまな形につくられてゆく．こうしたことを考えながら雪の結晶を見てみよう．あなたにも空の様子がわかるかもしれない．

　石川県加賀市潮津町には中谷宇吉郎を記念する「雪の科学館」がある（Tel. 07617-5-3323）．

●参考文献……………………
土井利位・小林禎作『雪華図説』正・続「復刻版」，築地書館，1982.
ロゲルギスト O.「続・結晶の形はどうきまるか」，自然，1979年3月号，『新物理の散歩道』第5集，中央公論社，1983.
中谷宇吉郎『雪』，岩波新書，1984.
黒田登志雄『結晶は生きている』，サイエンス社，1984.
高田 宏『冬の花びら——雪博士中谷宇吉郎の一生』，偕成社，1986.

［土屋良太］

56—温かい空気は上に行くのに なぜ上空は寒いのか

　暖められた水はふくらんで密度が小さくなり，まわりの水より軽く
なって(まわりの水から働く浮力の方が地球から働く重力より大きく
なって)上昇を始める．そのためお風呂の水は上の方が熱くなる．湯
かげんをみるとき，かきまぜないで手を入れただけで判断して失敗し
た経験をもっている人もいるだろう．下の方はまだ冷たいのだった．
　空気も下の方から暖められる．太陽光は空気を素通りし，地面を暖
める．暖められた地面は赤外線を放射し，それを地表近くの水蒸気や
二酸化炭素が吸収するので，まず地面近くの空気が暖められる．暖め
られた空気は膨張し，密度が小さくなって，まわりの空気の浮力によ
って上昇する．ここまでは水の場合と同じだ．しかし空気は気体であ
る．上の方に昇るとまわりの圧力(気圧)が低くなるが，液体の水と違
って分子は互いに自由に動き回っているので著しく膨張する．膨張す
るために周囲の気体に対して仕事をして自分のエネルギーを使うので
空気の温度が下がる(まわりの空気に衝突し押しのけるとき，相手が
後退するので，はねかえった分子の速さは前よりも遅くなるといって
よい)．空気は熱の伝導性が悪いので(だから，すきまが多く空気をた
っぷり含むセーターは保温性がよいのだ)，外側の空気から暖められ
ることがない．これを「断熱膨張」という．乾燥した空気が $100\,\mathrm{m}$
上昇すると $1.0\,°\mathrm{C}$ だけ温度が下がる．もしも湿った空気なら，温度が
下がるとともに水蒸気が水滴になるので凝縮熱を発生し，温度の下が
り方は小さくなり，$100\,\mathrm{m}$ 上るごとに $0.5\,°\mathrm{C}$ 下がるだけになる．乾燥
したり，湿っていたりする日があるので，平均すると「$100\,\mathrm{m}$ 上るご
とに $0.6\,°\mathrm{C}$ 下がる」ということになる．
　夏の熱い日，平地で $30\,°\mathrm{C}$ の気温でも，$3000\,\mathrm{m}$ の山の上では $12\,°\mathrm{C}$
ほどの涼しさとなるのである $\left(30\,°\mathrm{C} - 3000\,\mathrm{m} \times \dfrac{0.6\,°\mathrm{C}}{100\,\mathrm{m}} = 12\,°\mathrm{C}\right)$．

　暖房している部屋の場合は，大きな高度差はないので，上が冷えることもなく，天井の方が暖かい．

［渡辺留美・浦辺悦夫］

57–宇宙は黒いから暖かい？

　光を当てると黒いものは白いものに比べて暖まりやすいことを授業で学んだ，小学校 4 年生の S 君は，不思議に思った．「黒いものは暖まりやすい．じゃあ，毎日見ている夜空にはたくさん黒い部分(暗やみ)があるけど，あそこは星の光でかなり熱いんじゃないか．」

　黒いものはなぜ暖まるのか．私たちはものからの光を目で受けることによって，その色と形を感じるので，「黒い」ということは，当たった光をすべて吸収してしまう性質があり，目に見えるような光がそこから出てきていないことを意味している．つまり，あたった光のエネルギーが中にいったん貯まる．そのエネルギーはどこへ行ったのか．

　食べると体が温まるように，ものを作っている原子や分子もエネルギーを得ることで活発に運動する．水でいうと，氷のように分子同士がっちり結びつき，その場で振動するだけだった状態だったのが，熱を加えると手をつないだままゆるやかに動くことができる水の状態に変わる．さらに熱を加えると運動が激しくなり，勢い良く飛び出していきバラバラな水蒸気になる．温度とはこの分子の運動の平均的な激しさを表わすということができる．分子がまったく動かないと考えられた(実はこのときも動くことが分かっているが)状態を絶対 0 度と呼ぶ(マイナス 273 度にあたる)．こう考えてくると黒いものが暖まる理由は次のように言える．

①　入ってきた光のエネルギーがそこに貯まる．

②　光のエネルギーが分子のエネルギーに変わり，熱いと感じられる．

　そこで宇宙を考えてみよう．宇宙の大半はほとんど分子のない真空といっていい．星たちの光は宇宙空間を通り過ぎるがそこにとどまるわけではない．地球では大気がありそこで光が散乱されるので空は明るいが，大気のない宇宙空間では光を発する星だけが輝き，光の来な

い他の空間は真っ暗だ．宇宙が黒いのは光を吸収するのではなく通り道としての空間だからで，そこからは光が来ないか来ても弱いからだ．しかもそこにはエネルギーを吸収して運動する分子も少ない，だから黒くても熱くならない．

しかし，ここで新たな疑問が浮かばないだろうか．エネルギーを吸収するのが物質分子であって，温度は分子の運動エネルギーによって測られるものとすれば，分子がない真空では温度は考えられないのではないか．よく宇宙の温度は絶対3度（セ氏マイナス270度）といわれるが，分子の少ない宇宙空間で温度を云々することができるのか．

それはできる．例えば内部に分子はほとんどない箱の中に温度計を入れ，箱を一定の温度に保つことにしよう．そのまま置いておけば温度計は箱と同じ温度を示すようになるだろう．閉じた箱の外壁をある温度に保つと，内部が真空であっても，そこは壁からの輻射によってできた，その温度に特有な電磁波で満たされ，平衡状態になる．平衡状態というのは壁から放射される電磁波と壁に吸収される電磁波の量が等しく釣り合うということであり，特有なというのはいろいろな波長の光がそれぞれどのくらいの割合であるかが定まっているということである．この箱の場合とはちょっと異なるが，何かを熱していくと初め赤くなり，温度が上がると白っぽい光を出すようになるのは経験で知っている．色が変わるのは，放射される種々の波長の光の割合が温度によって変わるからだ．ということは，その割合を見れば温度がわかるということである．つまり，分子の代わりに電磁波を使うことができる．

これによって何もない空間の温度を定義することができる．そして宇宙空間も実は絶対3度の箱の中と同じ電磁波に満ちているので宇宙の温度を絶対3度（マイナス270度）と言っているのである．

この電波はいつどこから出たのだろうか．これは初期のビッグバン後の火の玉宇宙に満ちていた電磁波がその後の宇宙膨張によって「引き延ばされた」と考えられている．ここで注意すべきは温度とは平衡状態になった箱の中のような電波の状態で定義されていることだ．初期の宇宙が平衡状態であったことになる． ［渡辺留美・上條隆志］

58—地球の中心の温度は どうやって測っているか

●地球の内部構造

　地球は半径約 6400 km の球である．厳密には球でなく自転しているために横にふくらんでいるが，これからの話には球と考えても差し支えない．この地球内部の温度が知りたい．どうしたら測れるだろう？　地球の内部に触れることはできないので，これは火星表面の温度を計るより難しいかもしれない．準備として地球の構造を知っておこう．

　地球の内部を調べるための最も手っ取り早い方法は，実際に地面を掘る，すなわちボーリングすることである．しかし現在の技術でも 14 km ぐらいまでしか掘れない．地球にとっては，表面の一部にすぎない．

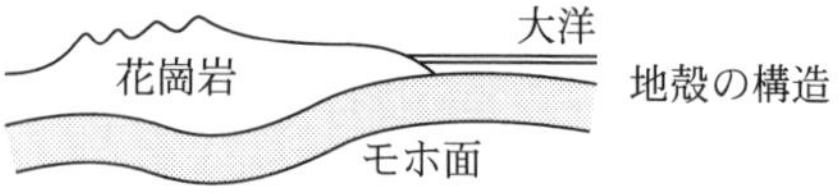

　ではボーリングではわからない，もっと内部のようすはどのようにして調べるのか．それには地震波の伝わり方が手がかりになる．実際，地震波の伝わり方の解析から，地球の内部の構造がわかってきた（図1）．これによると一番外側が地殻で厚さが 5〜30 km（図2），

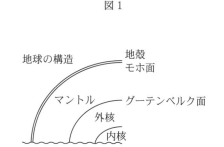

図1

図2

次がマントルで表面から 2900 km のところまでを占め，その奥に核がある．そして，核は深さ 5100 km のところで外核と内核に分けられる．さらに地震波の伝わり方から，外核は液体であることがわかっ

ている.

　地殻とマントルの境界をモホロビチッチ不連続面(モホ面)，マントルと核との境界をグーテンベルク面と，研究者の名前をとって呼んでいる.

●地球内部の温度を調べる

　さて地球内部の温度を調べてゆこう．さわることのできない物体の内部の温度は表面の熱さから推測するほかないだろう．地球表面の平均温度は 15℃ である．しかしこれは主として気温つまり太陽によって暖められたもので内部とは別だ．太陽から来る熱量は地球内部からでてくる熱量に比べ桁違いに大きいが，これは大気から逃げていく熱量とほぼ等しく収支がとれているので，地球内部まで影響するわけではない．そこで深さ 30 m くらいまで進むと外界の影響はほとんどなくなる.

　さらに進むと温度が増加していくことが分かる．地中温度が深さとともに増加する割合を地温勾配という．これは深い鉱山などで測定する．東京大学構内の深井戸で 1890 年代に田中舘愛橘によって測定された値は後の 1957 年の測定でもほとんど変わらず，2.2℃/100 m である．深さ 400 m で 24℃ くらいに達している．地温勾配の測定値は場所によって異なるが 1～8℃/100 m の範囲である．ここで仮に 3℃/100 m の勾配とすると，もしこのまま温度が上がれば地殻の一番深い 30 km のモホ面で約 900℃ となる．しかし表面より深いところの地温勾配は測定できていないのだから，ずっと同じ値とは言えない．地球内部の岩石からの発熱も考えた理論的推定が必要だ.

　熱は高温から低温に流れるが，その流量は温度勾配 $\frac{dT}{dz}$ に比例する．ここで z は深さで T はそこの温度を表わす．比例定数は岩石の熱伝導度 K である.

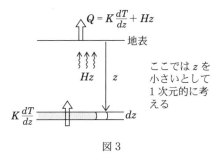

$$Q = K\frac{dT}{dz} + Hz$$

ここでは z を小さいとして 1 次元的に考える

図 3

また単位体積・単位時間あたりの発熱量を H,地表の単位面積に単位時間あたりに流れ出す熱つまり熱流量を Q とすると,定常状態での深さ z における熱流量は

$$K\frac{dT}{dz} = Q - Hz$$

となる.これを積分すれば z における温度に対して

$$T = T_0 + \frac{Qz}{K} - \frac{Hz^2}{2K}$$

が成り立つ.したがって H と K が分かっていればあとは Q の実測で温度を求めることができる.

まず発熱量 H を見積もる.地殻が厚さ 20 km の花崗岩,10 km の玄武岩から成り立つとしよう.地球内部の岩石の発熱量のほとんどは放射性原子の自然崩壊に伴うエネルギーによる.主に U,Th,K 原子の崩壊であり,それを合計すると,花崗岩では 72.9 J/m³·年で,玄武岩では 14.7 J/m³·年である.これから地殻から発生する熱が地上にでてくるとして熱流量 Q を計算すると

$$72.9 \text{ J/m}^3\text{·年} \times 20 \text{ km} + 14.7 \text{ J/m}^3\text{·年} \times 10 \text{ km}$$
$$= 1.61 \times 10^6 \text{ J/m}^2\text{·年}$$
$$= \frac{1.61 \times 10^6}{3.15 \times 10^7} \text{ J/m}^2\text{·s} = 5.1 \times 10^{-2} \text{ J/m}^2\text{·s}$$

つまり 5.1×10^{-2} J/m²·s となる.現在測定されている大陸での地表付近の平均熱流量は約 $Q = 5.8 \times 10^{-2}$ J/m²·s であるから,ほぼこの熱発生で熱流量は理解できる.この計算でいけば地殻が薄く玄武岩層でできている海底からの熱流量はかなり小さいことが予想されるが,実際には $Q = 6.9 \times 10^{-2}$ J/m²·s くらいで逆に大きい.もしマントルが多量の放射性物質を含んでこれに見合うだけ熱を出すとすれば,熱伝導の小さいマントルは融けてしまうだろう.しかし地震波からマントルが固体であることが分かっているので,これはその下のマントルの対流が海洋底に熱を運んでくるとしか今のところ考えられない.

次に熱伝導率は花崗岩層で 2.5〜3.8J/m·s℃,玄武岩で 1.3〜2.1である.熱伝導度は温度が上がると減少する.ここでは花崗岩で 2.5,

玄武岩で1.3 をとってみよう.

花崗岩層の上下の温度差：

$$5.8\times10^{-2}\ \text{J/m}^2\text{·s}\times\frac{20\ \text{km}}{2.5\ \text{J/m·s℃}}-72.9\ \text{J/m}^3\text{·年}\frac{(20\ \text{km})^2}{2\times2.5\ \text{J/m·s℃}}$$

$$\fallingdotseq 290℃$$

玄武岩層の上下の温度差：

$$5.8\times10^{-2}\ \text{J/m}^2\text{·s}\times\frac{10\ \text{km}}{1.3\ \text{J/m·s℃}}-72.9\ \text{J/m}^3\text{·年}\frac{(10\ \text{km})^2}{2\times1.3\ \text{J/m·s℃}}$$

$$\fallingdotseq 100℃$$

よって，モホ面での温度は，2つの層あわせて 390℃ となる．いろいろな場面を想定しておおむね日本付近で 800～200℃ と見積もられている．以上の計算は岩石発熱量に実測値を使用しているわけではないので，その分だけ不確かにならざるを得ない．ついでながら地球表面全部の熱流量を合計すると，1 年に 6×10^{18} J で普通の地震の約 100 倍だ．

さらに深い部分については直接の観測量はまったくない．しかし温度の上がり方はもっと緩やかだ．マントルの岩石からの発熱量は地殻の岩石に比べて極端に小さい．それは地表の熱流量が地殻からの熱でほとんど説明できることからも裏付けられる．そこで発熱はないとして推定を進めよう．マントルがまったく発熱しないとしても，物質は圧力の高い下に行くほど圧縮されるので，断熱圧縮で温度上昇が起こるはずだ．この場合は熱力学の関係から $dT/dz = T\alpha g/c_p$，ここで α は体積膨張率，g は重力加速度，c_p は定圧比熱である．左辺は断熱勾配といわれる．右辺はデバイのモデルを仮定すれば地震波の速度から計算できる．こうして得られる温度の曲線は断熱温度曲線(図 4 の曲線 1)と呼ばれる．当然これがマントルのある深さにおける温度の下限となる．マントルの温度勾配は 1 km あたり 0.5 程度と見積もられている．だとすればマントルの底では 1500 度くらい温度が上昇するだろう．

まったく別の見積もり方に電気伝導度を用いるものがある．物質の

284

電気伝導度が温度によって変化することを用いてマントル内の電気伝導度の分布から温度分布を求めようというものだ．電気伝導度分布は地球磁場変化による内部の電磁誘導から求める．外部の磁場変化と内部の磁場変化の関係を調べるのだ．これと物質の電気伝導機構の仮定から力武常次が得たのが曲線 R である．

マントルの温度には上限がある．マントルは固体だからその融点が上限である．マントルの成分の有力な候

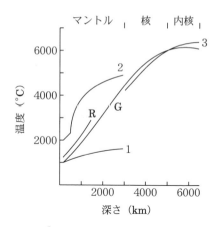

図 4 地球内部の温度分布
坪井忠二『地球物理学』岩波全書より転載

1：Uffen の断熱温度， 2：Uffen の融点曲線，
3：Gilvarry の融点曲線， R：力武の温度分布，
G：Gilvarry の温度分布

（2 は 3 とは別の融点の見積もりをした曲線）

補はかんらん石で常圧では 1900 度で融ける．しかし圧力が高いともちろん融けにくい．高圧下ではどうか．現在はたかだか 10 万気圧くらいしか実験できていないが，これは深さ 300 km くらいにしかならない．まだまだはっきりしたことは言えない．

さらに内側に入って核の温度を見積もろう．外核は鉄と考えられる．鉄の融点と圧力の関係によって，見積もった 1 つの例が図 4 の曲線 3 である．深さ 5100 km よりもうちの内核は固体なので実際はこの曲線の下にあり，外核は流体なのでこれより高いはずである．いずれにしても核は数千度である（地球中心で (6700 ± 1000)℃という見積もりがある）．実際はこの金属融点の式も地球中心近くのような高圧ではどうなるかわからない．

このように地球内部の温度は，今のところ外へでてくる熱と内部の物質の状態から推定しているにすぎない．地球中心部の推定温度は研

究者によって 3500〜7000℃ ぐらいと大きな幅があるが，どれが正しくどれが誤りなのかは，一概には言えないところがある．高温高圧の物質の振る舞いの精度の問題もあり，我らの足下，地球の中心部のことはまだよくわからないことが多い．

●参考文献……………………
力武常次『地球科学ハンドブック』，聖文社，1992．
浜野洋三『地球を丸ごと考える1　地球の真ん中で考える』，岩波書店，1993．
国立天文台編『理科年表』，丸善．
浜野洋三他『地球惑星科学4　地球の観測』岩波講座，1996，p.109-117．
坪井忠二『地球物理学』，岩波全書，1966．

［桐生昭文］

59—どこまで高温・低温にできるのか, マイナスの絶対温度はあるのか

「熱いもの」といったら,あなたは何を思い浮かべるだろうか.昨晩入った風呂が熱かったことを思い出す人もいるだろう.風呂のお湯の温度は高くてもせいぜい43℃である.台所でぐらぐら煮立っているやかんのお湯はもっと熱い.水が沸騰しているのだから,温度は100℃付近である(もちろん気圧や混ざりものによって違うのだが).家の外へ出て熱いものを捜してみよう.陶磁器は粘土を窯で焼いて作る.窯の中は1200℃くらいになる.製鉄所では,溶鉱炉にコークスや石灰石と一緒に鉄鉱石を入れ,鉄分を溶かして取り出している.鉄の融点は1535℃である.もっと温度の高いものはないか.太陽は地球を遠くから照らしている.太陽の表面の温度は約6000℃にもなる.

今度は冷たいものをみてゆこう.冷凍庫に水を入れておけば,簡単に氷を作ることができる.水が氷になる温度,すなわち水の凝固点は0℃であるが,普通の氷の温度はもちろんこれより低くなる.夏にアイスクリームを買うと,家に着くまでアイスクリームが溶けないように,箱の中にドライアイスを入れてくれる.ドライアイスは,室温では気体である二酸化炭素を,冷やして固体にしたものである.気圧が1気圧では,二酸化炭素が固化する温度は−78℃である.空気の8割を占める窒素は,温度を下げてゆくと−196℃で液体になる.さらに温度を下げ,−210℃になると窒素は固化する.縁日の露店で売っている風船の中には気体のヘリウムが入っている.ヘリウムも低温では液体であり,液化する温度は−269℃である.大学の研究室などでは,液化した窒素やヘリウムが物質を冷やすためによく使われている.

どこまででも温度を上げることはできる(いまの人間の技術では到達できなくても,限界があるとは言えないだろう).では,温度をどこまでも下げることはできるだろうか.その答えはノーである.

−273.15℃ より低くはできないのである.

　温度は物質を構成する要素の動きの激しさを表わすといえる. 構成要素が激しく動いているほど温度が高い. 気体を例にとると, それを構成する原子や分子は絶えず飛び回っていて, 飛び回る速さが大きいときほど気体の温度は高い. もちろん分子には速いものも遅いものもある. 後で述べるようにその速さの分布に法則があり, 温度が高いとき分子が速いというのは, 平均の速さのことである.

　温度が低くなるということは, 構成要素の動きが鈍くなるということである. 温度を下げ続けると, ついにすべてのものは動かなくなってしまう. 動きが完全に止まる(現代の量子力学では運動を止めることができないことがわかっているのだが)と, それ以上温度を下げることはできない. この温度が−273.15℃ である. −273.15℃ を 0 度とし, 目盛り間隔をセルシウス温度(℃ で表示した温度)と同じにした温度を絶対温度という. 絶対温度の単位には K(ケルビン)を用いる.

$$273.15\,\text{K} = 0℃$$

$$0\,\text{K} = -273.15℃$$

である. 絶対温度で表現すると, 最低の温度は 0 K であり, 冷やし続けても温度は負にならない.

　物質の研究をする際には, 物質の温度を 0 K に近づけることが多い. 温度が高いと, ものの動きが激しい. より乱雑な運動になってしまうといってもよい. 物質の本質を見ようとする場合には, 乱雑になってしまうことは好ましくない. 物質の性質が本来の姿で現われるようにするため, 温度をできるかぎり 0 K に近づける工夫をしている. 液体ヘリウムを使って, 簡単に 4.2 K にできる. 液体ヘリウムを真空ポンプで減圧すれば, 沸点が下がるので, 温度を 1 K くらいに下げられる. 通常のヘリウム 4 の同位体のヘリウム 3 を液化して減圧することにより, 約 0.3 K まで温度が下がる. もっと低い温度に到達するためには, さらに工夫した大規模な冷却装置を使わなければならない. 希釈冷凍法と呼ばれている方法を用いると, 約 0.003 K まで下げられる. これより低い温度にするには, 核断熱消磁法という方法や, 核断熱消磁を 2 回行なう 2 段核断熱消磁法がある. 1986 年の時

点で人工的に作られた最も 0 K に近い温度は 0.000012 K であった.

　最近ではレーザー冷却に蒸発冷却を併用することで 10^{-7} K も実現できるようになった.

●負の温度

　ところで，絶対温度が負になることはない，と上に述べた．それとは矛盾するようだが，負の温度はある意味では実現可能である．負の温度はすごく冷たい温度と思ってよいのか？　実はそれとはちょっと違う．これから負の温度について考えてゆこう.

　まず温度とは何かをもう少し考察しよう．前に温度は分子の運動の激しさを表わすと述べた．しかしいま分子 1 個が運動していたとしても，それは単なる粒子の運動で温度とは言わない．それでは分子がたくさんあればいいのか．例えば 1 つのボールを構成する分子はいっぱいあるが，それが同じ方向に運動していれば，それはボール全体の運動で，その運動が温度になるわけではない．熱くて遅いボールもあれば冷たくて速いボールもあるのだから．温度に表われる分子運動の激しさとは，たくさんの分子が無秩序に動き回り，それが互いに衝突して運動が一定の平衡状態になったとき定まるものである．平衡状態とはいろいろなエネルギーをもつ分子の速度分布が変わらない状態である．すなわち，個々の分子は互いに衝突して速度を変えるが，どの微小速度範囲についても出ていく数と入ってくる数も互いに等しいような状態をいうのである．こういうときにどういう分布が実際に実現するかというと，外部の熱源に接触して一定の温度に保たれる系のなかでは，エネルギー E という状態にある分子の数は $e^{-\frac{E}{kT}}$ に比例して分布することが分かっている．ここで T は絶対温度，k はボルツマン定数と呼ばれる正の定数だ．これで見ると，エネルギーが高い状態ほどその状態にいる分子の数は急激に減少している．こういう分布をカノニカル分布という．例えば一定温度の気体の中の分子の速度に対する分布は下のようになっている.

$$f(v) = \left(\frac{m}{2\pi kT}\right)^{\frac{3}{2}} \exp\left[-\frac{mv^2}{2kT}\right] \qquad (1)$$

　ただし，f は分子が速さ v をもつ確率密度である．ここではエネルギー E は運動エネルギー $\frac{1}{2}mv^2$ だけを考えている．この様子をグラフで表わしたのが図1である．

　このグラフはある瞬間の気体を見たとき，x という1つの方向に注目してその速度成分 v_x の大きさを調べたものだ．たとえば斜線の部分はこの瞬間に150〜155 m/s の間の速さをもつ分子の数(の割合)を表わしている．

　上の式でいうと，

$$\left(\frac{m}{2\pi kT}\right)^{\frac{1}{2}} \exp\left[-\frac{m}{2kT}v_x^2\right]dv_x \tag{2}$$

が，速度の x 成分が v_x から $v_x + dv_x$ までの範囲に入る確率を与えるのである．x, y, z 成分すべてについて言えば

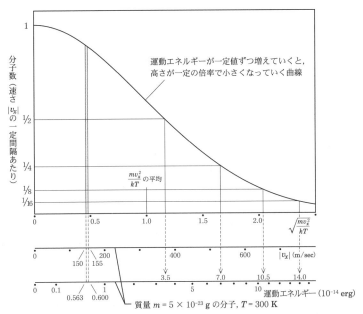

マクスウェル分布. 分子の1方向の運動にのみ注目したばあい. ヨコ軸には速さのスケールに加えて運動エネルギーのスケールも描いてある.

図1　江沢 洋『だれが原子をみたか』岩波書店より転載

$$\left(\frac{m}{2\pi kT}\right)^{\frac{3}{2}}\exp\left[-\frac{m}{2kT}(v_x^2+v_y^2+v_z^2)\right]dv_x dv_y dv_z \tag{3}$$

が，速度の x 成分が v_x から v_x+dv_x までの範囲に入り，y 成分が v_y から v_y+dv_y までの範囲に入り，z 成分が v_z から v_z+dv_z までの範囲に入る確率を与える．この確率を "体積" $dv_x dv_y dv_z$ で割ったものが (1) の確率密度である．

いま簡単のために粒子のエネルギー状態は 2 つしか存在しないとし，どの粒子も A または B という状態のいずれかであるとしよう（1 つの状態に何個の粒子が入れるかというのは実は粒子によって異なるのだが，ここではそれは問題にしないで話を進める）．粒子が状態 A であるときのエネルギーを E_A，状態 B であるときのエネルギーを E_B で表し，$E_A < E_B$ とする．状態 A の粒子の数が N_A 個，状態 B の粒子の数が N_B 個だったとき，カノニカル分布から

$$\frac{N_B}{N_A} = e^{-(E_B-E_A)/kT}$$

という関係がある（図 2）．ここで T は温度である．ある N_A と N_B が与えられたとき，この式から逆に温度を決めることができる．それはつまりある対象の状態に温度という量を対応させることである．温度 T が正のとき，式より N_B のほうが N_A より小さい．つまり，通常はエネルギーの高い状態の粒子のほうが少ない．状態 A の粒子を少しずつ状態 B に遷移させてみよう．小さかった N_B が N_A に近づいてゆく．それにともなって温度は高くなってゆくことになる．状態 A の粒子の数と状態 B の粒子の数が同じになったとき，温度は無限大になる．さらに遷移を進めて，状態 B の粒子が状態

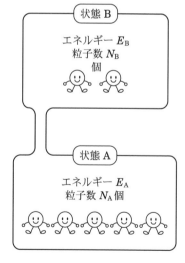

図 2

Aの粒子より多くなったとしよう．そのときは $T < 0$ でなければならないはずである．これが負の温度である．こうしてみると，無限大より高い温度に負の温度があることになり，普通の温度が下がっていって 0 を越えると負になるというわけではない．

　ここには温度とは何かという問題も含まれている．

●参考文献……………………
江沢 洋『だれが原子をみたか』，岩波書店，1987．

［土屋良太］

60—熱エネルギーを全部, 仕事に変えることはできるのか

●熱エネルギーとは

　他のものに作用して何か仕事をなし得る能力をエネルギーと呼ぶ. エネルギーはいろいろな形態をもつが, 基本的な尺度としては, 力を加えて何かを動かす仕事量を用い, それは(働く力)と(力の方向に動かした距離)の積で表わされる. エネルギーの種類はいろいろある. 例えば, 高いところにある物体がもっている重力による位置エネルギー, 動いている物体がもっている運動エネルギー(これらは力学的エネルギーと呼ばれる), 電気エネルギー, 化学的エネルギー, 熱エネルギーなどなど. これらのエネルギーの間には, その形態が移り変わることがあってもエネルギーの総量は不変であるというエネルギー保存法則が成り立つ. 例えば高いところにある物体が落下すると位置エネルギーは減少するが, その分だけ落下物体の運動エネルギーが増加し, エネルギーの総量は変わらないなど.

　近代の科学者が熱の本性について考え始めた頃, 熱素(カロリック)という物質があって, それが熱い物体から冷たい物体へ移動するが, 熱素そのものの総量は変化しないという考え方が一般的であった. そして, この考え方で熱平衡の現象はうまく説明することができた. しかし, 熱は物質ではなく物体内のある種の運動だろうという考え方もあった. 1798 年にランフォードは, 大砲を作るために砲身をくりぬく作業によって, いくらでも熱が発生することを指摘し, 熱が仕事によって生じるものであり, 物質ではないと指摘した. 熱が熱素という「総量が不変な物質」ではなければ, それはエネルギーの1つの形態と考えられ, 熱と運動が互いに変換することが予想された.

●仕事を熱に変える

 ポットの中に水を入れ，激しく振ってやると水温が上昇する．イギリスの物理学者ジュール(J. Joule, 1818-1889)は，一定量の仕事が，一定量の熱エネルギーに変わることを確かめた．おもりが落下する力を用いて水を羽根車でかき回す実験をし，どんな場合でも約4.2ジュールの仕事量で，水1gの温度を1℃上昇させる熱(1 calの熱に相当する)が生じることを見出した．ここで1ジュールとはエネルギーの単位で約100gのものを1m持ち上げる仕事の量に等しい．100gはほぼみかん1個だからみかんを1m持ち上げるエネルギーに相当する．ただし，このジュールの実験がなされたのはこの後に述べるカルノーの理論が出た後の1843年である．

 熱と仕事は互いに転化しうる．しかしランフォードたちが唱えた「熱は運動である」というのは正しいのか．それは後に，物体の温度が上がることは物体を構成する原子分子の運動が激しくなることであるということが分かり確かめられた．

●熱を仕事に変える

 ジュールは仕事を熱に変えることをさまざまな形で実験した．その反対のこと，すなわち熱を使って仕事をさせることは，熱機関という形で登場した．実用化されたものは蒸気機関と呼ばれ，産業革命の推進に多大な寄与をした．

 18世紀のイギリスにおいて，炭坑を掘っていくなかで生じる地下水を汲み上げるのは非常に大変であった．その中でニューコメンの作った蒸気機関は人力，馬力にとって代わることができ，イギリス中の炭坑に広まっていった．この機関は熱された蒸気が冷やされるときに水を汲み上げることができた．ワットはこの機関の修理の仕事に携わっている中で，さらに効率の良いものを作り上げ，それは同じ燃料でニューコメンの機関の倍の仕事ができたので，広く普及することになった．これがさらに工場で機械を動かしたり，船を動かしたり，汽車を牽引したりするエンジンなどへと発展していった．この発明は欧米の工業の成長に重要な役割を果たし，西洋文明の経済的・社会的構造

の変革をもたらした．産業革命である．

　さてそうなると蒸気機関を改良するための学問的研究は，機関の効率はどこまで上げられるものか，そこには熱の本性による制約があるのかというものになっていった．

●カルノーの考察

　熱が機械的な仕事に変わるときどんな自然法則があるのかを研究した，最初の栄誉はサディ・カルノー(Sadi Carnot 1796-1832)に帰する．彼は28歳のときの「火の動力についての考察」で「熱は運動の原因になることができ，しかもそれが非常に大きな動力をもつ」「問題となるのは次の諸点，熱の動力には限りがあるのか，また火力機関を改良する可能性はいかなる手段によっても越えることのできない事物の本性からくる限界によって限られているのか，それとも限りがないのか」と述べる．

　彼は，熱を仕事に変えるとき高温のものと低温のものが両方必要なことに注目する(実際の熱機関でそうであった)．これを高低差で落下する水によって得られる動力と類比する．落下する水の動力は水の落差と流量で決まる最大値を超えることはない．彼は火力機関にもこれに類する普遍的原理があって，その限界を越えるような火力機関は存在しないだろうと考えた．実際カルノーは熱機関の最大効率は高温部と低温部の温度差で決まることを示したのである．カルノーは熱素説に立つという根本的間違いを犯していたが，それを除けば彼の理論は重大な意義をもっている．エネルギー移動の方向性を示したからである．付け加えれば，先のジュールの実験やヘルムホルツのエネルギー保存則は1847年だから，カルノーがこれを書いた1824年よりはずっと後のことである．エネルギー保存則も入れてカルノー理論を見直したのは1850年のクラウジウスである．

　カルノーに戻ろう．彼は蒸気機関から実用上の複雑な要素をはぎとり，そのぎりぎりまで簡素化・理想化して，そこに含まれている熱というものの本性を抽出する．カルノーは最大効率を考えるために，最もエネルギー損失の少ない理想的な機関を考える．熱は滝が低いとこ

ろに落ちるように，高温の物体から低温の物体に必ず流れる．このときエネルギーの損失が起こってしまうだろうと予想した．（これはエネルギー保存からいえば必ずしも正しくないが）したがって理想機関では温度差のある物体が接触しないようにする必要がある．しかし温度差がないときにどうやって熱を仕事に変えられるのか．そこでカルノーは気体の膨張収縮を用いることを考える．気体を入れたシリンダーを高温の熱源 A と同じ温度にしてから，熱源に接触させたまま，ゆっくりと膨張させるようにする．理想的な気体はエネルギーは温度だけで決まることが分かっているので，温度は変わらない時は熱源から気体に流入した熱 Q_1 はすべて膨張の仕事に使われている．よってここでは得た熱をすべて仕事に変えることができた．この過程は可逆でまったく逆にもできる．温度差がないことが可逆な過程に導いている．そのときシリンダーを押し込んで元の状態に戻すことができるが，それには同じだけの仕事が必要でその仕事は熱として熱源に戻るだけでなにも得られない．

　ここで注意しておけば「熱をすべて仕事に変えることはできない」という言い方があるが，それはいま見たように正しくない．問題は熱機関として働くためには熱を仕事に変えた後，機関は元に戻さなければならないところにある．そうでなければ継続的なエンジンにならない．

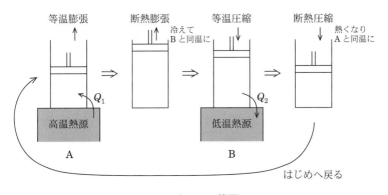

図1　カルノー機関

●高温熱源だけでなく低温熱源が必要な理由

　エンジンとして外部に仕事をするためには，次のようにする．図１を参照．膨張した状態でシリンダーを熱源Ａから離しさらに断熱膨張させる．気体の温度は下がり，低温の熱源Ｂと同じ温度まで下がる．そこでシリンダーをＢと接触させ，今度はシリンダーを押し込む．断熱膨張させたのは温度差をなくし無駄なエネルギー損失を避けるためである．ここでは押し込むための仕事はすべて熱 Q_2 に変わり，Ｂに吸収される．最後にＢから離してさらに押し込むと断熱圧縮で気体の温度は上がりＡの温度と同じにできる．そこで最初の過程に戻り，また次のサイクルをはじめる．大事なことは変化がすべて常に熱平衡状態からのずれを無限小に保ちつつおきる，いわゆる準静的であり，可逆であることである．このとき外部への仕事はどこから得られるか．Ａで膨張するときとＢで押し縮めるときの温度が異なるので圧力も異なる．したがってＡでする仕事の方がＢで熱に戻される仕事より大きく，その差が外部への仕事になる．

●カルノー機関の効率

　さて，現在のエネルギー保存法則を用いれば，カルノー機関は高温熱源から吸収した熱 Q_1 と低温熱源に放出した熱 Q_2 の差だけ仕事を引き出したことになる．したがって現代でいえば，カルノー機関の効率は $(Q_1 - Q_2)/Q_1$ である．もちろんカルノー機関はすべて可逆なので今の過程をすべて逆にたどることができる．上とまったく逆過程をたどれば，低温熱源から Q_2 の熱をとって高温熱源へ Q_1 の熱を放出することができるが，この時は先ほどと同じ量の仕事を外からしてやらなければならない．

　カルノーはこの機関が可逆ゆえにこれより高い効率を得ることができないことを証明した．なぜなら，それができたら，効率の高い機関を運転して生じた仕事のあまった分を用いて最終的に低温部から高温部へ熱を移動させることができるからだ．そうするとそれを用いて永久機関が可能になる．永久機関が不可能というのは前提である．こうして「熱の効率は作業物質によらず，２つの物体の温度だけで決まり，

可逆機関のとき最大」といえる．

　カルノー機関で出てきたことすなわち，熱から仕事を取り出すには高温物体と低温物体が必要であり，低温部分に熱を捨てることが必要なこと，低温物体から高温物体に熱を移すには外部からの仕事が必要なこと，などはなぜそうなのだろうか．

　クラウジウス(R. Clausius 1822-1888)は，なぜかと問うのをやめ，それが熱の本性とした．そして次のように

1．仕事と熱は互いに転化する．

2．何らかの変化を残さずに熱は低温物体から高温物体に移ることはできない．

2′．循環的な過程によって1つの物体から熱を取り出しそれを当量の仕事に変えるような機関はありえない．

　熱を仕事に変えられるかということについてはこれが結論である．

　絶対零度があれば他に変化を残さず熱をすべて仕事に変えられる．低温部が絶対0度ならカルノー機関の効率は1になり，高温部で得た熱をすべて仕事に変えられる．それを示そう．

　まず温度をどう決めるかという問題だが，カルノー機関を使えば，低温部を基準に固定すれば効率は高温部だけで決まるのでそれによって温度を刻むことができる．そうして作った絶対温度を用いると，効率は

$$\frac{Q_1 - Q_2}{Q_1} = \frac{T_1 - T_2}{T_1}$$

この式から考えると，T_2 が 0 になれば効率が 1，すなわち，熱がすべて仕事に変わったことになる．だから低温部が絶対零度の時に限り熱はすべて仕事に変えられる．しかし，外部の温度が 0 ということは事実上あり得ない．だから，他に変化を残さず熱がすべて仕事に変わることも不可能であることになる．

　なおこのとき2つの熱量 Q は等しくないがこれをそれぞれの温度 T で割ったものは等しい．すなわち

$$\frac{Q_1}{T_1} = \frac{Q_2}{T_2}$$

これがエントロピー概念につながる.

●微視的にみると

熱エネルギーの本質は分子の運動の激しさであり，その運動が激しいほど温度が高い．ここで球を床に落とす場合を考えてみよう．球を静かに手放して床の落としたとき，手放す前と床に落ちて何回かして止まった後で何が変わるであろうか．外部への熱の移動が無視できるとすれば，確実に変化するのは球自身の温度である．球を構成している分子はお互いにぶつかり合うことにより，分子の運動が盛んになる．すなわち，温度が上がることになる．この熱くなった球の分子の運動はまったく無秩序な運動である．この状態にある球のすべての分子が真上に同じ速さをもつことになれば，またの元の高さまで戻ることになる．すなわち，運動エネルギーが重力に対して仕事をすることになる．しかし，膨大な数の分子を考えると，例えば，鉄の球の場合，約56 グラム中に 6.0×10^{23} 個の鉄原子がある．球が落ちるときはすべての原子が下向きに同じ速さをもてるが，いったん静止して熱くなった球の原子がすべて同じ向きに同じ速さをもつことは統計的に不可能である．ここに熱の不可逆性の本質があるといえるだろう．

●参考文献……………………

朝永振一郎『物理学とは何だろうか』，岩波新書，1979.

砂川重信『物理の考え方3―熱・統計力学の考え方』，岩波書店，1993.

高林武彦『熱学史』，海鳴社，1999.

[喜多 誠・上條隆志]

61-ガスを燃やして
どうして冷房ができるのか

　冷やすのに直接使うのは，水が蒸発するときにまわりから奪う気化熱である．夏に打ち水をしたり，手にアルコールをつけるとひんやりするのも同じである．普通のエアコンでは，フロンなどの物質を圧縮機で液体にし，それを気化させて冷房している．ガス冷房で用いるのは水である（フロンを使っていないという点で環境に優しいといえるか）．水は非常に低圧であれば，ほぼ数℃で蒸発する．容器の中にパイプを通し，このパイプ内に水を通す．容器を真空に近い状態にし，このパイプに水をかけて蒸発させれば，内部の水が冷えるというわけである．そのままでは容器の内部が飽和してしまうので，この気化した水蒸気を"水を大変よく吸収する物質"(臭化リチウム)に吸収させ

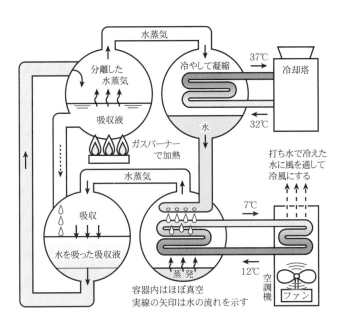

る．そして，この物質と吸収した水を再び分離させるときにガスの燃焼熱を用いる．ここでガスが用いられるのでガス冷房といわれるわけである．簡単にいえば，打ち水をするのだがその水を回収したり汲んで運ぶのをガスの燃焼エネルギーでやっているといえそうだ．装置が大型になるので東京ドーム，新国技館，帝国ホテルなどの大規模な施設で使われている．

●参考文献……………………
ハイタッチテクノ「ガス冷房」　朝日新聞，1992.7.25 夕刊

［喜多　誠］

62―燃えているのは酸素だ

●ネギトロ寿司はエネルギーをもつか

最近の店頭で右の写真に示すようなのを見かける．エネルギーをとりすぎないように気を配っているお客の参考にというわけだろう．

ところで，この数値はどのように算出しているのであろうか？　それは，この寿司に，水，蛋白質，脂質（脂肪），糖質（炭水化物）が何gずつ含まれているかを求めて，それぞれのものが燃焼する際の発熱量を合計して算出するのである．そうなっているか確めてみよう．

家庭科の教科書によれば，それぞれの成分の「エネルギー量」（発熱量）は

$$糖質（炭水化物）\quad 4\,\mathrm{kcal/g}\quad (17\,\mathrm{kJ/g})$$
$$脂質（脂肪）\quad 9\,\mathrm{kcal/g}\quad (38\,\mathrm{kJ/g})$$
$$タンパク質\quad 4\,\mathrm{kcal/g}\quad (17\,\mathrm{kJ/g})$$

である．これらの化合物の実際の酸化反応の際の発熱量を調べてみると，例えばブドウ糖なら，反応式

$$\underset{(分子量 = 180)}{C_6H_{12}O_6}\quad +6\,O_2\ \rightarrow\ 6\,CO_2+6\,H_2O+673\,\mathrm{kcal}\ (2820\,\mathrm{kJ})$$

から，ブドウ糖1モルあたりの発熱量は673 kcal(2820 kJ)とわかる．ブドウ糖の分子量は180だから，1モルは180 g，したがって1 gあたりでは

$$\frac{673 \text{ kcal}}{180 \text{ g}} = 3.74 \text{ kcal/g}$$

となって，これは教科書の値 4 kcal/g とだいたい一致している．

●率直な疑問

このとき，ブドウ糖は本当にエネルギーをもっていたのだろうか？

生物学の教科書や参考書にはたいてい「大きな複雑な有機物ほどたくさんのエネルギーをもっていて，それらが小さな分子に分解するときにエネルギーを出す」というように書かれている．たしかにブドウ糖の反応式をみるとそのように思える．しかしこの説明では「最も単純な有機化合物であるメタンはよく燃えて発熱すること」，さらには，「二酸化炭素や水よりも小さな一酸化炭素も燃えて発熱すること」，さらに「最も小さな分子である水素分子は爆発的に燃えてエネルギーを出すこと」が理解できない．大きな有機物がエネルギーをもつ，というのはどうもあやしい(石油化学工業における有機物の熱分解(クラッキング)も吸熱反応である)．

●原点にもどって考える

燃焼とは酸化反応である．それは化学反応であり，その反応の前後では原子の種類や数には変化がないが，原子どうしの結合が変わる．この「結合が変わる」ことがエネルギーを出す秘密である．

なぜ結合が変わるとエネルギーが出るのか？　まず結合している分子のエネルギーを見てみよう(図1)．原子どうしは引きあう性質があるので，お互い遠くバラバラにある状態よりも，近づいて結合している状態の方が，位置エネルギーは小さくなっている(ちょ

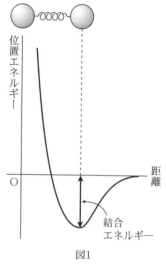

図1

うど，地球と引っぱりあっている石ころが，山の上にあるときよりも
地面にあるときの方が位置エネルギーが小さいのと同じだ）．この，
結合のために小さくなった分のエネルギーを「結合エネルギー」とい
う．

　だから，この結合を切るとき（分子をバラバラにするとき）には特別
にエネルギーを外から与えなくてはならない．そのとき，結合が強い
ほど大きなエネルギーを必要とするのだから，図1における「穴」は，
強い結合ほど深い，ということになる．だから，化学反応の結果，弱
い結合の状態から強い結合に変わったとすると，そのときの位置エネ

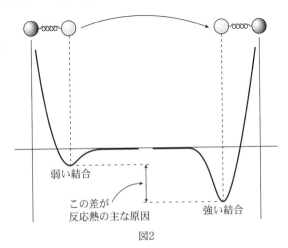

弱い結合

この差が
反応熱の主な原因

強い結合

図2

ルギーの差（それはすなわち結合エネルギ
ーの差）が，外に放出される，つまり発熱
するのである（図2）．

　つまり，高さが変わったわけだから，ち
ょうど地上で高い所から低い所に物体が落
ちるとき，高さが減ったかわりに運動エネ
ルギーが増える（図3）のと同じで，原子や
分子の運動エネルギーの増加となり，それ
がすなわち「発熱」として見えるのである．

　さて，以上を前提にして結合エネルギー

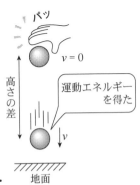

パッ

$v = 0$

運動エネルギー
を得た

高さの差

v

地面

図3

のデータを調べてみると次のようになっている.

O－O		139 kJ/mol
O＝O	494 （1本あたり	247）
C＝C	608 （　〃	304）
N≡N	947 （　〃	316）
C－O		352
C＝O	725 （　〃	363）
C－C （C_2H_6）		368
N－H （NH_3）		386
C＝O （CO_2）	799 （　〃	400）
C－H （CH_4）		411
H－H		432
O－H （H_2O）		459

　これを見ると，意外にもH－H結合やC－H結合は安定であり，H原子にとっては，結合の相手がHまたはCからOに変わっても，いくらもエネルギー差を生じないのである.

$$H－H \rightarrow H－O \quad 459 \, kJ/mol－432 \, kJ/mol ＝ 27 \, kJ/mol$$

$$H－C \rightarrow H－O \quad 459 \, kJ/mol－411 \, kJ/mol ＝ 48 \, kJ/mol$$

これに対して酸素分子の1本あたりの結合は弱く，O原子の相手がH原子に変わると，1本あたりで，

$$\underset{(O_2)}{O－O} \rightarrow O－H \quad 459 \, kJ/mol－247 \, kJ/mol ＝ 212 \, kJ/mol$$

ものエネルギー差をもつのである.

　C－C結合の場合も，C原子の相手がO原子に変わると

$$\underset{(CO_2)}{C－C \rightarrow C－O} \quad 400 \, kJ/mol－368 \, kJ/mol ＝ 32 \, kJ/mol$$

しか出さないが，酸素分子の方からは

$$\underset{(O_2)}{O－O} \rightarrow \underset{(CO_2)}{C－O} \quad 400 \, kJ/mol－247 \, kJ/mol ＝ 153 \, kJ/mol$$

の落差が生じている.

　ここで重要なことがわかった. すなわち，有機物が酸素と反応して発熱するとき，従来，そのエネルギーは有機物がもっていたものが解

放されて出てきたと考えられていたが，実は主に酸素分子の結合が弱かった，つまり酸素ガスのもっていたエネルギーが大きかったことによるのだった．燃焼においては主として酸素分子のエネルギーが放出される，つまり「燃えるのは酸素の方」なのである．

このように考えてみると，先ほどの，メタン，一酸化炭素，水素ガスなどが燃えて発熱することがよく説明される．

●いろいろな有機物で

簡単な有機物および栄養素の物質の，燃焼の発熱量を見てみよう．

1gあたりなどで比べると発熱量に差があるが，各有機物がそれぞれどれだけの量の酸素ガスの相手をしているか，という意味で，反応式から酸素ガス1モルあたりの発生エネルギーを計算してみると，どれも約450kJという値になっている（最右欄）．やはり「エネルギーのもとは酸素ガス」といってよいであろう．

	分子量	1モルあたりの発熱量	1gあたりの発熱量	O_2 1モルあたりの発熱量
メタン	16	892kJ	55.7kJ	448kJ
エタン	30	1,560	52.0	448
メタノール	32	729	23.0	486
エタノール	46	1,370	30.0	457
ブドウ糖	180	2,820	15.7	469
トリパルミチン（脂肪の1種）	806	31,500	39.1	436
グルタミン酸（アミノ酸の1種）	147	2,250	15.3	499

●参考文献‥‥‥‥‥‥‥‥‥‥‥‥
『化学ⅠB』，東京書籍，1994．
『ハンディブック化学』，オーム社，1981．

［浦辺悦夫］

63−エントロピーとは何か

●フィルムを逆回しすると

ボールが落ちてきて弾む現象を考えてみよう．これを映画にとり，フィルムを逆回しする．ボールが落ちるのと弾んで上に上がるのが逆になるが，それを見ても，べつに違和感はない．そのことは時間を逆行させても，力学の法則はまったく同じに成り立っていることを物語る．つまりどちらの方向の現象も自然界で実際に起こりうる．逆回し映画で人間が後ろ向きに歩くのも，笑えるだろうが実際にそうすることは不可能ではない．

ただし，ここで反論が出るだろう．普通はボールが壁にぶつかって跳ね返ると速さが遅くなる．それを逆行させたら，遅い速さでぶつかったボールが速くなって跳ね返るので，当然違和感を感じるはずだ．つまり逆行は可能ではないと．これはその通りで，そこではボールの運動の一部が，目には見えない分子の乱雑な運動である熱に変わるということが起こる．どちらもボールの分子の運動だが，熱の場合は，各分子があちこち乱雑に動くので，ボール全体の運動にならないのである．これは，これから述べる不可逆性が顔を出しているのである．しかし各原子・分子のレベルまでいけば，互いに衝突する現象は基本的には逆行可能である．

●逆行不能なもの

要するに力学の現象であれば原理的には逆行可能であるということだ．ところが私たちの回りの現象で，明らかに逆行不可能な現象がある．お湯はたとえ魔法瓶に入れたとしてもやがて冷めてしまう．しかし，この反対に，水が自然に周囲の空気から熱を奪って熱いお湯になることはない．熱が高温の物体から低温の物体へと移動するのは不可

逆である．コーヒーの中にミルクを数滴垂らすと，ミルクは時間がたつとコーヒー全体に広がっていき，やがてミルクの形状がわからなくなって淡い色のコーヒーになることはよく経験されることであろう．しかしその逆の現象は起こらない．もしエネルギー保存の法則しかなかったら，逆の現象が起こってもいいはずである．地面の石がひとりでに飛び上がっても，やかんの水がひとりでに沸騰してもいいはずなのに，そういうことは起こらない．もともとこれらの現象をになう物質は原子からできていて，個々の原子の運動や衝突は力学的な法則に従い，先に述べたように逆行可能である．ではなぜ，それらの集まりの現象は不可逆なのだろう．

●不可逆性の指標

典型的な例として気体が広がっていく現象を考えよう．図1のように気体をはじめ A の部屋に閉じこめておき，B を真空にしておく．仕切の壁を取り除くか，穴をあけると気体は自然に AB 全体に広がってしまう．これを映画にとって逆にまわすと，広がっていた気体が急に A の部屋に集まってくる映像になり，とてもありそうにない．しかしもし分子を克明に見たとすると，分子は飛び回って衝突し合っていて，それは逆向きの運動にもなれるから，A から飛び出していった分子が右の壁に反射したりして元に戻り A に集まってもよさそうだ．ではなぜ現象として一方方向しか起こらないのか．

考えられることは次のようになる．気体は非常に多くの分子からできていて，分子は無秩序に運動し，衝突し非常に複雑な運動をしてい

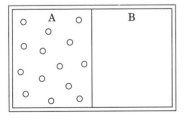

a

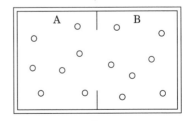

b

図1

る．だから A にすべて戻る状態はあり得るが，「めったにおこらない」はずだということである．図1のaとbの状態を比べてみると，分子のある瞬間の配置はどれも平等にあり得るとしても，bの状態を表す配置（分子の個々の位置は少し変わっても）の場合がaの場合より圧倒的に多いだろう．つまり考えられるあらゆる状態のうち，問題にしている状態がどのくらいあるかという確率の問題ということになる．aの平衡状態からbの平衡状態に移行するというのは，より確からしい状態に移るということである．あるいはこう言える．時間がたてば分子の配置はいろいろ変わっていくのでいつかはaのような状態もあるだろう．しかしそれは気が遠くなるほど長い時間の内のごく短い時間だけで圧倒的な時間はbの状態にあるだろう．ではそれぞれの状態の「確からしさ」を表わす量がなにか存在するだろうか．それがエントロピーである．

●エントロピーの例

図1のaの状態よりbの状態の方がエントロピーが大きい，というのが熱力学の主張である．それは確率を表わしているものである．

一般に N 個の分子[*]を A, B に無作為にバラ撒くとき A に N_A 個，B に N_B 個という分配がおこる確率は

$$P(N_A, N_B) = \frac{N!}{N_A! N_B!} p_A^{N_A} p_B^{N_B}$$

である．ここに

$$p_A = \frac{V_A}{V}, \quad p_B = \frac{V_B}{V}, \qquad V = V_A + V_B$$

は，それぞれ1個の分子が A に入る確率，B に入る確率である．

特に，図1のaの状態では $N_A = N, N_B = 0$ なので

$$P_a = P(N, 0) = p_A^N$$

となる．これは，ここでは N が非常に大きい場合を考えるので，たいへん小さい．

---

[*] 互いに区別できる，とする．

他方，b の状態では分配が一様であるとすれば $N_A = p_A N$, $N_B = p_B N$ だから

$$P_b = P(p_A N, p_B N) = \frac{N!}{(p_A N)!\,(p_B N)!} p_A{}^{p_A N} p_B{}^{p_B N}$$

となる．これは，$M \gg 1$ のとき成り立つ近似公式

$$\log(M!) \sim M(\log M \quad 1)$$

を用いれば

$$\log P_b \sim N(\log N - 1)$$
$$- p_A N(\log p_A + \log N - 1) - p_B N(\log p_B + \log N - 1)$$
$$+ p_A N \log p_A + p_B N \log p_B = 0$$

となる．すなわち，$P_b \sim 1$．ほとんど確実に一様な分配がおこるというのだ．

エントロピーは，考える状態のおこる確率の対数をとって負号をつけたものと定義する．したがって，状態 a のエントロピーは

$$S_a = -\log(p_A{}^N) = -N \log p_A$$

である．これに対して状態 b のエントロピーは

$$S_b \sim -\log 1 = 0$$

となる．

状態 a から b への変化に伴ってエントロピーは

$$S_b - S_a \sim -N \log p_A$$

だけ増加する．$0 < p_A < 1$ であるから，これは正の増加である．状態 a から状態 b に移ることによって系のエントロピーは増加した．P_a が小さいほど——すなわち，初めの状態が起こりにくいものであればあるほど——増分は大きい．

●エントロピーの一般形

例えば全エネルギー一定という条件のもとで考えると，それを満たす分子のどのような分布も平等に起こり得るだろう．そうすると先の確率の考えは，ある状態に所属するミクロな状態の数が多いほど，その状態の実現する確率が大きい．実際はその確率が圧倒的なので，ほとんど必然的にその方向へ進む．ミクロな状態の数というのは，量子

力学ではとりうる状態がとびとびなので状態の数はより明瞭になる．したがってエントロピーを

$$S(E) = k \log W(E)$$

(ただし，W はエネルギー E の状態に属する微視的な状態の数)とするのは妥当といえる．この式はボルツマンの関係といわれ，ボルツマンの墓に刻んである．しかし最初にこう書いたのは実際はプランクである．なぜ状態の数そのものでなく log をとったかというと，2つの独立な系 S_1 と S_2 があると，状態の数は $W_1 \times W_2$ で積になるが，log をとっておけばそれに対応するエントロピーは和になるからである．

さらにエネルギーが決まってない状態も含めて広い定義は

$$S = -k \sum_l P_l \log P_l$$

で与えられる．ここで考えている系は $l \, (= 1, 2, 3, \cdots)$ という量子状態を確率 P_l をもって実現するものである．

●熱力学との関係

エントロピーは歴史的には次のようにはじまっている．

18 世紀以降，エネルギー保存の法則が確立してからも永久機関をつくろうという無駄な努力が続けられた．第1種の永久機関がだめでも，せめてエネルギーを無駄なく完全に仕事に換える機械(これを第2種の永久機関という)をつくろうと考える者もいた．これは効率が100 ％の機関だと言い換えることができる．しかしこれはできない．

熱を仕事に変えるの項で，カルノーの可逆機関は高温熱源から Q_1 の熱をもらい低温熱源に Q_2 の熱を捨てなくてはならず，可逆の故にこれを越える効率は存在しないことを示した．そのとき Q_1 と Q_2 は等しくないが

$$\frac{Q_1}{T_1} = \frac{Q_2}{T_2} \quad \text{または} \quad \frac{Q_1}{T_1} - \frac{Q_2}{T_2} = 0$$

であることが示された．T はそれぞれの温度を示している．この熱量を絶対温度で割った量の合計は可逆の場合は差し引き 0 だが，一般の熱機関は不可逆なので 2 番目の式は必ず正となる．したがって不可

逆の過程でこれが増加する．1854年にドイツのクラウジウスがこの量をエントロピーと名づけた．これは「内部変化」を指すギリシア語からの人造語である．この量は今まで述べてきたものと同等で，統計的確率と結びついて意味が明瞭になった．

ついでにいうとはじめにあげた気体が全体に広がる場合は熱の出入りがないのにどうしてこのようなエントロピーとつながるのかというと，しきりをとるときたしかにエネルギーは変化しない．しかしこれをピストンを押し広げる可逆過程で置き換えると，同じ温度の熱源に接触させながらゆっくり膨張させれば状態の移行は実現できる．このときは，仕事の分だけ外から熱量 Q が入るのでやはり今のエントロピーも増加する．

多数の分子でできた系の変化は，エントロピー増大の方向へ変化が起こる．はじめに述べたように個々の原子・分子の力学，電磁気の法則は可逆なのに，多数の分子が集まると不可逆性が現われる．それは面白いことだ．そのことをエントロピーには時間の「向き」が生じてくるとも考えられている．

●参考文献⋯⋯⋯⋯⋯⋯⋯⋯

1) 久保亮五『統計力学 初等物理学講座，B編，物理学の方法 4』，小山書店，1956.

2) 町田茂『現代物理読本』，理工学社，p 20-44.

3) 渡辺慧『時』，河出書房新社，1974.

4) R.P. ファインマン『物理法則はいかにして発見されたか』，江沢洋訳，岩波現代文庫，岩波書店，2001. 特に，「過去と未来の区別」の章.

[竹沢攻一]

【コラム 9】

試験が終わったから勉強しよう
朝永振一郎の話―――

　ノーベル賞受賞者・朝永振一郎
(1906-1979)の死去にあたって，彼
の三高時代からの友人であった荒木
三郎という人が次のような弔辞を述
べている．

　「……朝永君の学力については，
私は専門違いで分かりませんが決し
てガツガツと勉強しているようには
見受けられませんでした．ただ，高
等学校 1 年生，1 学期の試験が済ん
だ時，ちょうど雨が降っておりまして，私は野球部の選手をしており
ましたので練習が休みになりまして，彼の家に活動写真を見に行くべ
く誘いに行ったのでありますが，彼に断られたのであります．その理
由が，試験が済んだ日は一番気が落着いて，全科目がよくわかってい
るので，何ということもなく全科目を読み直すのを楽しみにしている
のだから，今日だけは勘弁してくれ，とのことでした．私は，これを
聞いて，これは我々とカテゴリーの違う人間だとしみじみ感じたので
あります．これは単に勉強家というのではなく，学問を楽しむ人でな
ければ言えないことだと存じます．成程，彼は決してガツガツ勉強す
る人ではなかったと思いますが，彼が好きな酒をたしなみながら，悠
然と楽しむように勉強していたのではないだろうかと思います．
……」

　勉強というと試験前にしかしたことのない私たちにとっては，まる
で別世界の人間のようだ．しかし，勉強，つまり未知のものを知りた
いという欲求，未知のものを知るという営みは，もともと人々の楽し

みとして発展してきたのではなかっただろうか．強いられてする苦役
ではなかったはずだ．私たちはここでも朝永に学びたい．

　しかし，その朝永も，湯川秀樹の業績に遅れをとり，勉強に焦りを
感じた時期があったという．学問の道は平坦ではないようだ．

●参考文献……………………
松井巻之助編『回想の朝永振一郎』，みすず書房，1980．
朝永振一郎『量子力学と私』，岩波文庫，1998．

[宮村　博]

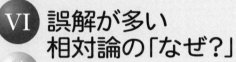

VI 誤解が多い
相対論の「なぜ?」

64―ローレンツ短縮は押し縮めたから起こる わけではない. では, なぜ短くなる?

●ローレンツの電子論

オランダのローレンツは, 物質を荷電粒子の集まりと見て, それらが互いに及ぼしあう力を求め, その力が引き起こす運動をニュートンの力学で決定することによって, 物質の諸性質を計算で導き出すという雄大な試みを始めていた. いまならば物質は正電荷をもつ原子核と負電荷をもつ電子からできていて……というところだが, ローレンツの試みは電子が発見された 1897 年より 20 年も前に始まっていた! もちろん原子核の発見(1911 年)より前である. ローレンツの理論は, 電子論とよばれるようになる.

●物体の大きさの電子論

ローレンツの立場から見ると, 物体の大きさは, 与えられた数の正負の荷電粒子が相互に力を及ぼしあって形成する平衡状態を求めることで決定されるはずである. 平衡状態といっても, すべての粒子が静止しているとは限らない. 正の電荷の近くに負の電荷がいれば互いに引き合うから, 2 つが合体してしまわないためには, 重い方のまわりを軽い方がまわる必要がある. その結果として物体の中には電流の渦が巻いているだろう. 電流は磁場をつくりだし, それが運動している他の荷電粒子に力を及ぼす. それで運動が変われば, つくりだす電磁場も変わる. これは, 電磁気学としても力学としてもたいへん複雑な問題である.

仮に, その問題が解けて物体の大きさが計算できたとしよう. いや, それができなくても, 物体が走ったときローレンツ短縮することは証明できる. そういう巧妙な論法をローレンツは編み出した.

物体が走ると, それは物体を構成している荷電粒子が全体として走

ることだから，物体の中の電流の様子も変わる．したがって，物体の中の電磁場も変わり，荷電粒子にはたらく力も変わる．とすれば，物体の大きさが変わることにもなろう．

　物体の中の電荷の分布や電流の分布が与えられたとき，物体のなかの電磁場をきめるにはマクスウェルの方程式を解けばよい．しかし，この問題は物体が静止している場合でさえ複雑で手におえない．まして，物体が運動していては大変だ．

●巧妙な変数変換

　ローレンツは，その方程式にある変数変換をほどこすと，物体が静止している場合の式と同じ形になることを発見した．

　この方程式を解くと物体の大きさが決定される．その上で，さきに変換した変数をもとにもどせば，物体が走っている場合の物体の大きさが求まる．

　やさしい例でいえば，こういうことだ．方程式 $x^2 = 16$ はすぐ解けるが，$x^2 + 4x = 16$ は難しい．しかし，

$$x^2 + 4x = (x+2)^2 - 4 = 16$$

に注意して $x+2$ を z とおけば——未知数 x を z に変えれば——

$$z^2 = 16 + 4 = 20$$

を解くことになり，$z = \pm\sqrt{20}$ が得られる．本当に知りたいのは x だ．それには z をもとの x にもどせばよい：$x = z - 2 = \pm\sqrt{20} - 2$ が答である！

　ローレンツは方程式を解く必要さえなかった．物体が静止しているときの大きさは計算するまでもなく，測れば分かる．だから，その長さを彼の変数変換で，もとに——物体が走っている場合に——もどせばよい．それを実行したらローレンツ短縮がでてきた！

　この巧妙な変換は，後にローレンツ変換と呼ばれることになる．ローレンツはこの変換の完全な形を見いだすまでに10年をかけた．少しずつ近似を上げてゆく，粘り強い努力の10年であった．

　ローレンツの雄大な試みは，20世紀に大きな展開をみた．上の説明から想像されるように，ローレンツ短縮は物体の中の粒子たちが及

ぼしあう力が物体の運動に影響されて変わったことの結果である．物体に外から力を加えて押し縮めたのではないが，もともと物体がきまった大きさをもっているのは，物体内の電子や原子核が力を及ぼしあっている結果なのであって，物体が走るとその力が変わる．その結果としてローレンツ収縮はおこるのである．

●歪みがない！

ローレンツが短縮仮説を提出したとき，人々は，それなら物体のなかに短縮をおこす力がはたらいていなければならないと考えた．力があれば歪みがある．ガラスを圧縮すると光は複屈折する（一筋の入射光が二筋の屈折光にわかれる）．ローレンツ収縮でも同じことがおこるはずだ．そう考えて実験した人がいる．結果はノーだった．電気抵抗が変わるはずだと予想して実験した人もいる．その結果もノーだった．何を試しても，ノー，ノーばかり．ローレンツ短縮の仮説は棄てなければならなかっただろうか？

いや，やがて相対性理論がでて，すべての「ノー」は物理法則が共変性をもつからだと分かった．物体が運動しているときの現象は――どんな現象だろうとすべて――物体が静止しているときおこる現象に変数変換をほどこせば得られる．物体が静止しているとき複屈折がないなら，単なる変数変換で光の道筋が2つに分裂することはない．

●参考文献……………………
江沢 洋『現代物理学』，朝倉書店，1998.

［江沢 洋］

65—相対論でいう浦島効果は本当か

　浦島効果とはこういうことだ．浦島太郎には双子の弟，次郎がいた．太郎は超高性能のロケットに乗って，宇宙旅行にでかけ，次郎は地球に残った．何十年か後，太郎が宇宙旅行から帰ってきたとき，次郎は白髪の老人になっていたが，太郎は以前と変わらぬ若者のままで，ほとんど年をとっていなかった．飛んでいた太郎と地球に静止していた次郎では時間の経過が違うという．こんなことがあり得るのだろうか．アインシュタインの相対性原理はこれが実際に起こることを示した．

　まず**相対性原理とは何か**を語ろう．列車で旅をしていて，弁当を食べる場面を想像してもらいたい．揺れてお茶がこぼれそうになったりして，結構大変かもしれない．歩くときもふらふらして，列車が動いていることを実感するだろう．しかし，もしもこの揺れがなかったらどうだろうか．どこまでもまっすぐに続く線路を，限りなく滑らかに走る列車に乗ったとしたら，その列車が動いていることを実感できるだろうか．実際，気流の安定した高空を時速 1000 キロメートルもの高速度で飛んでいる飛行機のなかでは，地上に静止しているときと同じように過ごすことができる．スチュワーデス(今はフライト・アテンダントと言わなければならないのか？)が来て，コーヒーを注いでも，子どもが機内でボール投げをして遊んだとしても(そんなことをしてはいけない！)，なんら地上と変りはないだろう．

　ガリレオは，同じことを次のように言っている．一定の速さで動いている船から水面に石を落とす．船は前に進むから，船の人が見ると，石は後ろに落ちていくように思える．しかし実際に落としてみると，石は

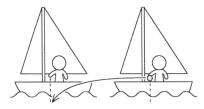

船の人にとって船が止まっているときと全く同じようにその人の真下に落ちる．これは慣性の法則で石は初め船といっしょに動いていたのでそのままの速さを保ち続けるとも言える．

　しかし，見方を変えると，このように一定の速度で動いている物の上では，世界は止まっているときと同じ法則にしたがっていると言うこともできる．これが相対性原理である．どちらが止まっているかは誰にも言えないということでもある．

●光速不変の原理

　もし相対性原理が普遍的なものならば，力と運動の法則だけでなく他の自然現象でも同じになるはずだ．しかしそうすると困ったことになる．なぜなら電磁気学の法則の中には光速 c が定数として入ってくるから，もし電磁気の法則も誰が見ても同じになるとすれば，光速も誰が見ても同じになる必要があるからだ．

　アインシュタインは，16歳の高校生のとき，こんなことを考えていた．光を追いかけて走ったとしたらどうだろう．追いかけるスピードを上げれば，光の速度は遅く見えるのだろうか．もしも光と同じ速度で走ったとしたら，光は止まって見えるのだろうか．

　「静止した光なんてありえない」とアインシュタインは考えた．いや，それどころか，静止している人から見ても，走っている人から見ても，常に同じ速度に見えることこそが光の性質だとした．これが光速度不変の原理である．この原理は，マイケルソン - モーレイの実験をはじめ，すべての実験で支持されている．

●アインシュタインの相対性原理

　光速が誰が見ても同じになるなんて信じ難い．なぜなら動いている電車を，地面に静止した人が見るのと，車で追いかけている人が見るのでは同じ速さには見えない．光だって同じことだろうと誰でも思う．

　しかし，アインシュタインは「相対性原理」が電磁気学も含めて物理全体で成り立つとする方をとったのだ．「光速不変の原理」は「自然界には $c = 3 \times 10^8$ m/s という速さの上限があり，それは——慣性

系に対して等速運動をしているかぎり——誰から見ても同じ値に見える」という原理となった．ニュートリノの速さは——もし質量が0なら——やはり 3×10^8 m/s である．この原理に立つ相対性原理をアインシュタインの相対性原理という．

●運動状態によって時間が異なる

アインシュタインの相対性原理をとると，時間や空間に対する考え方を変えなければならない．時間の進み方は観測している人の状態によって違い，走っている時計は静止している時計に比べて進み方がゆっくりになる．なんとも不思議な結果であるが，それをまず示そう．

まず，太郎の宇宙船内でロケットの進行方向に垂直な方向に光を発射する．これが天井までの距離 l' 進む時間を測定する．このとき，t' かかったとする．光速を c とすれば，$t' = l'/c$ と表わされる．この現象を，ロケットの外に静止している次郎が見ることにする．光が進む間にロケットも移動していくので，図のように光線は斜めの道筋をたどることになる．結局，図の l の道筋を光線が走るのに，t かかっ

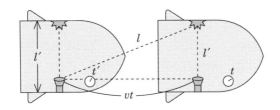

たと測定されたとする．次郎にとっても相対性原理から光速は同じ c なので $t = l/c$ と表わされる．l と l' は異なるので t と t' も異なる．つまり，光が時計—天井間を走るというまったく同じ現象が，太郎にはより短く，次郎にはより長く感じられるということになる．その比をもっと詳しく調べてみよう．図で三平方の定理を用いると $l^2 = l'^2 + (vt)^2$，これより $c^2 t^2 = c^2 t'^2 + v^2 t^2$，これを t' についてとくと

$$t'^2 = t^2 - \frac{v^2}{c^2} t^2 \quad \text{すなわち} \quad t' = t \sqrt{1 - \frac{v^2}{c^2}}$$

となる．これは中の時間の方が進むのが遅いことを示している．

　ここで，t' は太郎の感じる経過時間，t は次郎の感じる経過時間，v はロケットの速度，c は光の速度である．いま，ロケットが光速の99.9％の速さで飛んだとし，次郎が地球上で50年間待っていたとすると，上の式に代入して t'＝2.2年となり，太郎にとってはたったの2.2年間しかたっていないことになる．

●パラドックス

　ところが，この浦島効果は，別名「双子のパラドックス」ともいわれている．なぜなら相対性原理では，互いに動く観測者のどちらが止まっているとするのも同じだというのだから，太郎の立場に立って考えてみると自分は止まっていて，次郎の方が地球と共に速さ v で反対方向に遠ざかって行くように見える．だから太郎から見て次郎の持っている時計の方が遅れ，宇宙旅行後には次郎の方が若いはずだとも考えられるわけである．お互いに相手の時計の方が遅れると見えるはずなので，パラドックス(背理)と呼ばれるわけである．それはどう解決するか．「相対性原理」の前提は「等速直線運動」であった．実際には，太郎は地球に戻るためにロケットを減速，加速させなければならない．その結果，太郎は一定の速度であるという前提から外れ，時計が本当に遅れることになる．このような加速度のある場合や重力のある場合は，実は一般相対性理論で取り扱う．

　実際，非常に正確な原子時計をジェット機につみ，地球を一周させたところ，旅を終えて戻ってきた時計は地上で静止していた時計に比べて1億分の4秒ほど遅れていたという実験報告がある[1]．

●参考文献‥‥‥‥‥‥‥‥‥‥

1）J. C. Hafele and R. E. Keating : Around-the-World Atomic Clocks−Predicted Relativistic Time Gains, *Science*, **177** (1972) 166, 168.

2）NHK『アインシュタイン・ロマン』，日本放送出版協会，1991.

3）福江 純『ぼくだってアインシュタイン』，岩波書店，1994.

[谷藤純一]

66―一般相対論によらない
双子のパラドックスの説明

　一般相対性理論に頼らずに「双子のパラドックス(浦島効果)」を説明することができないだろうか．太郎はずっと一定の速さで宇宙を進み，折り返し点でものすごく短時間に方向転換し，また帰りも一定の速さでずっと戻るとして考えることにすれば加速度を問題にせずに議論ができるだろう．行きと帰りだけとれば一定の速さだから「相対性原理」がなりたち，次郎から見れば太郎の時間が遅れ，太郎から見れば次郎の時間が遅れるはずだ．ではなぜ太郎と次郎の時間が非対称になったのだろう．この疑問を解くためには「互いに時間を比べる」とはどういうことかにさかのぼって考える必要がある．

●時計を合わせることの意味
　時間を比較するには，はじめに2つの時計を合わせなければならない．2つの時計をどうやって合わせるか．時計が同時に同じ場所に存在する瞬間には，それらを合わせることができる．しかし空間や運動が時間に影響を及ぼさないとは言えないから，合わせた時計の一方が違う場所に移動したときそれが合ったままだとは限らない．空間的に離れた2つの時計はどうやったら合わせられるのか．
　一方から他方へ信号を送る．もし両者が相対的に静止していて，距離が変わらず，その信号の伝わり方が分かっていれば合わせることができる．前に述べたように光は誰が見ても同じ速さだからこの信号に使える．そこで例えば時計 A から B に信号を送る．A から光を時刻 t_1 に出し，B に着いたらすぐ送り返す．その光が A に時刻 t_2 に着けば B の時刻を $\frac{t_1 + t_2}{2}$ と合わせることができる．このように自分に対して静止している一連の時計をすべて時刻合わせすることができる．
　しかし，自分に対して運動している時計は進み方が異なるので，た

324

とえ両者が同じ場所にある瞬間に合わせることができても，離れたら合っていないだろう．

いま，駅とそこを通過する電車を考えてみよう．電車と駅の共通の中央から前と後ろに光を発射してその光の到着で時計を合わせることにしよう．電車の中の人から見ると光は一定の速さで進み同時に前と後ろに到達する．したがってこれで同時に時計を合わせることができる．このように電車の時計(または電車と同じ速度で一緒に動く一連の時計)を同じ時刻に合わせることができて，それらの時計は電車の人から見ると同時に進む．同様に駅の人は駅の時計(または駅と共に静止している一連の時計)をすべて合わすことができる．しかし駅の人にとって同時に合わせてある時計を電車の人から見ると同時ではない．これを説明しよう．

図のように電車と駅の同じ位置に2つの時計 T_1, T_2, P_1, P_2 を用意し，ちょうど位置が重なったとき中央から両側に光を出す．いま，電車から見て T_1, T_2 に光が到着したとき2つの時計を同時に合わせられる．このとき駅の時計を考えると，駅の人にとっても光は一定の速さで進むはずだから， P_2 はまだ光が到着する前の時刻，また P_1 はすでに光が過ぎてしまった時刻を指す．したが

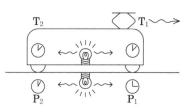

って「電車と一緒に動く人たちが自分たちの合わせた同時刻に，駅の人が同時に合わせた一連の時計を覗くと，前の方が進んでいる」ということになる．

●ローレンツ変換

駅にいる人は自分に対して静止している時計を世界空間の各地点に用意し，それを同時に合わせることができる．また電車の人も同じことができる．しかし一方で同時のとき，他方の時計は場所によって違う時刻を指す．それではそのそれぞれの時刻はまったく独立なのか．

そうではない．それは互いにある関係をもつ．それがローレンツ変換である(今まで触れなかったが，ある点を表わす座標もそれぞれの立場と時刻で異なる)．浦島効果を計算して示すためにこれを書き下そう．世界のある点の時刻と場所を示すのに，駅(地球)の立場からは(t, x)，電車(もうロケットにしよう)の立場からを(t', x')と表わす．それはこういうことだ．どちらの立場からでも世界の各地点に，自分に対して静止している座標軸で位置を座標で表わし，そこに自分にとって同時刻に合わせた時計を用意することができる．こういうものを座標系と呼ぶことにする．同じ場所の座標と時刻は立場によって異なるが，同じ地点に置かれた各系の時計どうしを比較できる．

いまx系に対しx'系が速度vでx軸方向に運動しているとする．時刻$t = t' = 0$で両系の時間と座標の原点は一致させておく．一方の座標系でxの位置にあって時刻tを示している時計が，他方の座標系でx'の位置にあって時刻t'を示している時計と重なったとしよう．これを事象(t, x)と事象(t', x')の一致という．いま，花火が破裂するといった事象があったとし，それは一方の座標系で見ると(t, x)でおこり，他方の座標系で見ると(t', x')でおこっているように見える，といっても同じことである．このとき両方の系の座標と時間の間に次の変換が成り立つ．ここでcは光速である．

$$ct' = \frac{1}{\sqrt{1 - \dfrac{v^2}{c^2}}} ct - \frac{\dfrac{v}{c}}{\sqrt{1 - \dfrac{v^2}{c^2}}} x$$

$$x' = -\frac{\dfrac{v}{c}}{\sqrt{1 - \dfrac{v^2}{c^2}}} ct + \frac{1}{\sqrt{1 - \dfrac{v^2}{c^2}}} x$$

$$y' = y$$

$$z' = z$$

これはローレンツ(H. A. Lorentz)によって導かれた．この変換を用いて浦島効果の姿を見ていこう．もし逆にロケットx'から地球xへの変換を求めたいときは上の式をtとxについて解くのだが，そ

326

の結果は v を $-v$ にして x と x' を入れ替えたのと同じになる．

$$ct = \frac{c}{\sqrt{1-\dfrac{v^2}{c^2}}}t' + \frac{\dfrac{v}{c}}{\sqrt{1-\dfrac{v^2}{c^2}}}x'$$

$$x = \frac{\dfrac{v}{c}}{\sqrt{1-\dfrac{v^2}{c^2}}}ct' + \frac{1}{\sqrt{1-\dfrac{v^2}{c^2}}}x'$$

●浦島効果を計算してみる

そこで実際の例を考えてみることにしよう．いまロケットから見た世界を x' 系として，地球から見た世界 x 系に対して光の速さの $\dfrac{\sqrt{3}}{2}$ で動いているとする．x と x' でこの世界の座標と時刻をそれぞれ決定できる．飛行は片道2年間の宇宙旅行としよう．

飛行をローレンツ変換で追ってみよう．時間の単位は年で行く．

1．スタート

地球とロケットの座標と時間の原点を重ねる．つまり $t = t' = 0$, $x = x' = 0$.

2．出発してロケットの時刻で2年後(宇宙ステーション).

このときのロケットの座標をロケット系で表わすと原点であるから，$t' = 2$, $x' = 0$ である．この時空点をローレンツ変換で x 系の座標に変換すると $t = 4$, $x = 4v$ である．この結果は地球から見るとロケットは4年間，速度 v で進んだということを表わす．しかしロケットの中の時計は2年しか進んでない．地球から見てロケットの時計は半分しか進んでない！

3．対称性を回復する．

しかしそれではロケットから見たら地球系の時計はどうなのか．地球が動いているように見えるのだから，地球の時計もロケットの半分しか経たないはずではないか．そのパラドックスは次のことを考えれば解決する．それはロケットの時計を見るのに x 系では地球にある時計と宇宙ステーションにある時計，つまり別の2つの時計を使っているという事実である．

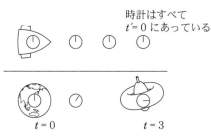

時計はすべて $t'=0$ にあっている

$t=0$　　　　$t=3$

そこではじめに戻って，ロケット出発時にロケット系から見て地球系のこの2つの時計がどう見えるかを調べてみよう．地球にある時計は $t=0$ だが，ステーション $x=4v$ にある時計はどうか．ローレンツ変換の式に $t'=0$ と $x=4v$ を代入してみると

$$x' = 4v\sqrt{1-\frac{v^2}{c^2}} = 2v$$

であり，$t=3$ つまり3年になる．前者はローレンツ短縮を表わし，後者はロケットが出発するときに宇宙ステーションの時計はロケットの系から見るとすでに3年を指していたことを示す．ステーションにロケットが着いたときのこの時計は4年を指しているから，もしこの時計をロケットの方の系から見ていたらわずか1年しか経過しない．

このように互いに相手の時計を見ていると自分の半分しか経たない．これがパラドックスが成立するゆえんである．地球においた時計もロケットの系(つまりロケットと同じ速度で動きロケットの時計と同時に合わせてあり，かつそのとき地球を通過する時計)から見るとまだ1年しか経っていない．

4．帰りのロケットを用意する．

ロケットは実際には徐々に速度を落とし，やがて向きを変えるだろう．しかしここでは x 系に対し v で進んでいるロケット系 x' 系から $-v$ で反対方向に進むロケットの x'' 系に直接飛び移るとしよう．太郎が飛び乗るときもちろん時計は継続しなければならないから，この

瞬間にすれ違う x'' 系の時計はこの時点で x' 系の時計 2 年に合わせる．ここで地球の属する x 系とこの x'' 系の間の変換式を求めれば，ローレンツ変換の速度を $-v$ にして

$$ct'' = \frac{1}{\sqrt{1-\dfrac{v^2}{c^2}}}\left(ct+\frac{v}{c}x\right)+k$$

$$x'' = \frac{1}{\sqrt{1-\dfrac{v^2}{c^2}}}\left(x+\frac{v}{c}ct\right)+h$$

となる．ここで乗り換える地点の x 系の時刻と座標は $(4, 2\sqrt{3}c)$ で，x'' を 0，t'' を 2 年とすることによって $k=-12c$，$h=-8\sqrt{3}c$ となる．帰りはこの変換式を用いて考察しよう．

5．帰りのロケットに飛び乗る．

　乗り移った瞬間に今度はまったく別の系になる．この系ではもちろん地球系の時計はこのロケットの前方が進んでいる．行きとは反対である．この瞬間すなわち t'' が 2 年のとき，地球 $x=0$ の時刻 t はいくらだろうか．変換式に代入すれば，$t=7$ 年が得られる．乗り換える直前の行きのロケット系が見た地球の時計の時刻は 1 年だったから，乗り換えによって地球の時計は一気に

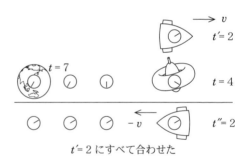

$t'=2$ にすべて合わせた

6 年ジャンプした．2 つの慣性系の間を跳び移ったことによる飛躍である．（跳び移った人から見れば，地球の時計が一瞬，無限大の加速度をもった！）

6．地球に帰り着く．

　このあとロケットは自分の時計で 2 年かかって通算 4 年後に地球に着く．行きと同じで帰りの間地球ではその半分の 1 年が経つだけだが，最終的に 2 つの時計を比べると，ロケットは 4 年，地球では 8 年が経

過している．こうして浦島太郎が完成した．

　行きと帰りの間は互いに相手と時計が遅れるのが見える．しかし方向転換の瞬間まったく別の慣性系に乗り換えると一気に時間が経ってしまうことになる．これは世界を別々の慣性系から見たとき，その間に不連続が生じるということになるだろう．実際に帰りのロケットに跳び移る一瞬の間に「なぜ」地球の時間が急速に進むかを理解するには，もちろん一般相対性理論の世界に入らねばならない．

●参考文献……………………

武谷三男『科学入門』，勁草書房，1970.

佐藤勝彦『相対性理論』，岩波基礎物理シリーズ9，岩波書店，1996.

アインシュタイン『相対性理論』，内山龍雄訳・解説，岩波文庫，1988.

［上條隆志］

67―走る時計は遅れる．では，水素原子が走ると，電子が軌道を一周する時間も長くなるのか

●公転周期とは何か？

原子が走ると電子の公転周期も延びるか？「もちろん！」と答えたいところだが，「待てよ」と心の声がかかる．公転周期とは何だろう？

原子の静止系で，電子が原子核のまわりに円運動しているとしよう．ある時間たつと電子は軌道を一周して始めの位置に戻ってくる（図1）．その時間が公転周期である．

こんどは，一定の速度 V で動く座標系から，その原子を見る．原子は $-V$ の速度で走っているように見える．そのとき，電子の軌道は閉じない．電子は，いくら待っても始めの位置には戻ってこない！

原子の静止系で電子の軌道面が V に垂直である場合，動く座標系から見ると電子の軌道はラセン形になる（図2）．原子の静止系で電子の軌道面が V に平行である場合には，動く座標系から見ると電子の軌道はサイクロイドやその親戚になる．いずれにしても，電子は，いくら待っても始めの位置には戻ってこない！したがって，公転周期は存在しないことになる．

それでも，公転周期にあたるものが取りだせないわけではない．いま，ベクトル V は x 軸の正の向きにあるとしよう．原子の静止系 O-xyz で電子が yz 面内を運動している場合，動く座標系 O′-$x'y'z'$ から見ても $y'z'$ 面に射影した軌道は円であって閉じている（図2）．原子の静止系 O-xyz で電子が xy 面内を運動している場合にも，電子の運動から x-軸方向のある等速度運動を引けば，残る運動の軌道は，やはり円になる．いずれも，電子は，ある時間の後に始めの"位置"に戻るから，その時間を"公転周期"とよぶことにすればよい．以下，これを約束にしよう．

●走る時計は遅れる

では，その公転周期は原子が走ると延びるだろうか？ もちろん延びる！ 1つの座標系 K で起っていることは，K に対して動いている別の座標系 K′ から見るとすべて緩慢に見える．それでいて，ちゃんと運動方程式をみたしているのだ．

ここで，K′ 系では，"公転周期"だけの時間がたっても電子は始めの位置に戻らないことを忘れてはいけない．原子の静止系 K：O-xyz で電子が yz 面内を運動している場合でいうと，原子が走っている系 O′-$x'y'z'$ では電子が時刻 t'_0 に点 $(0, y'_0, z'_0)$ を出発して最初に $y' = y'_0$，$z' = z'_0$ にもどってくる時刻を t'_1 とすれば $T' = t'_1 - t'_0$ を "公転周期" とよぶ約束をした．その時刻 t'_1 に電子の x' 座標は始めの $x'_0 = 0$ には戻っていない．$x'_1 = -V(t'_1 - t'_0)$ にきているのだ．

つまり，ここでいう "公転周期" は，電子が異なる位置にいるときの時刻 t'_1 と t'_0 の差である．

時計が異なる位置にいるときの時刻の差を見ているという点は「走る μ 粒子(これが時計！)の寿命は延びる」という場合も同じである．念のために言えば，この場合，時計の "針" は生存している μ 粒子の割合である．

そのために，原子の静止系で見た電子の公転周期 T と，原子が走っている系で見た電子の "公転周期" T' とは対称的な関係にはない．$T < T'$ である．

それでも，時間は相対的である．走る原子の場合を，もう一度，考えてみよう．電子が異なる位置 x'_0, x'_1 にいるときの時刻を比べたのは，原子の出発点 x'_0 の時計が示す時刻 t'_0 と原子がきた点 x'_1 の時計が示す時刻 t'_1 をくらべたのである．O′-$x'y'z'$ 系のあらゆる場所に時計が敷きつめてあって，もちろん相互に合わせてある．あらゆる場所で一斉に時を刻んでいる．この座標系では，いつでも原子のきた位置 x' の時計をみて原子の時刻 t' とする(ていねいに言えば，原子の事象 (event)——あるいは世界点——を (x', y', z', t') とする)．この t' で見た公転周期は原子自身の時計(固有時)で見たものより長い．

これと対称的な時間の比べ方を考えるなら，O-xyz にも O′-$x'y'z'$

にも時計を敷きつめる．いや，いまの問題に限らない．相対性理論では，いつもそうするのだ．そうしておいて，O′-x′y′z′ に敷きつめた方の時計を 1 つ選んで固定する．その位置を P(x′, y′, z′) としておこう．それが示す時刻 t′₃ に同じ点 P にきた O-xyz の時計の読みを t₃ とし，後の t′₄ に P にきた O-xyz の時計の読みを t₄ とすれば，こんどは t₄−t₃ の方が t′₄−t′₃ より長い．実際，ローレンツ変換の式は

$$t_3 = \gamma\left(t_3' + \frac{Vx'}{c^2}\right), \quad t_4 = \gamma\left(t_4' + \frac{Vx'}{c^2}\right) \quad \left(\gamma = 1/\sqrt{1-\frac{V^2}{c^2}}\right)$$

であるから

$$t_4 - t_3 = \gamma(t_4' - t_3') = \frac{t_4' - t_3'}{\sqrt{1-\frac{V^2}{c^2}}}$$

となる．したがって，$V \neq 0$ なら $t_4−t_3 > t_4'−t_3'$ となる．

●遅れる時計も運動方程式をみたしている

原子が走っている系では，電子の運動は緩慢に見えるが，それでもちゃんと運動方程式をみたしている．少し計算をして，このことを確かめておこう．

それには，原子の静止系で見た電子の運動からはじめるのがよい．

●原子の静止系

原子の静止系 K：O-xyz で，原子核は原点 O にあり，電子は O を中心に yz 面上を等速円運動しているとしよう．電子の運動は

$$x = 0, \quad y = a\cos\omega t, \quad z = a\sin\omega t \tag{1}$$

と表わされる（図 1）．a は円軌道の半径，ω は角速度である．公転周期は

$$T = \frac{2\pi}{\omega} \tag{2}$$

となる．

相対論的な力学における質点の運動方程式は

$$\frac{d}{dt}\frac{m_0\boldsymbol{v}}{\sqrt{1-(v/c)^2}} = \boldsymbol{f} \tag{3}$$

である．ここに質点の静止質量
を m_0，速度を $\boldsymbol{v}$ とした．因子
$1/\sqrt{1-(v/c)^2}$ は質点が走ると
質量が増すことを表わしている．

電子(電荷 $-e$)にはたらく力
は，原子核(電荷 e)からのクー
ロン力 $-e(E_y, E_z)$ で常に原子
核に向かう．電場の大きさは，
半径 a の円軌道上では

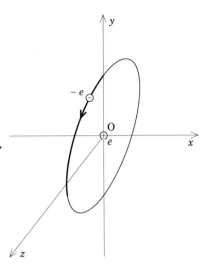

図1　原子の静止系で見る

$$E = \frac{1}{4\pi\varepsilon_0}\frac{e}{a^2}$$

であるから

$$E_y = E \cos\omega t, \quad E_z = E \sin\omega t \tag{4}$$

となる．力の x 成分は 0 である．いま，電子の座標は，常に $x = 0$
としているので，ベクトル方程式(3)の y 成分と z 成分とを考えれば
よい．

こうして，運動方程式(3)は，

$$\frac{d}{dt}\frac{m_0 v_y}{\sqrt{1-(a\omega/c)^2}} = -eE \cos\omega t,$$

$$\frac{d}{dt}\frac{m_0 v_z}{\sqrt{1-(a\omega/c)^2}} = -eE \sin\omega t \tag{5}$$

となる．等速円運動(1)は，電子の速さ

$$v = \sqrt{\left(\frac{dy}{dt}\right)^2+\left(\frac{dz}{dt}\right)^2} = a\omega$$

が一定であることに注意すれば，軌道半径 a と角速度 ω が

$$\frac{m_0}{\sqrt{1-(a\omega/c)^2}}a\omega^2 = eE = \frac{1}{4\pi\varepsilon_0}\frac{e^2}{a^2} \tag{6}$$

を満足するとき，運動方程式(5)をみたすことが分かる．

●動く座標系

座標系 K：O–xyz に対して，x 軸方向に速度 V で動く座標系を K′：O′–$x'y'z'$ とする．

電子の K 系における座標 (x, y, z, t) を K′ 系にローレンツ変換しよう．いま，$x = 0$ としているから

$$x' = \gamma(-Vt), \quad y' = y, \quad z' = z, \quad t' = \gamma t$$

$$\left(\gamma := \frac{1}{\sqrt{1-(V/c)^2}}\right) \tag{7}$$

となる．したがって，電子の運動(1)は K′ 系では次のように見える：

$$x' = -Vt', \quad y' = a\cos\frac{\omega t'}{\gamma}, \quad z' = a\sin\frac{\omega t'}{\gamma}. \tag{8}$$

ただし，$\cos \omega t$ などの t に(7)から得られる $t = t'/\gamma$ を代入した．$x' = -Vt'$ から，この座標系で見ると，原子は x' 軸の負の向きに速さ V で走っていることが分かる(図2)．

(8)は $y'z'$ 平面に射影すれば等速円運動である．その"公転周期"は

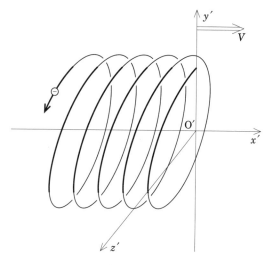

図2 速度 V で動く座標系

$$T' = \frac{2\pi}{\omega/\gamma} = \frac{2\pi}{\omega}\frac{1}{\sqrt{1-\left(\dfrac{V}{c}\right)^2}} \tag{9}$$

になっている．K 系で見た公転周期(2)の $1/\sqrt{1-\left(\dfrac{V}{c}\right)^2}$ 倍に長くなっている！　ここまでのところ，これはローレンツ変換——(7)の

$t' = \gamma t$ ——の結果である.

●動く座標系における運動方程式

その緩慢になった運動 (8) が K′ 系での運動方程式をみたすことを確かめよう. そうすれば,電子の運動が K′ 系で緩慢なのは運動方程式の然らしめるところである,とも言えることになる.

K′ 系での運動方程式といっても,特別なものではない. (3) と同じ形である:

$$\frac{d}{dt'}\frac{m_0 \boldsymbol{v}'}{\sqrt{1-(v'/c)^2}} = \boldsymbol{f}'. \tag{10}$$

ただ,すべての量が ′ つきの――すなわち K′ 系の――量に変っている.

これらの量を調べてゆこう. 運動 (8) の場合,電子の速度 $\boldsymbol{v}'$ は

$$v'_x = \frac{dx'}{dt'} = -V,$$

$$v'_y = \frac{dy'}{dt'} = -\frac{a\omega}{\gamma}\sin\frac{\omega t'}{\gamma}, \quad v'_z = \frac{dz'}{dt'} = \frac{a\omega}{\gamma}\cos\frac{\omega t'}{\gamma} \tag{11}$$

となるから,速さは

$$v' = \sqrt{v'^2_x + v'^2_y + v'^2_z} = \sqrt{V^2 + \left(\frac{a\omega}{\gamma}\right)^2}$$

である. したがって,(10) において

$$\sqrt{1-\left(\frac{v'}{c}\right)^2} = \sqrt{1-\left(\frac{V}{c}\right)^2}\sqrt{1-\left(\frac{a\omega}{c}\right)^2}$$

は時間によらない.

電子にはたらく力 $\boldsymbol{f}'$ を考えるには,まず K′ 系で電子の位置にある電磁場をもとめる. それは K 系では電場 $(0, E_y, E_z)$ のみであったから,ローレンツ変換して

$$E'_x = \gamma E_x = 0, \quad E'_y = \gamma E_y, \quad E'_z = \gamma E_z$$

$$B'_x = 0, \quad B'_y = \gamma\frac{V}{c^2}E_z, \quad B'_z = -\gamma\frac{V}{c^2}E_y$$

となる. この電磁場が電子におよぼす力

$$\boldsymbol{f}' = -e(\boldsymbol{E}' + \boldsymbol{v}' \times \boldsymbol{B}')$$

は

$$-e\boldsymbol{E}' = -e(0, \gamma E_y, \gamma E_z) \quad \text{と}$$

$$-e\boldsymbol{v}' \times \boldsymbol{B}' = -e\gamma\left(0, -\frac{V^2}{c^2}E_y, -\frac{V^2}{c^2}E_z\right)$$

の和である：

$$\boldsymbol{f}' = -e\gamma\left(1 - \frac{V^2}{c^2}\right)(0, E_y, E_z) = -\frac{e}{\gamma}(0, E_y, E_z) \tag{12}$$

こうして，(10) は

$$\gamma^2 \frac{m_0}{\sqrt{1-(a\omega/c)^2}} \frac{d\boldsymbol{v}'}{dt'} = -e(0, E_y, E_z)$$

となった．この式の x' 成分を (8) の x' 成分がみたすことは一目みて明らかである．(8) の y', z' 成分に対しては，$-e(0, E_y, E_z)$ が常に原子核に向かう力だったから

$$\gamma^2 \frac{m_0}{\sqrt{1-(a\omega/c)^2}} \frac{dv_y'}{dt'} = -eE\cos\frac{\omega t'}{\gamma},$$

$$\gamma^2 \frac{1}{\sqrt{1-(a\omega/c)^2}} \frac{dv_z'}{dt'} = -eE\sin\frac{\omega t'}{\gamma} \tag{13}$$

となる．これを (8) がみたすことは容易に確かめられる．もちろん，a と ω は (6) を満足するとしてのことである．

●参考文献……………………

江沢 洋『現代物理学』，朝倉書店，1996.

［江沢 洋］

68—ものは熱いときは冷たいときより重い

　エネルギー E と質量 m の間に $E = mc^2$ という関係があるということがアインシュタインの特殊相対性理論の帰結として導かれた．ここで c は真空中の光の速度 $3 \times 10^8\,\text{m/s}$ である．これはどんなことを意味しているのか．よく「原子爆弾の原理である」と書いてある本があるが，この式はもっと広くエネルギーと質量の等価性を表わしたものであり，原爆に限られるものではない．世界のどんな物でももっているエネルギーが K だけ増加すれば，そのものの質量は K/c^2 だけ増加するということを意味する．したがって運動しているボール，温度の高いボール，縮めたバネなどはどれも自然な状態より重いことになる．では我々は普段なぜそれを感じないのか．それは分母の c があまりに大きいから，身の回りの現象では K/c^2 は明らかに小さすぎるのである．これが測定にかかるのは単位質量あたりのエネルギー変化が非常に大きい場合に限られ，それは原子核反応などで観測される．そのため「原爆の式」などと言われたのである．

　原爆の説明に使われるときなどに，「質量が失なわれてエネルギーに転化した」などといわれるが，これも間違いである．2つは等価なのであり，どちらかがどちらかに変わったのではない．質量が減ってエネルギーになったのではなく，エネルギーが増えれば質量も増えるのである．エネルギーが失なわれれば質量も失なわれるのである．だから「エネルギーと質量の和が保存する」（保存するというのは外から入ってきたり出たりしなければ，一定に保たれるということだ）のではなくて，「エネルギーが保存する」のと「質量が保存する」のと両方が成り立つことである．そのことは次の第64項でももう少し詳しく説明する．

●その質量はどちらの質量か

　しかし，もう1つ疑問が残るだろう．質量って，どっちの質量？ 質量には重力の原因である重力質量と外力に対する動きにくさ（加速されにくさ）を表わす慣性質量がある．例えば重力のない宇宙空間でも慣性質量は測定することができる．

　エネルギーが増えれば加速されにくくなる，つまり慣性質量が増えるというのが相対性理論の帰結である．それでは，このことは同時に重力質量つまりはかりで測る重さが増えることになるのか？　こう言えるだろう．もしも慣性質量の増加と重力質量の増加がまったく同じでないとしたら，物体のエネルギーの大小によって，例えば地球上で物体が落ちる速さが変化してくる．なぜなら運動方程式から

$$加速度 = \frac{重力}{慣性質量}$$

だが重力は重力質量に比例するので加速度は

$$\frac{重力質量}{慣性質量}$$

に比例することになり，両方のずれが出てくれば，落下の加速度が変わってくるだろう．今のところこのような現象は見られないので，エネルギーが増えれば重力質量つまり重さも増加すると言ってよいだろう．じつは，この2つの質量は1つに統一できることを，後にアインシュタインが一般相対性理論で理論づけた．よってエネルギーが増えればどちらも増えるのである．

　慣性質量と重力質量の比がどの物質についても変わらないことを確かめる巧妙な実験は，エトヴェシュ（Roland von Eötvös）によって1889年になされた．その概要は次のようだ（参考文献による）．

　地球と一緒に動く座標系では地球の自転による遠心力が働くと見

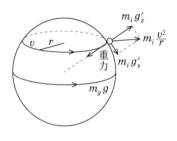

図1

ることができる．遠心力は $m\dfrac{v^2}{r}$ と書けるがこの m は慣性質量である．これと重力を比較することを考えるのである．遠心力は図1のように水平成分と鉛直成分があることを利用する．

図2のように2つのおもりAとBを40cmの棒につり下げる．釣り合い状態では

$$l_A(m_{gA}g - m_{iA}g'_z) = l_B(m_{gB}g - m_{iB}g'_z) \tag{1}$$

ここで m_i は慣性質量，m_g は重力質量．また $m_g g$ は重力の大きさ．g'_z と g'_s はそれぞれ遠心力による加速度の鉛直水平成分を表わす．

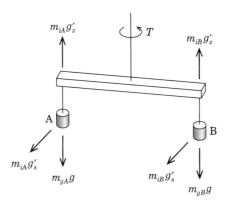

図2

ところで遠心力の水平成分によってこの系を回そうとするトルク

$$T = l_A m_{iA}g'_s - l_B m_{iB}g'_s \tag{2}$$

が働くはずである．(1) から

$$l_B = \frac{l_A(m_{gA}g - m_{iA}g'_z)}{(m_{gB}g - m_{iB}g'_z)}$$

これを (2) に代入して

$$T = l_A m_{iA}g'_s\left[1 - \frac{\dfrac{m_{gA}}{m_{iA}}g - g'_z}{\dfrac{m_{gB}}{m_{iB}}g - g'_z}\right]$$

が得られる．ここで g'_z が g よりずっと小さいとすると

$$T = l_A m_{iA} g'_s \left[1 - \frac{m_{gA} \cdot m_{iB}}{m_{gB} \cdot m_{iA}} \right]$$

とできて

$$T = l_A g'_s m_{gA} \left[\frac{m_{iA}}{m_{gA}} - \frac{m_{iB}}{m_{gB}} \right]$$

となる.

　もし重力質量と慣性質量の比が A と B で異なることがあれば T が生じるだろう. よってねじれが生じるはずになる. 実際はこれは観測されず, Eötvös はこの比に違いがあってもそれは 10^{-9} 以下であると結論した.

　その後, この精度は R. H. Dicke らの実験で 10^{-11} まで高められた.

●参考文献……………………

S. Weinberg, *Gravitation and Cosmology*, Wiley, 1972.

[山口浩人・上條隆志]

69-エネルギーと質量が 同じものであることの証明

$E = mc^2$ は相対性理論の帰結だが，この関係を簡単に証明できないだろうか．それは可能である．ほとんどの本ではアインシュタインが1906年に提出した仮想実験を元にした説明をしているので，まずそれを示そう(ここではボルンの本による)．いま，図1のように長さlの列車のようなものの両端に質量Mの物体があるとする．右のAの方がBに向けて，輻射の形でエネルギーEを光(つまり光子)で出す．エネルギーEの光は運動量E/cをもつことは電磁気の理論から証明されているので，ここで

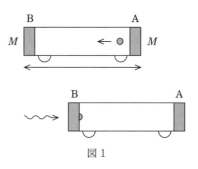

図1

は前提とする．そこで運動量保存からAは光の反作用を受けるので，物体全体は反対方向に動く．光がBに着き吸収されると，動きは止まる．したがってこの間に列車は右に移動する．しかしこの列車に外からの力は働いてないので重心は移動しないはずだ．とすれば，この移動は光によって質量が運ばれたせいだと考えなければならない．この質量をmとして，運動量の保存と重心の位置は不変だということを用いると，求める$m = E/c^2$が得られる．前から後ろへボールを投げるのと同じで，ボールの代わりの光子の運動量とエネルギーの関係が$p = E/c$であることから$E = mc^2$が導かれるのである．

この他にもこれと似た「物体が光子を放出したり吸収したりする仮想実験」による証明が数多くなされている．そこでは先にあげた光子のエネルギーと運動量の関係が重要な役割を果たす．

注意） 電子のように質量の定まった物体は外からの作用を受けていないかぎり光子を出したり吸ったりすることはできない．それは古典的には荷電粒子が電磁波を出すのは加速されるときで，一様な運動をしている粒子は電磁波を出さないという事実に対応する．しかし，アインシュタインの台車のように光子を胎むことによって（あるいは原子のように励起状態に上がることによって）質量が増加する場合には光子を放出することができる．

●一般にはどのように証明できるか

多くの証明は上のように光の性質を利用している．ここでは一般の物質について質量とエネルギーの同等性を示してみよう．基本的前提は運動量とエネルギーの保存である．

2つの同じ粒子が反対向きで同じ速度で飛んできて，正面衝突し，くっついて止まるという例を考えよう．運動エネルギーは失なわれる代わりにくっついて一体となった物体は熱エネルギーをもって熱くなる．このとき運動エネルギーは内部エネルギーに変わるが，その分だけ質量も大きくなることを示そう．

2つの粒子は静止した状態では質量 m_0 をもつとし，速さ v と $-v$ で正面衝突したとする．相対論では運動量は $p = m_0 v$ ではなくて，

$$p = \frac{m_0 v}{\sqrt{1 - \dfrac{v^2}{c^2}}} \tag{1}$$

であり，エネルギーは

$$E = \frac{m_0 c^2}{\sqrt{1 - \dfrac{v^2}{c^2}}} \tag{2}$$

と表わされる（なぜこうなるかは参考文献などを見てほしい）．(2)は v^2/c^2 について展開すると，

$$E = m_0 c^2 + \frac{1}{2} m_0 v^2 + \cdots$$

となり，静止質量のエネルギー，古典的な運動エネルギー，v^2/c^2 の

高次の項からなっている．このとき物体の質量とは何をさすことになるだろうか．ひとまず運動量をその物体の速度で割ったものを質量と考えよう．そうすると(1)式から運動している物体の質量は

$$\frac{m_0}{\sqrt{1-\dfrac{v^2}{c^2}}} \tag{3}$$

となる．これを見れば質量は速く運動するほど大きくなり，光速に近づくと無限大に近づく．だんだん加速することが困難になり光の速さを越えることはできないことになる．

付け加えておけば，質量の値は上記のようになるだけでなく，加えられた力に対してどれだけの加速度が生じるかという(いわば力に対抗して，いまの状態を守ろうとする慣性という)立場から見れば異方性をもっている．そのことは補注で説明する．

(2)式からは物体が静止しているときも静止エネルギー $m_0 c^2$ があることになる．したがって運動しているとき，狭い意味での運動エネルギーは

$$T = E - m_0 c^2$$

と考えることができるだろう．

さて図 2 の衝突前の運動量の和とエネルギーの和は

$$p_1 + p_2 = 0 \qquad E_1 + E_2 = \frac{2m_0 c^2}{\sqrt{1-\dfrac{v^2}{c^2}}}$$

となる．保存法則よりこの値は衝突後においても変わらない．ところが図 2 においては合体した物体は静止しているから，そのときの静止質量 M によって Mc^2 と表わされるはずである．これから

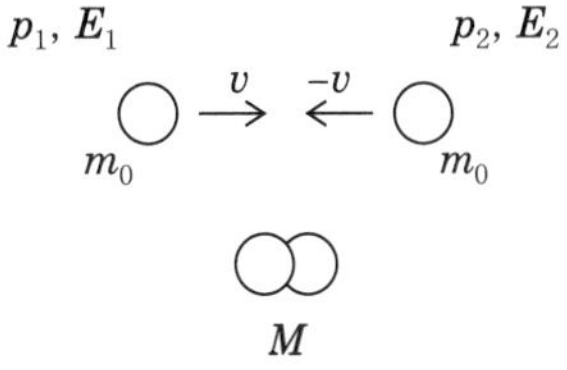

$$Mc^2 = E_1 + E_2 = \frac{2m_0 c^2}{\sqrt{1-\dfrac{v^2}{c^2}}}$$

$p_1,\ \boldsymbol{E_1}$ $\qquad\qquad$ $p_2,\ \boldsymbol{E_2}$

$\bigcirc \overset{v}{\rightarrow} \quad \overset{-v}{\leftarrow} \bigcirc$

$m_0 \qquad\qquad\qquad m_0$

$\bigcirc\!\bigcirc$

$\boldsymbol{M}$

図 2

$$よって \quad M = \frac{2m_0}{\sqrt{1-\dfrac{v^2}{c^2}}}$$

こう考えると明らかに静止質量は増えている．ここでさきほどの狭い意味での運動エネルギーを用いると

$$E_1 + E_2 = 2T + 2m_0 c^2$$

これを c^2 で割ったものが M だから，両者が静止していたときの質量の和 $2m_0$ に比べて衝突後の物体の質量 M は

$$\frac{2T}{c^2}$$

増加している．すなわち2つの物体が衝突してくっついたとき，運動エネルギーは熱などの内部エネルギーに変わるが，物体はそのエネルギー分だけ質量が増えていることを意味する．

　付け加えておくが，これは運動してないときに比べて増加しているのであって，両者が運動をはじめたときすでにそれぞれの質量は T/c^2 だけ増えているといえるのだから，衝突前後で常に全体の質量を測っていれば，それは増えたり減ったりせず保存しているのである．

　いま合体した物体の質量を M としたがそれが先に述べた質量であることを確認しよう．それには，いまの現象を速さ $-u$ で動いている系から眺めたとする．このときは衝突後の物体は速度 u で動くように見えるだろう．この系で見た運動量とエネルギーを求めるには運動量の xyz 成分とエネルギーの組が座標と時間の組と同じローレンツ変換に従うということを用いればよい(ローレンツ変換については浦島効果の項参照)．すなわち

$$p' = \frac{p + \dfrac{uE}{c^2}}{\sqrt{1-\dfrac{u^2}{c^2}}} \qquad E' = \frac{E + up}{\sqrt{1-\dfrac{u^2}{c^2}}}$$

と変換される．よって衝突後の物体の運動量は

$$P' = p_1' + p_2' = \frac{u\dfrac{E_1}{c^2} + u\dfrac{E_2}{c^2}}{\sqrt{1 - \dfrac{u^2}{c^2}}} = \frac{\dfrac{E_1 + E_2}{c^2}}{\sqrt{1 - \dfrac{u^2}{c^2}}} u$$

この運動量を u で割ったものをこの系から見た質量とすれば，それは静止質量 M の物体が速度 u で動いているときの質量を表わす．これで M が確かにここで述べた意味で質量になっていることが確かめられた．

●一般の物体の質量

いまは非弾性衝突という特別な例をあげたが，一般に物体は多数の粒子から構成されている．このとき上のような方法で（運動量の総和が 0 になるようなすなわち重心系をとって考察するのだが），物体全体を 1 つとみなしたときの質量はその系全体のエネルギーの総和すなわち静止質量 $\times c^2$ と各粒子の運動エネルギーとポテンシャルエネルギーの総和を c^2 で割ったものになっていることを示すことができる．

例えば気体は温度が上がればそれを構成する各分子の運動が激しくなる．その分質量も増えることなのである．これが $E = mc^2$ の内容である．逆に言えばどのようなエネルギーもそれを c^2 で割った質量をもつとも言え，運動量も存在することになる．

注意） ニュートンの運動法則によると，運動量変化が加えられた力積に等しい，あるいは質量と加速度の積が力に等しい．これはここでもなりたつとして，運動方向に力が加わって運動が変化するときと，運動方向に垂直に力が加わって変化するときの違いを見る．運動量が(1)であるなら，運動方向に速度がわずか Δv_p 変化したときの運動量変化と，運動方向に直角に Δv_s 変化したときの運動量変化はそれぞれ

$$\frac{m_0 \Delta v_p}{\left(\sqrt{1 - \dfrac{v^2}{c^2}}\right)^3} \quad と \quad \frac{m_0 \Delta v_s}{\sqrt{1 - \dfrac{v^2}{c^2}}}$$

346

となり，互いに異なっている．それぞれの方向に働いた力を F_p, F_s とし，力の加わった時間を Δt とすれば，運動量変化を時間で割り，それぞれの加速度を

$$a_p = \frac{\Delta v_p}{\Delta t} \qquad a_s = \frac{\Delta v_s}{\Delta t}$$

とすれば

$$F_p = \frac{m_0 a_p}{\left(\sqrt{1 - \dfrac{v^2}{c^2}}\right)^3} \qquad F_s = \frac{m_0 a_s}{\sqrt{1 - \dfrac{v^2}{c^2}}}$$

が得られる．これを古典力学と比べてみると，形の上では質量が

$$m_p = \frac{m_0}{\left(\sqrt{1 - \dfrac{v^2}{c^2}}\right)^3} \qquad m_s = \frac{m_0}{\sqrt{1 - \dfrac{v^2}{c^2}}}$$

になったと考えることもできる．これをそれぞれ縦質量と横質量と呼ぶ．縦と横の質量が違うというのは古い質量概念では想像もできない．静止質量 m_0 は物体固有の量と言いうるが，一般の質量概念は古典物理学と相対論では大きく変わったといえる．

　注意）　なお，本書第②巻の「質量とは何か，その起源は？」「究極の理論は存在するか」の項では，静止系での質量すなわち静止系でのエネルギーを c^2 で割ったものについて論じている．あわせて読んでほしい．

●参考文献……………………

C. メラー『相対性理論』，永田恒夫・伊藤大介訳，みすず書房，1959．

江沢 洋『現代物理学』，朝倉書店，1998．

M. ボルン『アインシュタインの相対性理論』，林一訳，東京図書，1968．

[山口浩人・上條隆志]

【コラム 10】

日本人に物理はできるのか
長岡半太郎の悩み──

　日本の物理学の草分けともいえる長岡半太郎(1865-1950)は学生時代に大いに悩んだ．

　当時の日本の科学者は，外国人の成果を学んで日本人にそれを伝えること以上の余裕はなかったが，長岡はそれにとどまるつもりはなかった．しかし東洋人の研究成果というものを聞いたことがなかったので，東洋人は科学研究能力に乏しく研究しても成果が上がらないのではないかと疑った．研究者として新しいことを見出していきたいと考えていた長岡にとって，このことは大問題であった．そこで，物理をやろうか別の方面に進もうかと思い悩んだのである．ちなみに，別の方面といっても理工系の他の学科ではなく，東洋史であった．やるなら物理，そうでなければ今でいうところの"文転"ということだ．

　長岡は物理学科に進学する前に大学を 1 年間休学している(18〜19歳)．ある講演のメモに，迷ったために休学したと書いているが，別の鼎談では物理へ願書を出しておいて休んだともいっている．「漢文を勉強して漢籍にも通じ，人間ができてから専門に進め」と父親に説教されたことがあり，「親父に負けないくらい勉強しよう」と意地を張って，休学して漢文の勉強をしたのかもしれない．

　長岡の悩みは休学時代のみならず，学生時代を通じてのものであった．悩みながら長岡は中国の古典を読み，その中にすばらしい科学の成果を見出した(暦法，オーロラ，合金，太陽黒点，天の色，微分の概念，共鳴の実例，雷電，エネルギーの概念，……)．そして，研究に没頭すれば必ずよい結果を得ると確信したのである．

●参考文献……………………
板倉聖宣・木村東作・八木江里『長岡半太郎伝』，朝日新聞社，1973.

[岡本正有]

増補 1—国際単位系（SI）1 キログラムの新しい定義

● 1 kg の定義の改定——130 年ぶりの画期的な出来事

2018 年 11 月 16 日，国際度量衡総会（CGPM）で国際単位系（SI）の新しい定義が採択され，2019 日 5 月 20 日（世界計量記念日 World Metrology Day）から施行されている．基本単位 7 つのうち，質量キログラム kg，物質量モル mol，熱力学温度ケルビン K，電流アンペア A の定義がとりわけ大きく変更された．

中でも一番注目されたのは，質量の単位 1 kg の定義だった．私たちに身近な単位であり，また，日本の産業技術総合研究所計量標準総合センター（NMIJ）が定義の改定に重要な役割を果たしたという身びいきも重なったが，最大の要因は国際キログラム原器（International Prototype of the Kilogram：IPK）という "モノ" を基準とする状態から脱したことだ．IPK が定められた 1889 年以来，実に 130 年ぶりの画期的な出来事だったのである．

18 世紀後半にヨーロッパ諸国間の政治・経済活動が発展し，経済や科学技術の交流が深まり，度量衡の統一が切実に求められるようになった．単位系の統一というこの大事業は，フランス革命の進展の中で着手され，革命と反革命の交差する動乱の時代をくぐりぬけて進められる．1799 年にフランスで「メートル法」が制定され，1875 年に「メートル条約」が締結され，国際的な標準ができあがる．1889 年には「国際メートル原器」「国際キログラム原器 IPK」が白金 90 %，イリジウム 10 %の合金で作られて "モノ" による原器が承認された．

しかし，「原器」は "モノ" だから，汚損，破損や紛失の危険が伴う．もちろんパリ郊外の国際度量衡局に厳重に保管され，毀損することがないような対応がとられてきた．1940 年にナチスがパリに侵攻したときにもこの建物には手を出さなかったという．とはいえ，万が

一にも「原器」が壊れたら，国際的なメートル，キログラムの基準が消滅するわけで，世界中の科学研究活動，経済活動などが深刻な混乱に陥ることは必至である．というわけで，「原器」という "モノ" から離れて単位を定義する努力が早くから積み重ねられてきた．

●メートルの定義の変遷

まずメートルについて，"モノ" である「メートル原器」から脱した経緯をふりかえってみよう．

長さの最初の定義は「メートルは北極と赤道との間の子午線の弧の1千万分の1である」と定められた．1792年から98年にかけ，革命下の混乱の中，メシェンとドゥランブルがパリを通過するダンケルク-バルセロナ間の約1 000 km，緯度約9度間の子午線で実際に測量を行った．その結果から1メートルを決め，白金の棒に刻んで現物の原器にしたのである．

1960年に定義が変更され，「メートルは ^{86}Kr 原子の準位 $2p_{10}$ と $5d_5$ の間の遷移に対応する放射の，真空中における波長の1 650 763.73倍に等しい長さである」となった．クリプトン原子が出す光の波長を基準にして1メートルを決めることになり，これでメートルは「原器」という "モノ" から離れることになった．

その後1983年にさらに改定され，現在の定義は「メートルは光が真空中で $1/299\,792\,458$ 秒の間に進む距離」である．国際度量衡局による正式の表現（邦訳文）では，「メートルは長さの SI 単位であり，真空中の光の速さ c を単位 m/s で表したときに，その数値を299 792 458 と定めることによって定義される．ここで，秒はセシウム周波数 $\Delta\nu_{Cs}$ によって定義される」と書かれている．つまり光速 c を（不確かさのない）定数と定め，それを基に1メートルを決める．光速は極めて重要な基礎定数だから，精密に測定する努力が続けられ，1970年代には $299\,792.5\pm0.3$ km/s の値が用いられていた．その精密な測定値を自然定数と定めたのである．

この定義変遷の経緯で注目すべきは，定義の性格の転換ということだ．

①クリプトン原子が発する光の波長に基づいたメートル（その時点での長さの定義）を用いて，光速度を精密に測定する．

②光速度が 299 792 458 m/s と決定される．

③これを自然定数と決めて，その定数を基準に 1 メートルを定義する．

という経緯をたどった．ここで「自然定数を基に単位の定義を決める」ということになったことに注目してほしい．

ちなみに，「時間」の単位の定義も同様の経過をたどり，現在は「セシウム 133 の原子の基底状態の 2 つの超微細構造遷移周波数 $\Delta\nu_{Cs}$ は正確に 9 192 631 770 Hz である」と基礎自然定数を定め，それを基に 1 秒を定義している．

● 1 キログラムの定義をどのように改定したのか

「メートル」や「秒」は比較的早く "モノ" 依存を脱したが，それらと並ぶ古株の「キログラム」は，IPK という "モノ" で定義する状態が続き，代わりうる適切な定義をなかなか確定できなかった．

それには IPK の恒常性・安定性に大きな信頼感があった事情も無視できない．過去 3 回（1946 年，1989 年，1991 年）の校正を経て，IPK と 6 個の副原器との比較で約 50 µg の不確かさがあったことが確認されている．1 kg に対して 50 µg だから 1 億分の 5 の相対的不確かさ，いいかえると IPK の 130 年間に及ぶ長期安定性は 5×10^{-8} の水準だということだ．IPK に頼らない定義に改定するには，それを超える精密さで測定可能な定義を決めなければならない．技術の進歩がそれを可能とする段階に達し，定義改定を果たしたのが 2019 年だったのである．

(1) 量子定数で質量を定義する

SI による質量 1 キログラムの新定義は以下のとおりである．

「キログラム（記号は kg）は質量の SI 単位であり，プランク定数 h を単位 Js（kg m² s⁻¹ に等しい）で表したときに，その数値を 6.626 070 15×10⁻³⁴ と定めることによって定義される．ここで，メー

トルおよび秒は c および $\Delta\nu_{Cs}$ に関連して定義される」

　ここに登場するプランク定数 h は，プランクが 1900 年に導入した定数（黒体放射に関して，熱力学の理論と実験結果との間の矛盾が「光のエネルギーはある最小単位の整数倍の値しか取ることができない」と仮定すると解消されることを発見した際に，理論に導入した）である.

$$E = h\nu \tag{1}$$

振動数 ν の光は $h\nu$ で表されるとびとびのエネルギー値をもつことを示す量子力学の重要な式だ.

　一方，1905 年にアインシュタインは特殊相対性理論を提唱し，そこから，エネルギー E と質量 m が等価であるという結論を導いた.

$$E = mc^2 \tag{2}$$

$$(1)(2)\text{の両式から } m = h\nu/(c^2) \tag{3}$$

となって，プランク定数 h と質量 m が結びつく. h を正確に決めることができれば m の定義に使える.

　2017 年には，h は $6.626\,069\,934\times10^{-34}$ という値を得ていた. 相対的不確かさは 1.3×10^{-8} であるから，IPK の不確かさ 5×10^{-8} より小さく，キログラムの定義として使うのにすでに十分である. c と h の値を使い (3) 式で $m = 1\,\mathrm{kg}$ となるには，$\nu = (299\,792\,458)^2/(6.626\,069\,934\times10^{-34})$ Hz. つまり「$1.356\,392\,49\times10^{50}$ Hz の振動数の光子のエネルギーと等価な質量を $1\,\mathrm{kg}$ とする」という表現が成り立つ.

(2) キッブル・バランス法

　この h を実現する「キッブル・バランス法」の概略を述べよう.

　磁束密度 B の一様な磁場に垂直な方向に長さ L の導体を置き電流 I を流すと電磁力 $F = IBL$ が生じる. また，この導体を同一磁場中で磁場に垂直な方向に速度 v で移動させると，誘導起電力 $U = vBL$ が発生する. これより $UI = Fv$ という関係が得られる. 超精密天秤（10^{-10} の違いを検出できる）を用いて $1\,\mathrm{kg}$ の分銅に作用する重力（したがって，天秤を設置した地点での重力加速度の精密値も必要）

とつりあう電磁力の大きさ F を，電圧 U と電流 I を測定して求める．この際に量子力学的効果（ジョセフソン電圧，量子化ホール抵抗）を用いるから，ここにプランク定数 h が登場し，m と h が結びつくのである．

(3) X 線結晶密度法

もっと簡単に「1 kg とは□原子〇〇個である」と決めることはできないか．この観点で「X 線結晶密度法」と呼ばれる方法が追求された．

（従来の）定義「^{12}C のモル質量は正確に 12 g/mol である」から「キログラムは炭素原子 ^{12}C の 5.018… $\times 10^{25}$個の質量に等しい」といえる．原子の数を数えるとは，N_A を正確に決めるということだ．

N_A は「0.012 kg の ^{12}C に含まれる原子の数」だから，12 g の ^{12}C の原子数を実際に数えればよいわけだが，それは困難である．そこで個々の原子が理想的に配置されている完全結晶である Si の格子間距離を測定して，原子の数を求める X 線結晶密度法と呼ばれる測定原理が開発された．Si 1 kg の中に原子が何個あるか数えるのである．これには大きな問題が 3 つあった．

① Si には安定な同位体，^{28}Si，^{29}Si，^{30}Si が存在し，自然界の存在比は 92 %，5 %，3 %．純粋な ^{28}Si だけを集めることが必要となる．

② Si の塊（1 kg）の中に何個の原子があるかを数えるために，Si 原子 1 個の体積を求める必要がある．立方晶の単位格子の格子定数と密度を測る．

③ 体積が正確に出せるような形状に成形するため，単結晶の ^{28}Si の真球を作り，その真球度を測定する計測装置を開発することが必要である．

どう解決したのか．

① のために，ロシアの研究機関の高性能遠心分離機が使われ ^{28}Si を 99.994 %まで濃縮することに成功した．^{28}Si 以外の Si の存在比は 1×10^{-8} までになった．

② では，Si の単結晶の製造が必要．キログラム程度の大きさの単

結晶を作るのはやさしい作業ではない．ドイツの研究機関で5 kgの単結晶が製造された．格子定数の測定はイタリアの研究機関でX線干渉計を使って行われた．測定の不確かさは1.8×10^{-9}まで抑えられた．

③真球の製造では，シリコン研磨が必要．オーストラリアの研究機関がこれをやり遂げ，真球度の測定には日本の計量標準総合センター（NMIJ）のレーザー干渉計が使われた．直径94 mmの球体を約1000方位から測って，直径測定の不確かさ0.5 nm（$= 5 \times 10^{-9}$ m），体積測定の不確かさ2.0×10^{-8}にまで迫った．

さまざまな技術的難題を克服して，約1 kgの^{28}Si中に何個の原子があるかが測定され，そこから1 molの^{28}Si中にある原子数，N_Aの正確な数値が分かる．こうして$N_A = 6.022\,140\,758 \times 10^{23}$個/molという値が得られた．これで「^{28}Si原子を$(1000/28) \times 6.022\,140\,758 \times 10^{23}$個集めた質量を1キログラムとする」という質量の定義が成り立つことになる．

(4) 質量の新定義でhとN_Aとは同等

hとN_Aとの間には次の関係が成り立つことが分かっている．

$$N_A = (cM_e\alpha^2)/2R_\infty h \tag{4}$$

N_A：アボガドロ定数，c：光速度，M_e：電子のモル質量，
α：微細構造定数，R_∞：リュドベリ定数，h：プランク定数

(4)でN_A，h以外の$(cM_e\alpha^2)/2R_\infty$の値は相対標準不確かさ4.5×10^{-10}で求められているから，h，N_Aどちらから出発しても互いに辿り着ける．実際，国際科学会議科学技術データ委員会がhの値を決定するに際して検討対象としたデータ8つのうち，キッブル・バランス法によるもの4，X線結晶密度法によるもの4（ここにNMIJのデータも含まれる）であって，両者は同等である．異なる2つの方法からhの値が導けることは，質量の定義の安定性という点でも優れている．

質量の新定義で注目すべきは，プランク定数hもアボガドロ定数N_Aも測定値ではなく自然定数になったことである．つまり，前に

「定義の性格の転換」について注意を促したが，メートルや秒の新定義で述べたのと同じように，質量についても，それまでの定義に基づいて正確な測定をし，次にそれを不確かさのない自然定数として，新しい単位の定義を定めるという手順がとられている．「物質量」の単位 mol，「電流」の単位 A，「熱力学的温度」の単位 K，これらも同様の定義変更がなされた．

それは，質量についていえば IPK に頼ることなく（万が一その"モノ"が毀損することがあっても），光の周波数を測る技術（それは高度な技術ではあるが）さえあれば，世界中の誰でもが質量の基準をもつことができようになったということである．

●単位の定義が変わって，私たちにどんな影響があるのか

2019 年 5 月 20 日に国際単位系 SI の新定義が施行されて，何か変化があるのかというと，私たちの生活は「何も変わらない」というのが専門家の言明である．というより，むしろ私たちの生活に影響が及ばないように，慎重に測定を行い，新定義を決めるようにしてきたのである．1 kg の定義が変わったからといって，肉屋で買う牛肉の"重さ"が，これまでと同じお金を払ったのに 1 割減ってしまったというようなことは起こらない．

変わったこともある．産業技術総合研究所では，プランク定数を基準として質量を校正した 1 mg から 20 kg までのステンレス鋼製の分銅群を質量の国家標準として運用することになった．これらの分銅を基準としてさまざまな分銅の質量を校正し，質量標準として供給していく．質量の新しい定義が実施されて，トレーサビリティ（追跡可能性）の大本が，今までは（国内では）NMIJ で大事に保管されてきた IPK の複製原器という"モノ"だったのが，形をもたない h や N_A に代わった，天変地異にも耐えられる基準になったということだ．

厳密な定義と測定が可能になれば，最先端の研究活動やその応用的な生産活動に影響を及ぼしていくことになるだろう．旧い質量標準で実用化されていた最小分銅は 1 mg であり，測定限界は 0.1 µg だった．原器 IPK を基準にしているかぎり，1 kg から離れるほど相対的な不

確かさが悪化するという宿命がある．新定義では分銅に頼る必要がないから，プランク定数につながる新しい計測技術を開発できれば極小領域の質量，例えば数 ng や数 pg を測ることも可能となる．

今のところ（2020 年）キッブル・バランス法や X 線結晶密度法などを用いて質量の定義を実現できる国は数か国のみである．もっと多くの国が利用できる定義実現の技術開発が進められている．研究者たちは，そうしたブレークスルーが数十年後には来るだろうと予想している．

●参考文献……………………

国立研究開発法人産業技術総合研究所計量標準総合センターの HP https://unit.aist.go.jp/nmij/public/report/SI_9th/ に「SI 文書第 9 版（2019）」がある．最も基本的な文献．

臼田 孝『新しい 1 キログラムの測り方』，ブルーバックス，講談社，2018.

佐藤文隆・北野正雄『新 SI 単位と電磁気学』，岩波書店，2018.

安田正美『1 秒って誰が決めるの？』，ちくまプリマー新書，筑摩書房，2014.

藤井賢一・島岡一博「進化する単位——物理定数に基づくキログラムとモルの新しい定義」，現代化学，2019 年 3 月号

藤井賢一「プランク定数にもとづくキログラムの新しい定義」，日本物理学会誌，Vol.74，No.10，2019.

［宮村 博］

増補2－水の温度が聞き分けられるか

●水音は泡が出している

水を容器に注ぐ音を聞くと水の温度がわかるという．ほとんどの水音は水中に生じた泡が出す音である．

蛇口から滴る水滴のポチャンという音の発生について，巧妙な実験と技術を駆使した撮影によって明らかにしたのは磯部 孝で，物理学者のグループ ロゲルギストの例会で議論された[1]．2011年には当時高校生だった伊知地直樹が自宅に実験装置を作り，高速度撮影してそれを確かめ考察した[2]．本稿で用いた写真とデータは伊知地の実験のものである．

●なぜ泡が音を出すか

水中にできた泡は広がったり縮んだりして振動し，音を出す．この振動数 ν は1933年にオランダの物理学者ミンナエルトによってはじめて計算された[3]．

$$\nu = \frac{1}{2\pi R}\sqrt{\frac{3\gamma p}{\rho}} \tag{1}$$

ここで R は泡の半径，γ は空気の定圧比熱と定積比熱の比，ρ は水の密度，p は圧力である．$\sqrt{\frac{\gamma p}{\rho}}$ は圧力 p 密度 ρ の理想気体の音速であることに注意．磯部と伊知地はエネルギー保存の式を微分して，必要な精度でこれと同じ式を導いている．

●なぜ泡ができるか

彼らは高さ20cm前後で内径10mm前後のガラス管からカップの水面に水滴を落下させ，それによって直径2mmから3mmの泡がで

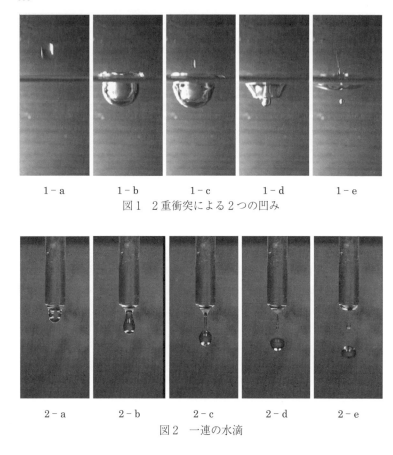

図1　2重衝突による2つの凹み

2-a　　2-b　　2-c　　2-d　　2-e
図2　一連の水滴

きたのを観測した．同時に測定した音の振動数は理論式とよく一致した．例えば磯部の場合，泡の直径3 mm で 2100 Hz である．

　水滴が落ちたときの連続写真（図1）を見てみよう．上から水滴が落ちると，水面に逆さのドームのような凹みが拡がる．それが収縮して元に戻ったとき，水面下に小さな泡が残っていることが確認できる．音は泡ができたときから生じ，泡ができないときは音は出ない．

　なぜ泡ができるのか．写真をよく見ると，3枚目（c）のとき上から小さな水滴が続いて落ちてくるのが見えている．後から追ってくるこの小さな水滴はいつできたのか．それを探るため，ガラス管の出口

のところを撮影した．すると図2のように，主要部の比較的大きい水滴ができて，ちぎれて落ち始めるとき，小さな水滴がそれに続いて現れることが示された．すなわち水滴と水面の衝突は1回で終わるのではなく，大きい水滴に引き続いて小さい水滴が起こす2重の衝突だった．

これによって，大きな凹みの底に小さな凹みが作られ，泡ができていた．この小さい水滴は目で見るのも写真で撮るのも難しく，普通は気づかない．横から強い光をあてることによってやっと撮影できた．磯部は巧妙な仕掛けでこ

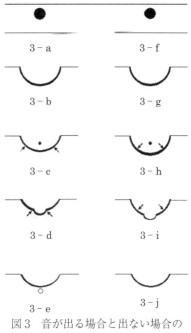

図3　音が出る場合と出ない場合の
　　　模式図

の小さな水滴が水面に到達しないようにしたところ，予想どおり音は出なくなった．

さらに伊知地は，水滴が水面に落ちたとき音がするときとしないときがあること，つまり泡ができる場合とできない場合を次のように観察した．

図3のa-eは音が出る場合，f-jは音が出ない場合を描いたものである．どちらの場合も水滴と水面の衝突は2重に起こっている．しかし音がする場合は，大きな凹みがいったんできてから収縮に転じて，3-dのときに第2の衝突が起こっている．それに対して，音がしないときはまだ大きな凹みが拡張している3-iのときに第2の衝突が起こっている．a-eでは小さな泡が取り残されるようにして生じ，f-jでは小さな凹みは吸収されて泡にならない．したがって，2つの衝突の間の時間間隔の微妙な差が，泡ができ音がする場合と泡ができずに音

がしない場合を分けている.

●水の温度によってどうして音が違うか

　この音は水の温度によってどう異なるか. 振動数は主として泡の大きさによるので, 温度による差はそれほどはっきりはない. しかし, オシログラフに音の時間変化を表示させると, 温度が高いほど音は速く減衰し, 振幅が半減する時間は, 水温 25℃ では約 3×10^{-3} s に対し, 80℃ では約 9×10^{-4} s と大きく変化している. 減衰が大きいことが, あの水滴特有の鋭い音を生み出していると考えられ, さらに温度が高いほど減衰が速いということが, 「水温を聞き分ける」ことを可能にしている.

●二重衝突でなくても泡はできるか

　2018 年に, フィリップスらの論文が話題になった[4]. 彼らは, 磯部-伊知地論文とは違って, 水滴が落ちて水面に窪みができた後に元に戻ろうとするとき, それだけで小さな泡ができるとしている.

　実は, これより先, 1993 年にプロスペレッティらによるレビューがあった[5]. そこでは水中にマイクを置いて水滴が落ちるときの音を測っている. 応用目的として, 海洋に降る雨の音を測定して降水量を測るというのが面白い. 測定した雨の音のピークは 14 kHz. このレビューでは, 水滴が落ちて戻るときに泡が取り残される場合と, 水滴が落ちた後立ち上る小さな水柱が再び落ちるときに泡が閉じこめられる, という 2 つの場合に言及している. 両者の論文とも磯部らの二重衝突はまったく考慮していない.

　磯部-伊知地とこれらは矛盾しているように見える. しかし, 両方とも正しいとすれば, 次のように考えることもできる. 磯部-伊知地の実験では, 水滴は直径 5 mm より大きく, 泡は直径 3 mm 程度, 振動数 2 kHz 程度である. 我々の日常経験する水滴のポチャンという音はこれに合致する. 一方, フィリップスらは, 水滴の大きさ 4 mm, 泡の直径 0.7 mm, 音の振動数 8.7 kHz 程度. プロスペレッティの方は雨を扱っていて, 水滴の直径 1 mm 程度. 測定した振動数 10 kHz

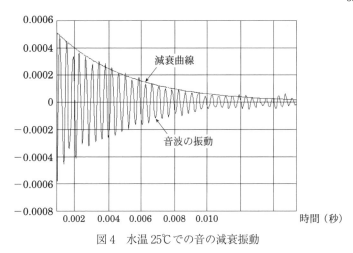

図4 水温25℃での音の減衰振動

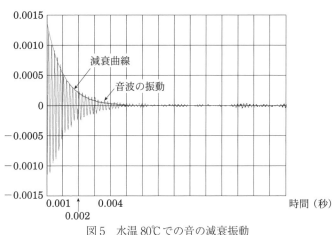

図5 水温80℃での音の減衰振動

から理論式で逆算すれば，泡は直径 0.6 mm 程度と見られる．雨の降る音がこれに相当すると思われる．

　つまり水滴または泡の大きさが違うレベルにあり，音の振動数も質的に異なる．そう考えれば，水滴の大きさ，またたぶん速さによって，現象が異なり，小さい水滴のときは二重衝突でなくても泡ができる場合が存在することになる．そうであれば水滴の大きさ・速さで泡のでき方を分類できる可能性がある．それは今後の研究に期待する．

●参考文献……………………

1 ） ロゲルギスト『第四 物理の散歩道』，岩波書店，2010，pp.110-133.

2 ） 江沢 洋監修，上條隆志・松本節夫・吉埜和雄編『《ノーベル賞への第一歩》物理論文国際コンテスト――日本の高校生たちの挑戦』，亀書房・日本評論社，2013

3 ） M. Minnaert：On Musical Air-Bubbles and the Sounds of Running Water, *Phil. Mag.* **16**（1933），104.

4 ） S.Philips, A.Agarwal, P.Jordan：The Sound Produced by a Dripping Tap is Driven by Resonant Oscillation of an Entrapped Air Bubble, *Scientific Reports*, （2018）8: 9515.

5 ） A.Prosperetti, H.Oguz：The Impact of Drops on Liquid Surfaces and the Underwater Noise of Rain, *Annu. Rev. Fluid Mech*, （1993）25: 577-602

［上條隆志］

増補3─なぜスケートで氷の上が滑れるのか

●これまでの通説

現 2021 年の「理科年表オフィシャルサイト」FAQ の中の「固体，液体，気体の状態を教えてください」の項目に，スケートが氷の上を滑る理由として，次のように書かれている[1]．

「氷の上をスケートで滑るのは，スケートの圧力で氷が水に変化し，抵抗が減るからです」

氷に圧力を加えると氷の融点が下がって融け，水の薄膜ができ，摩擦が小さくなって滑ることができるという説で，**圧力融解説**と呼ぶ．今まで広く信じられてきた．

スケートのエッジに体重を載せた場合，本当に氷が水になるほどの圧力がかかるだろうか．氷の融解温度が圧力が増えると減少するのは，融解に際して体積が減少するからで，その大きさはクラウジウス–クレペイロンの関係式から求められ，水の融点を 1 度下げるには圧力を 130 atm 上げる必要がある[2]．氷の最適温度は，フィギュア・スケートで −5.5℃，ホッケーが −9℃ と言われている．もし −9℃ の氷を融解させるとしたら，1170 atm もの圧力をかける必要がある．

アイス・ホッケーのブレードで実測すると，厚さ 3.00×10^{-3} m（3.00 mm）で長さ 2.87×10^{-1} m（28.7 cm）なので，490 N（50.0 kg）の人間が片足で立った場合，

$$\frac{490\,\text{N}}{3.00 \times 10^{-3}\,\text{m} \times 2.87 \times 10^{-1}\,\text{m}} = 5.69 \times 10^5\,\text{N/m}^2 = 5.69\,\text{atm}$$

となる．これは，ブレードが真っ平らだとした場合である．実際には，ブレードの中心に溝があったり，ブレード自身も湾曲しているので，これよりも圧力が大きくなる．仮に氷との接触面積が半分であったとしてみても，圧力は約 11.4 atm である．人間がスケートを履いて氷

の上に立った程度では，氷を融解することはできず，圧力融解説では，スケートが滑れる理由を説明できない．

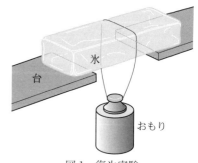

図1　復氷実験

●復氷の圧力溶解説

　図1のように，氷の上におもりを下げた糸をかけておくと，糸が次第に氷の中に入り込んでいき氷を切断させる．切断されたあと氷どうしが再びくっつき1つの氷に戻る．この現象を「復氷」という．これについても，糸からかかる圧力で氷が溶けるという説明がずっとなされていた．この「復氷」について，朝永・福田らの高校物理の教科書[3]が，「圧力による融点降下はひじょうにわずか」と圧力説を否定し，「針金が熱の良導体であるため，外部の熱が針金を伝わって周囲の氷を熱し，その氷がいったんとけた後にふたたび凍るものである」と熱伝導説を主張した．教科書検定時に従来の通説に固執する文部省（当時）の検定官ともめたという話が伝わっている．

●復氷での圧力説と熱伝導説を比べる実験をしてみた

　図1の装置を組み，実際に実験をしてみる．氷は，家庭用冷凍庫で作った厚さ3.5 cm×横29.0 cm×奥行き7.0 cmのもので，実験1,3,4は室温24℃で行い，また，氷の温度を測るために，水に熱電対温度計を入れた状態で凍らせて，温度計付きの氷とした．

実験1　ナイロンてぐす，銅，真鍮，ステンレスの糸での実験

　直径0.57 mmのナイロンてぐす，直径0.55 mmの銅，真鍮，ステンレスの針金にそれぞれ3.0 kgのおもりを吊るし，同時に行う．氷の温度は−0.4℃であった．結果，ナイロンは氷をほとんど融解させなかった．一方，金属はすべて氷を切り，銅，真鍮，ステンレスの順で速く氷を切れた．外部の熱が金属につたわって氷を溶かしているの

であれば、熱伝導率が大きい金属ほど速く切れるはずで、熱伝導率は銅＞真鍮＞ステンレスの順であり、それが確かめられた.

直径 0.55 mm のワイヤーが氷にかける圧力は，

$$\frac{3.0\,\text{kg}\times9.8\,\text{N}}{7.0\times10^{-2}\,\text{m}\times5.5\times10^{-4}\,\text{m}}=7.6\times10^5\,\text{N/m}^2=7.6\,\text{atm}$$

であり．直径 0.57 mm のナイロンてぐすでも約 7.4 atm である．氷の温度は − 0.4℃であるので，圧力による融点降下だけでは氷は切れない．

実験2 周囲の温度によるか

4℃の冷蔵庫の中，−0.9℃の氷，0.55 mm の銅の針金を使って実験を行う．3 時間 20 分ほどで，氷は切れ，復氷した．一方，25℃の部屋で，同様の実験をすると，30 分ほどで復氷する．周囲からの熱伝導が関わっているということは熱伝導説と矛盾しない．

実験3 圧力による違いはあるか

0.90 mm と 0.55 mm の銅の針金にそれぞれ 3.0 kg のおもりをのせ復氷の実験をする．0.55 mm の細い銅の針金が速く切れた．0.90 mm も切れたが氷どうしが隙間が空いており，復氷が起こらなかった．0.90 mm と 0.55 mm の真鍮の針金でも同様の実験を行うと，これも 0.55 mm の細い針金の方が先に切れた．このときは 0.90 mm も復氷がおこった．熱伝導率が同じ物質では，細くて圧力が大きい針金の方が速く復氷が起きているので，圧力が関係する可能性はある．

実験4 金属でなくても細ければ切れるか

直径 0.104 mm のナイロンてぐすで，3.0 kg のおもりではナイロンは切れたので，1.0 kg のおもりを使う．この結果，−0.4℃の氷は切れ，複氷した．このとき，氷にかかる圧力は，

$$\frac{1.0\,\text{kg}\times9.8\,\text{N}}{7.0\times10^{-2}\,\text{m}\times1.04\times10^{-4}\,\text{m}}=1.3\times10^6\,\text{N/m}^2=13\,\text{atm}$$

である．このときも圧力による融点降下だけでは説明できない．ナイ

ロンといえども，熱を伝えることがある．そのためとも考えられる．

実験5　冷凍庫の中での復氷実験

　冷凍庫のなかで，−23℃の氷を使い，直径 0.55 mm の銅線に 3.0 kg のおもりを吊るしても，まったく氷には食いこまず，復氷は起きなかった．同様の実験を 25℃の部屋で行うと，復氷が見られる．

　以上の実験から，圧力溶解説は否定され，熱伝導説がほぼ正しいと思われる．ただし圧力が関係する部分がある可能性はある．

●氷の上で滑る理由

　では，最初に戻って，スケートはなぜ滑ることができるのか．現在では，氷の表面に液体とは異なる物理的性質をもつ擬似液体層の存在が確認され，これが潤滑剤になっていると考えられている．この層は古川義純などによって測定され[4]，L. Canale らは，氷表面の摩擦，弾性，粘性を調べた[5]．その結果，氷の面上を滑るとき，表面にできている層は純粋な固体と純粋な液体の中間にあり，粉体に近い性質があるとしている．

●参考文献‥‥‥‥‥‥‥‥‥‥

1 ）理科年表オフィシャルサイト https://www.rikanenpyo.jp/

2 ）ランダウ−アヒエゼール−リフシッツ『物理学——力学から物性論まで』，小野周・豊田博慈訳，岩波書店，1969.

3 ）朝永振一郎・福田信之など『物理』，大原出版，1957.

4 ）古川義純「氷の表面は融けている！——滑りやすさのメカニズム」，日本機械学会誌，**112** （2009），no.1066.

5 ）L. Canale *et al.* ：1 Nanorheology of Interfacial Water during Ice Gliding, *Phys. Rev.* X 9 （2019），041025.

［川島健治］

あとがき

　学習院大学の江沢洋先生と，私たち物理教師の集まりである東京物理サークルと，日本評論社の亀井哲治郎さんがこの本の相談をはじめたのは5年前のことである．東京物理サークルは物理教師の集まりであるが，ふだんの例会の他に毎年夏合宿を持ち，今年で30回に及ぶ．合宿では物理学のテーマを研究者を招いて徹底的に討論する．そこに江沢先生に何回か来ていただいたのが出会いであった．

　物理といえば，学んだ人にとって「公式と計算ばっかりで一番難しい」「何やってるのか分からない」「身の毛もよだつ」「人生に関わりがないのでやる必要がない」科目の第1位である．しかし，そんなことはないというのが，私たちの共通の思いである．この世界が，どんなものから，どのようにできていて，それはどこから来てどこへ行くのか，なぜ私たちの世界はこのようにあるのか，その根本的な所を探るのが物理学である．そうであればそれは「考える」ことの基礎になり，誰もがそれを「楽しむ」ことができるはずである．

　僭越ではあるが，私たちの教師としての拙い経験の中でも，文部科学省(文科省)の学習指導要領と教科書からはずれて，生徒と教師とで「私たちの地球が回転していても(東京の教室の動くスピードはほとんど音速である)なぜ地上のものは吹っ飛ばず平気なのだろうか」をみんなで討論・実験し，相対性原理の意味を考える授業をしたときは，みんなで大いに物理を楽しむことができた．そしてその結果をもとにすれば，アインシュタインの相対性原理もローレンツ変換も「理解できたし，興奮して一晩眠れなかった」と生徒は語ってくれた．一言っておくが，こういうことはいわゆる偏差値のレベルとはまったく関係がないことも実感した．今の文科省の指導要領は，できる子には原

理的なことを，できない子には原理は無理だからやめて，実際に役立つことだけを，と分けようとしているが，およそ馬鹿げたことだ．分けられるはずもないし，両方あるからこそ楽しいのだ．

　私たちはこう考えた．高校生はもちろん，自然と世界の成り立ちに興味を持った人が抱く疑問を一緒に考えきちんと答えてくれる（答えようとする）本を作りたい．そのとき私たちが心がけようとしたのは，一般向け物理解説書を読んだときいつも感じる不満の元，すなわち「こういう法則があるからこうなる」「こういうものだからこうなる」という書き方をやめようということである．例えば水や空気のような流体の流れの現象についての本をよむと，かならず「これはベルヌーイの定理があって」で終わってそれ以上立ち入れない．しかしベルヌーイの定理とはエネルギー保存と流体の圧力の性質の表現に他ならないし，そのことの理解はそう難しくない．それならその中身まで踏み込むことによって，この現象の場合にベルヌーイの定理を使うことが正しいかまで読者と考えることもできるだろう．またときには数式が必要になるかも知れないが，必要なことは避けないようにしよう．たとえその部分は今はわからなくても，理解しようとして勉強すれば必ず分かるようにしたい．そのために参考文献も充実させる必要がある．

　また今までの本があまり触れなかったこと，避けていたようなこと，例えば「なぜ，物理で微分積分をやらなければいけないのか」などの疑問や「物理学と社会の関わり」なども正面から取り上げることにした．

　実際の本作りはまず「なぜ」の募集からはじまった．江沢先生＋東京物理サークルの編集委員会が全国の小学校から大学の先生・物理に関心を持つ人に依頼を出し，本人と生徒が抱いた面白い質問テーマを寄せてもらい，その中から編集委員会で選んだ．授業での思いがけない質問，教えることになれきっていた教師が予想もしなかった疑問など，なるほどと感心するものが多かった．生徒にもアンケートをとった．この辺のことは「まえがき」もごらんいただきたい．

　全国の方々に「答え」の原稿をお願いした．私たちと同じ教師の集

まりである横浜物理サークルや岡山物理を語る会をはじめ多くの方に協力していただいた．だから，これはみんなの合作である．ユニークな原稿がたくさん集まった．そしてその原稿をもとに編集委員会で討論を行ない最終原稿をつくることになった．

編集作業は楽しい苦労だった．改めて根本から説明しようとすると，自分たちの思いこみや思考の不徹底さを思い知らされることになった．江沢先生の「それはどうかな」の一言で，目からうろこが落ちる経験もずいぶんした．もう一度原点から調べ勉強しなおす．そして，本当は，本質はああではないか，こうではないかの議論が沸騰していく．毎週1回，仕事後の夜集まっての会が延々と続いた．どんな権威も認めず納得のいくまで議論をする（ただし納得すれば直ちに誤りを認める）というのが物理の伝統である．その結果，今までの本に書かれていたことの誤りもずいぶん明らかにできたと思う．自転車がなぜ倒れないかというテーマのときは模型を作ったりみんなで夜の町に出ていろんな自転車を探したりした．なかなか怪しい集団である．

何にせよ編集の私たちが一番勉強させてもらったと感謝している．まだまだ不十分な点や間違いもあると思う．ぜひ議論をお寄せください．

最後になってしまったが，合宿に参加してくださり，私たちのぶしつけな質問にも丁寧に答えてくださった今井 功東大名誉教授，快く原稿も引き受けてくださった益川敏英京大教授にも感謝します．今井先生はその後も何回か例会に参加されていろいろ討論してくださった．

最後に，このようにして5年かけてしまった，その原因は私たちの浅学非才と身勝手さにほかならないのに，辛抱強く笑顔で待ってくださった日本評論社編集部の亀井哲治郎さん，永石晶子さん，拙い絵をきれいな図版にしてくださった何森 要さん，菅谷直子さんに深い感謝を捧げたい．

『なぜ？』編集委員会　東京物理サークル
上條隆志

索引

＊①②はそれぞれ第①巻,第②巻を表しています.

執筆者一覧

●編集委員会

江沢　洋…………学習院大学　　c 2,32,35,64,67,80,81,114,115,125,131

浦辺悦夫…………都立工芸高校　　10,18,33,34,40,49,56,62,98,99

上條隆志…………都立小石川高校　　2,c 1,c 4,17,19,20,23,28,32,45,47,c 7,
　　　　　　　　　　　50,52,57,60,66,68,69,増 2,70,71,72,74,75,82,85,実 3,89,
　　　　　　　　　　　90,92,96,実 5,実 6,106,107,112,118,121,122,124,126,129

西岡佑治…………(故人)　　76

松本節夫…………芝中学・高校　　9,15,73,87,実 8,112,増 7

宮村　博…………都立戸山高校　　c 8,c 9,増 1,実 2

山口浩人…………攻玉社中学　　68,69,82,実 7,113

吉埜和雄…………都立小山台高校　　21,100

和田敏明…………大東学園高校　　11,128

●執筆者

蟻正聖登…………岡山県立岡山朝日高校　　29

有元則夫…………都立日野台高校　　48

伊藤盛夫…………70

猪又英夫…………都立砂川高校　　77

岩下金男…………神奈川県立中央農業高校　　117

右近修治…………神奈川県立城郷高校　　19,27,43,84

内山智幸…………青森県立三本木高校　　51

閏間征憲…………都立世田谷工業高校　　30

大西　章…………慶應義塾高校　　127

小笠原政文………首都高速道路公団　　83

岡本正有…………都立足立新田高校　　32,c 10

小野義仁…………都立篠崎高校　　31

小幡順子…………板橋区立上板橋第一中学　　39

笠原良一…………岡山県笠岡市役所　　111

片桐　泉…………創価高校　　実 1

鴨下智英…………都立江戸川高校　　36,増 5,増 6

川島健治…………法政大学中学高校　　増 3,増 4

喜多　誠…………慶應義塾高校　　54,60,61

山口博司…………6

山本明利…………神奈川県立湘南台高校　　86

横田憲治…………渋谷教育学園幕張高校　　8

吉岡有文…………都立明正高校　　4,5

吉倉弘真…………都立大森高校　　46,78

吉和　淳…………岡山県立岡山大安寺高校　　12

渡邉雅人…………関東学院中学・高校　　実4

渡辺留美…………山梨県上野原町立甲東小学校　　56,57

＊所属は執筆当時のもの，そのあとの数字は担当の項目番号（c1，c2はコラム，実1，実2は実験，増1，2は増補）を表わしています．

東京物理サークル…東京物理サークルは1960年代後半から東京都の高校教員を中心に，授業研究や実践発表を行っているサークルです．会合では，権威をつくらず，科学の真理と生徒への実践に基づいて議論するというのがモットーです．誰でも参加することができます．http://tokyophysics.org/

物理なぜなぜ事典　増補新版①──力学から相対論まで

2000 年 10 月 15 日	第 1 版第 1 刷発行
2011 年 5 月 30 日	増補版第 1 刷発行
2021 年 5 月 25 日	増補新版第 1 刷発行

編著者　　江沢 洋・東京物理サークル

発行所　　株式会社日本評論社
〒 170-8474 東京都豊島区南大塚 3-12-4
電話　(03) 3987-8621 ［販売］
(03) 3987-8599 ［編集］

印　刷　　精文堂印刷株式会社
製　本　　井上製本所
装　幀　　海保 透
イラスト　巽 亜古

© 江沢 洋・東京物理サークル 2021 年
Printed in Japan　　ISBN 978-4-535-78926-5

JCOPY 〈(社)出版者著作権管理機構委託出版物〉

本書の無断複写は著作権法上での例外を除き禁じられています. 複写される場合は, そのつど事前に, (社)出版者著作権管理機構(電話 03-5244-5088, FAX 03-5244-5089, e-mail : info@jcopy. or.jp)の許諾を得てください. また, 本書を代行業者等の第三者に依頼してスキャニング等の行為によりデジタル化することは, 個人の家庭内の利用であっても, 一切認められておりません.

いきいき物理 マンガで実験
ミオくんとなんでも科学探究隊●実験編
奥村弘二[マンガ・著]

物理の本質に迫り、自由研究にも使える16の実験をマンガで紹介。ミオくんと科学探究隊の仲間と一緒に物理実験を楽しもう! ◆定価1,650円(税込)

いきいき物理 マンガで冒険
ミオくんとなんでも科学探究隊●冒険編
奥村弘二[マンガ・著]

ミオくんと科学探究隊の仲間が歴史上の科学者と物理の疑問を解決する。『いきいき物理 マンガで実験』の姉妹編。 ◆定価1,650円(税込)

いきいき物理 わくわく実験1 改訂版
愛知・岐阜物理サークル[編著]

「物理実験書」のイメージを一新したバイブル的な本書が改訂版として再登場。教科書にはとても載らないような大胆な実験や奇想天外な実験の数々を、生徒の様子も含めてイラストとわかりやすい文章で紹介。◆定価2,420円(税込)

いきいき物理 わくわく実験3
愛知・三重物理サークル[編著]

あっと驚く実験、おもしろ実験を通して物理の本質を伝える「いきいきわくわく」シリーズ第3弾。物理のプロが描くイラストがわかりやすい! ◆定価2,420円(税込)

日本評論社
https://www.nippyo.co.jp/